海关"12个必"之国门生物安全关口"必把牢"系列
进出境动植物检疫业务指导丛书

进出境动植物检疫实务

木材篇

总策划◎韩　钢

总主编◎顾忠盈

主　编◎杜国兴　副主编◎杨　光　陆　军

U0213520

中国海关出版社有限公司

中国·北京

图书在版编目（CIP）数据

进出境动植物检疫实务. 木材篇／杜国兴主编；杨光，陆军副主编. -- 北京：中国海关出版社有限公司，2024. --ISBN 978-7-5175-0829-8

Ⅰ. S851. 34；S41

中国国家版本馆 CIP 数据核字第 2024T4S193 号

进出境动植物检疫实务：木材篇
JINCHUJING DONGZHIWU JIANYI SHIWU：MUCAI PIAN

总 策 划：韩 钢

总 主 编：顾忠盈

主 编：杜国兴

副 主 编：杨 光 陆 军

责任编辑：李碧鹰 孙 旸

出版发行：中国海关出版社有限公司

社 址：北京市朝阳区东四环南路甲 1 号　　　邮政编码：100023

网 址：www. hgcbs. com. cn

编 辑 部：01065194242-7535（电话）

发 行 部：01065194221/4238/4246/5127（电话）

社办书店：01065195616（电话）

　　　　　https：//weidian. com/？userid=319526934（网址）

印 刷：北京联兴盛业印刷股份有限公司　　　经 销：新华书店

开 本：710mm×1000mm 1/16

印 张：22　　　　　　　　　　　　　　　　字 数：348 千字

版 次：2024 年 8 月第 1 版

印 次：2024 年 8 月第 1 次印刷

书 号：ISBN 978－7－5175－0829－8

定 价：68.00 元

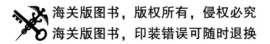

本书编委会

———◇———

总　策　划：韩　钢

总　主　编：顾忠盈

主　　　编：杜国兴

副　主　编：杨　光　陆　军

编委会成员：滕　凯　刘　栋　杨晓军

　　　　　　邱占奎　孟　瑞　周奕景

　　　　　　陈旭东　丘　燊　潘　杰

　　　　　　丁识伯　张　愚　吕　飞

　　　　　　王晶晶　丁志平

前　言

—————◇—————

　　木材是国民经济建设必需的重要原材料之一，中国是世界上最大的木材进口国和木制品出口国。一方面，我国每年从全球120余个国家（地区）进口1亿立方米的原木、锯材，对保护我国森林生态系统，满足木材制造业、建筑业需求起到了重要作用；另一方面，进口木材在满足国内需求的同时，年出口家具、人造板、木地板等木制品超过3100亿元，在解决农村就业、农民增收方面发挥了积极作用。但进口木材在推动我国经济建设和生态文明建设的同时，其携带的有害生物和外来物种入侵风险也随之增加。中国海关每年从进境木材中截获小蠹、天牛、白蚁、树蜂等各类林业有害生物20万种次，其中不乏传入、定殖风险极高的检疫性有害生物。红脂大小蠹、松材线虫等外来有害生物已经对我国生态环境造成巨大威胁。

　　本书系统梳理了木材检疫与国门生物安全的关系，详细介绍了木材检疫的基本知识，进出境木材木制品贸易现状，木材和木质包装检疫工作要求，以及常见林木有害生物鉴定要点，可为从事木材检疫工作的海关关员、林业植物检疫员及相关科研人员提供参考；同时，本书汇集大量数据和案例，详细阐述木材检疫风险，以期帮助贸易、加工等产业相关人员对国门生物安全有进一步的认识和了解，共同参与国门生物安全防线建设。

CONTENTS
目录

第一章
木材与木材检疫概况

CHAPTER 1

生物安全是国家安全体系的重要组成部分。习近平总书记在2020年2月14日中央全面深化改革委员会第十二次会议讲话中指出，要从保护人民健康、保障国家安全、维护国家长治久安的高度，把生物安全纳入国家安全体系，系统规划国家生物安全风险防控和治理体系建设，全面提高国家生物安全治理能力。

作为初级加工产品，木材容易携带各类林木害虫、真菌、细菌、线虫等有害生物，是进境植物产品中风险最高的一类产品，在生物安全防控中的重要性不言而喻。作为世界上最大的木材进口国，我国年均进口木材接近1亿 m^3，满足了国内基建、家具、包装等一系列产业的需求，对保护国内森林生态资源起到了重要作用。但由于木材输出国家（地区）检疫能力不一、管理水平参差不齐，进口木材贸易也增大了有害生物传入风险。这些物种产生的生物安全风险具有巨大的不确定性，特定有害生物一旦定殖、扩散，会对我国农林牧渔业生产、生态环境建设、生态保护等带来巨大风险，严重影响我国的国门生物安全。

第一节
木材基本知识

◇

一、术语名词

（一）木材

木材是能够次级生长的植物（如乔木和灌木）的木质化组织形成的未经加工或未经最终加工的木质产品。在重要的原材料中，作为唯一可再生资源，木材以其独特的性能深受人们的喜爱。在人类发展过程中，木材与人类的生活息息相关，为社会进步和人类文明贡献了巨大价值。木材被广泛应用于基础设施建设、建筑、家具制造等方面，通过不同形式的加工和处理，它以原条、原木、锯材、其他原材、单板、刨花板、纤维板、胶合板、木浆、纸及纸制品、木制品和木质家具等形式存在于我们周围。

1. 针叶材

针叶材是指从植物学分类为"裸子植物"的树木获得的木材，例如冷杉、云杉、南美杉、雪松、落叶松、银杏、松属等，一般称作软木。裸子植物的叶子一般小而长，多呈披针形，所以习惯上把裸子植物的树木称为针叶树，来自针叶树的木材即所谓的针叶材。因其木材不具导管（即横切面不具管孔），故又称为无孔材；由于针叶材的材质一般较轻软，商业上习惯称为软材。值得注意的是，并非所有针叶材的材质都轻软。

2. 阔叶材

阔叶材是指从植物学分类为"被子植物"的树木获得的木材，例如柿属、山毛榉属、杨属、栎属、柚木等，一般称作硬木。被子植物包括单子叶和双子叶植物纲，只有木本的双子叶植物中的乔木类树种才能生产木材，习惯上称为阔叶材。因其木材具有导管，且多数树种材质较硬，故又称为有孔材、硬材。

3. 热带木材

在南北回归线之间的国家（地区）生长或生产的工业用热带木材，包括圆木、锯材、单板和胶合板。在世界粮食及农业组织统计中，热带木材仅指阔叶材。热带木材的材质普遍好于温带和寒带的木材，但因为热带地区虫害较多，喜欢侵蚀树木，热带木材本身受虫害影响较大。

4. 红木

紫檀属、黄檀属、崖豆属、柿属及决明属树种的心材，其构造特征、密度和材色（大气中变深的材色，红木并非都是红色）符合《红木》（GB/T 18107-2017）标准的木材，可分为紫檀木类、花梨木类、香枝木类、黑酸枝木类、红酸枝木类、乌木类、条纹乌木类和鸡翅木类，共5属8类。红木从一开始就不是某一特定树种，而是明清以来对稀有硬木优质木材的统称，是我国高端、名贵家具用材，产自热带地区。目前市场上的红木大多产于东南亚和非洲，少部分来自南美地区。

5. 原木

砍伐或用其他方法采伐和采运的树木，去除枝叶后截断成为符合标准要求的木段。原木包括未去皮的带皮原木和已去皮的去皮原木，但去皮原木不等于完全不带树皮，树瘤或内夹皮的存在，导致树皮不能完全去除。在木材行业中，把只经修枝、剥皮、去梢而未造材的伐倒木称为"原条"，把原条长向按尺寸、形状、质量的标准规定或特殊规定截成一定长度的木段称为"原木"（图1-1）。此外，一些圆形、块状、大致呈方形或者其他形状的木材（例如树枝、树根、树桩和树瘤等）在口岸申报时也归于原木，HS编码以4403开头。

图1-1　原木

6. 粗锯成方

树干或树干段经过粗劈或纵切成方的木材，其圆形表面用斧劈平或用粗锯锯平，成为截面为矩形（包括正方形）的木材，常有带树皮或不带树皮的未着锯的钝棱。进口粗锯成方的木材主要是为了规避木材输出国（地区）限制原木出口的政策，也在一定程度上节省了装运空间，降低了运输成本。在口岸申报中，该类木材也归于原木，HS编码以4403开头（见图1-2）。

图1-2　粗锯成方

7. 锯材

锯材是指通过纵向锯制或剖面切削的方法由原木加工而成的厚度超过6mm的木材，包括未刨光、刨光、对接等形式的厚板、梁、板材、小方材、方材和板条等，但不包括枕木、地板材、木线条以及二次加工的锯材，口岸申报时 HS 编码以 4407 开头。锯材一般包括了板材和方材。板材指端面宽度尺寸为厚度尺寸二倍以上的锯材，又称板料；方材指端面宽度尺寸为厚度尺寸 1/2 的锯材（图 1-3）。

图 1-3　锯材

8. 端部结合

通过胶接、榫接等工艺，使木材"端"与"端"之间拼接，短料接长，或"边"与"边"之间拼接，窄料拼宽后的木材。如指接板、胶合木，其纹理一般为同一方向。该类木材在《中华人民共和国进出口税则》中归于锯材，口岸申报时 HS 编码以 4409 开头（图 1-4）。

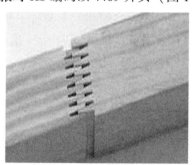

图 1-4　端部结合

9. SPF 板材

云杉—松木—冷杉（spruce-pine-fir，SPF），是产自加拿大的主要商用软木材树种组合。该类木材稳定性强、加工性好、纹理漂亮、进口量大。几乎所有 SPF 板材都经过窑干处理，含水率在 19% 以下，通常同一规格的木材捆扎在一起包装，以便装运。

10. 单板

单板是指用旋切、刨切或锯制方法生产的木质薄片状材料，一般厚度为0.5~10mm，主要用作生产胶合板和其他胶合层积材，又称木皮、面板、面皮。一般优质单板用作胶合板的面板，低等级单板用作背板和芯板。口岸申报时 HS 编码以 4408 开头（图 1–5）。

图 1–5　单板

11. 木片

木片是指森林采伐、造材、加工等剩余物制作和定向培育的木材，经削（刨）片机加工成一定规格的片状物体，常用作人造板、纸浆的原料或燃料。口岸申报时 HS 编码以 4401 开头（图 1–6）。

图 1–6　木片

12. 人造板

人造板是指以木材或其他非木材植物为原料，经一定机械加工分离成各种单元材料后，施加或不施加胶黏剂压合而成的板材或模压制品。主要包括胶合板、刨花（碎料）板和纤维板三大类型。

（1）**胶合板**：将单板黏合在一起的胶合板板料，相邻单板的纹理一般互成直角。还包括单板胶合板（用两层以上的单板黏合在一起）、细木工板（中间层一般是比其他层厚的实心，由并排的窄板、短木块或木条组成）。口岸申报时 HS 编码以 4412 开头（图 1-7）。

图 1-7　胶合板

（2）刨花（碎料）板：对碎木料或其他木质纤维素材料（如木片、刨花、木块、细木丝、碎条、薄片等）施加有机黏合剂，通过一种或多种方式（加热、加压、加湿、催化剂等）黏结而成的人造板。刨花板又称碎料板，包括中密度刨花板、华夫刨花板和亚麻刨花板，不包括木丝板和由无机黏合剂制成的其他刨花板。口岸申报时 HS 编码以 4410 开头（定向刨花板见图 1-8）。

图 1-8　定向刨花板

（3）纤维板：将木材或其他植物纤维原料分离成纤，利用纤维之间的交织及其自身固有的黏结物质，或者施加胶黏剂，在加热和（或）加压条件下制成的人造板材，包括硬质纤维板、中/高密度纤维板及其他纤维板。口岸申报时 HS 编码以 4411 开头（图 1-9）。

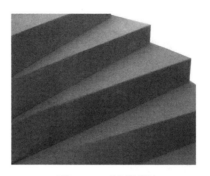

图 1-9　纤维板

13. 木质包装

木质包装是指用于承载、包装、铺垫、支撑、加固货物的木质材料，如木托盘、木板箱、木条箱、木框、木桶（盛装酒类的橡木桶除外）、木楔、衬木、垫木、枕木等。经人工合成的材料或经加热加压等深度加工的包装用木质材料（如纤维板、胶合板、刨花板等），薄板旋切芯、锯屑、木丝、刨花等，以及厚度≤6mm 的木质材料不在此列。根据《国际贸易中木质包装材料管理准则》（ISPM15），木质包装上需有符合要求的《国际植物保护公约》标识"IPPC"。

（二）进境木材检疫

进境木材检疫是指在植物检疫的框架下通过法律、行政和技术的手段，防止危险性植物病、虫、杂草和其他有害生物随进境木材传播和定殖的措施，以保障农林业和生态系统安全，促进贸易发展。进境木材检疫工作主要包括境外预检、口岸检疫、实验室鉴定、除害处理及监管、指定监管场地管理、林木害虫监测等内容。

1. 境外预检

《中华人民共和国进出境动植物检疫法实施条例》中规定，国家动植物检疫局根据检疫需要，并商输出动植物、动植物产品国家或者地区政府有关机关同意，可以派检疫人员进行预检、监装或者产地疫情调查。对首次输往中国的木材或因回顾性审查需要，中国进出境植物检疫主管机构可以商输出国（地区）植物检疫主管机构开展监管体系评审、出口前预检监装等工作。境外预检已经在俄罗斯输华木材、加拿大不列颠哥伦比亚省输华木材检疫工作中实施。

2. 有害生物

有害生物是指在一定条件下，对人类的生产、生活甚至生存产生危害的生物。根据《国际植物保护公约》，有害生物是指对植物或植物产品有害的任何植物、动物或病原体的任何品种、品系或生物型。木材上的有害生物主要包括各种害虫、有害动物（蜗牛、螨类等）、病原微生物和寄生性种子植物等。

3. 检疫性有害生物

检疫性有害生物是指对受其威胁的地区具有潜在经济重要性，但尚未在该地区发生或虽已发生但分布不广并进行官方控制的有害生物。我国已发布《中华人民共和国进境植物检疫性有害生物名录》，并不断更新维护。

4. 林木病害

林木受侵染性病原和非侵染性病原等致病因素的影响，造成生理机能、细胞和组织结构以及外部形态发生局部或整体变化，其中侵染性病原包括真菌、细菌、病毒、寄生性的种子植物和线虫等，是检疫项目。

5. 林木害虫

狭义的林木害虫是指危害林木及林产品的昆虫，广义的还包括一部分有害的蜘蛛、螨等蛛形纲动物和软体动物。

6. 病媒昆虫

病媒昆虫是指传播人类和家畜、家禽等疾病的昆虫和其他节肢动物，包括蚊、蝇、蜚蠊、蚤、蜱、螨、蠓、臭虫、白蛉、蚋、虻、锥蝽等的成虫及其幼虫、虫卵等。热带木材中携带该类有害生物的情况明显大于其他产品。

7. 有害生物分类

有害生物分类是指确定一个有害生物是否具有检疫性有害生物的特性或非检疫性限定有害生物的特性的过程。

8. 除害处理

除害处理是指杀灭、去除有害生物或使其丧失繁殖能力的官方许可的做法。我国木材的处理技术指标主要参照原国质检函〔2001〕202号《中国进境原木检疫除害处理方法及技术要求》。

9. 熏蒸

熏蒸是指借助于熏蒸剂类化合物，在一定的时间和可以密闭的空间内将有害生物杀灭的技术或方法。熏蒸是以熏蒸剂气体来杀灭有害生物的，它强调的是熏蒸剂的气体浓度和密闭时间。此外，气雾剂和烟雾剂不是气体，利用它们来进行除害处理的方法不叫熏蒸。

10. 投药剂量

投药剂量是指一次投药时可让有害生物产生一定反应的药量。在实际作业中，根据投药剂量浓度和待熏蒸空间体积计算投药量。熏蒸气体的投药剂量单位为g/m^3。日常处理和监管时，要注意投药剂量和起始浓度（初始浓度）的区别，起始浓度一般指的是熏蒸气体在密闭空间内达到均衡分布时的浓度。

11. 残留有毒气体

残留有毒气体是指实施熏蒸处理的经过或未经通风散毒的密闭空间内，残留的可能挥发出对人体产生危害的气体。如发现有毒气体超标（溴甲烷 5mg/kg，硫酰氟 5mg/kg，磷化氢 0.3 mg/kg），应暂停检查，浓度降至安全阈值后方可开展检查。

12. 熏蒸剂空间残留浓度最高限值

该最高限值是指在一个工作日内，任何时间熏蒸剂空间残留容许最高浓度均不应超过的浓度。

13. 效果评价

效果评价是指用微生物监测法、化学指示器材监测法、生物指示器材监测法、模拟包装监测法、程序监测法等方法衡量分析防疫、消毒所达到的预定目标和指标的实现程度，并作出科学的判断。

14. 木材检疫海关监管作业场所

木材检疫海关监管作业场所是指根据《海关监管作业场所（场地）设置规范》设立的，符合《海关监管作业场所（场地）查验作业区设置规范》要求，满足进境木材查验、处理和防疫要求的场地区域。

15. 进境原木指定监管场地

进境原木指定监管场地是指根据《海关指定监管场地管理规范》要求，符合《海关监管作业场所（场地）设置规范》，满足动植物疫病疫情防控需要，对特定进境高风险的原木及其产品实施查验、检验、检疫的监管作业场地。场地包括 A 类和 B 类，A 类接卸和处理符合与我国签订双边协议要求、在境外未经检疫处理原木的场地，A 类中的进境原木除害处理区设置在一线开放口岸，进境原木检疫加工区仅限设置在北方陆路边境口岸内；B 类接卸和开展在境外已实施过去皮或检疫处理的原木场地，A 类可以同时开展 B 类原木检疫业务。

（1）进境原木除害处理区：满足进境原木指定监管场地要求，设置在一线开放口岸，按照相关规定，对带有树皮且未经有效检疫处理的木材实施检疫处理，并对其实施海关监管作业的专用区域。

（2）进境原木检疫加工区：满足进境原木指定监管场地要求，仅限设置在北方陆路边境口岸内，按照相关规定，对带有树皮且未经有效检疫处理的木材实施加工处理，并对其实施海关监管作业的专用区域。

(三)《濒危野生动植物种国际贸易公约》（CITES）

为确保野生动植物的生存不受国际贸易的威胁，1973 年 3 月，相关缔约方在美国华盛顿签署了一个以规范国际野生动植物贸易活动，保护野生植物资源可持续发展的国际性公约，通常也称为华盛顿公约。公约将管制的物种列入 3 个不同管理级别的附录，其中附录I为禁止商业性国际贸易、附录II为管制商业性国际贸易、附录III为区域性管制商业性国际贸易。

(四) 配额

配额是指在对外经济贸易活动中，对一些商品在进出口数量上予以限制。出口配额分为主动出口配额和被动出口配额。主动出口配额是指为了保护本国（地区）稀有资源的供给量和保有量，本国（地区）政府对该资源的出口进行定价和定量，超过该标准就禁止出口。例如，如果本国（地区）森林大面积发生火灾，政府就会对木材的出口进行配额，从而保证本国（地区）木材不会短缺。

二、木材分类

(一) 木材树种分类的含义

木材树种分类是人类认识世界，对各类生物进行分类认知的一小部分，用科学的方法将自然界中的植物按一定的分类等级进行排列，使种类繁多的树种可以找到各自在自然界中的系统地位。现代树木分类是以植物的形态、生态、生化、分子遗传学和细胞学等为基础，以它们的根、茎、叶、花、果等外部形态特征为依据，来区别植物亲缘关系并建立分类系统的科学。它科学地揭示了植物间微妙的亲缘关系及其演化过程。2017 年，国际植物园保护联盟携手全球植物学机构，首次全面系统地统计了全世界树木的种类——60065 种。据统计，我国市场上常用的商品材树种有近 800 种。大量的木材树种，近似的外观特征，给日常准确辨别带来了巨大困难。木材树种的分类对促进木材工业发展、规范木材贸易、管理濒危物种、保护自然资源具有重要意义。

（二）分类的阶元

生物的分类有人为分类法和自然分类法两种。其中，木材根据树种、产品类别、加工过程和用途等进行分类，可满足人们日常生产和生活的需要。但在正式研究分类中普遍采用自然分类法。自然分类法中木材树种的分类，类似于其他生物分类，是以木材树种的形态结构为分类依据，以树种间的亲缘关系为分类标准的分类方法。自然分类法中常用的分类单位是界、门、纲、目、科、属、种。其中，"界"是木材树种分类的最高单位；"种"是最基本的单位，它是指具有相似的形态特征，表现出一定的生物学特性，要求一定的生存条件，能够产生遗传性相似的后代，并在自然界中占有一定分布区的无数个体总和。

如：

界 植物界 Regnum Plantae

 门 种子植物门 Divisio Spermatophyta

 亚门 被子植物亚门 Subdivisio Angiospermae

  纲 双子叶植物纲 Classis Dicotyledones

   目 捩花目 Ordo Contortae

    科 木樨科 Familia Oleaceae

     属 白蜡树属 Genus *Fraxinus*

      种 水曲柳 Species *Fraxinus mandschurica* Rupr.

 亚门 裸子植物亚门 Gymnospermae

  纲 松柏纲 Coniferopsida

   目 松柏目 Pinales

    科 松科 Pinaceae

     属 松属 *Pinus*

      种 辐射松 *Pinus radiate* D. Don

亲缘相近的种集合为属，属集合成科，科集合成目等，以此类推。随着研究的发展，分类层次不断增加，如总纲、亚纲、次纲、总目、亚目、次目、总科、亚科等。此外，根据需要还增设了股、群、族、组等新的单元，其中最常设的是介于亚科和属之间的族。

（三）木材的名称

木材和其他物种一样，各有其名称，如松木、柏木和杨木等。一种木材在这个地方叫这样的名称，而在其他地方又叫另外的名称；有时在同一个地方也有多种名称，这种情况叫同物异名。还有一种情况是异物同名，如松木的一般概念是指松属木材的一种或多种木材，同时也指除了柏木、杉木以外的几乎全部的针叶材，有时甚至用作针叶材的同义词，这就出现了木材名称的混杂现象。因此，有必要了解木材名称，统一规范地使用木材名称，以便更好地识别、使用木材。

木材的学名是按《国际藻类、菌物和植物命名法规》命名并被国际采用的木材树种名称，是每个树种全世界统一的通用名称。木材学名因其唯一性，在科学研究、国际贸易等方面有着实际意义。在木材贸易中，采用木材树种的学名（拉丁名）对于防止贸易欺诈、维护正常贸易秩序非常重要。每一学名包括属名和种名，即双名法，种名后附命名人姓氏，属名的首字母大写。为了简便，常常舍去命名人姓氏。例如，银杏的学名为 *Ginkgo biloba* Linn。属名 *Ginkgo* 是我国广东方言"银果"的拉丁化拼写，种名 *biloba* 为拉丁文，意指二裂的叶。进境木材申报时，都要求规范填写木材树种学名。

木材标准名称是指通过标准化的形式所规定的名称。学名采用拉丁文拼写，在生产、加工、贸易等领域受到一定的限制，因此在我国每个树种都有一个统一使用的中文名，与学名对应，方便使用。我国已发布的相关标准包括《中国主要木材名称》（GB/T 16734-1997）、《中国主要进口木材名称》（GB/T 18153-2022）、《红木》（GB/T 18107-2017）、《中国主要木材流通商品名称》（WB/T 1038-2008）。此外，2020 年出版的《世界商用木材名典》中收录了 20231 个树种信息，可供日常使用参考。

木材商品名称是指木材在生产、贸易等领域较为广泛使用的名称。商品材是指将特性类似的树种进行归并的一类木材。一个商品材有的包括全属的树种，有的包括属内部分树种，如红木中红酸枝类木材指黄檀属的巴西黄檀、赛川黄檀、交趾黄檀、绒毛黄檀、中美洲黄檀、奥氏黄檀、微凹黄檀等。

木材的俗名或别名为非正式名称，是木材种类的通俗叫法，往往具有地方性，故又称地方名。如赛鞋木豆俗称小斑马木，维腊木俗称绿檀，檀香紫檀俗称小叶紫檀，大果紫檀俗称缅甸花梨。

三、树种判定与识别

木材鉴定方法主要是形态鉴定学方法，即通过识别木材的宏观及微观特征来鉴定木材，经过发展积累，技术已经非常成熟。宏观特征鉴别就是在肉眼或放大镜下能辨别的特征。宏观特征主要是指心边材、早晚材、导管、轴向薄壁组织、木射线等结构特征分布，以及木材颜色、光泽、气味、纹理、密度等物理特性。微观特征鉴别是指在光学显微镜下，观察木材各种组织的细胞形态和细胞壁特征，如阔叶材的导管、薄壁组织的形态，木射线的高度、宽度和类型，细胞壁纹孔等。微观特征的鉴别较宏观特征鉴别更加复杂，需要采用光学显微镜和提前制作木材切片，因而微观特征的鉴别一般只能在实验室内完成。开展木材鉴定主要通过"专家+资料+标本"的模式展开。"专家"指的是从事木材鉴别的专业人员，能够对木材宏观及微观特征进行准确识别和描述。作为生物材料，木材树种之间进化程度各有不同，特征构造复杂，识别难度大，需要扎实的功底、长期的经验累积，才能逐步成长为鉴定专家。"资料"指的是木材鉴别的专业文献资料和标准。"标本"指的是经过本专业领域权威专家学者鉴定的模式标本及相对应的永久切片，模式标本的参考价值要大于专业的书籍、资料，是最重要的鉴别依据。

随着科技的发展，逐步发展出了采用人工智能、DNA检测、气相色谱质谱联网仪以及红外光谱的跨界技术开展木材鉴别工作，但仍然处于探索阶段，尚未广泛运用。

（一）针叶树材与阔叶树材特征对比

木材来源于裸子植物和被子植物中双子叶植物的乔木树种，来源于裸子植物的通常称为针叶树材，来源于被子植物中双子叶植物的乔木树种称为阔叶树材。两者的主要区别有植物种类不同、叶形状不同、叶面油脂性不同，其中有无导管是区分阔叶树材和针叶树材的重要标志。具体如表1-

1 所示。

表1-1 针叶树材与阔叶树材特征对比

特征	针叶树材	阔叶树材
植物种类	松柏类植物，如黑松、红松、鱼鳞松、龙柏、真柏、侧柏等	除了松柏类植物的其他植物
特点	树叶细长，呈针状，多为常绿树；纹理顺直，木质较软，强度较高，表观密度小；耐腐蚀性较强，胀缩变形小	树叶宽大，叶脉呈网状，大多为落叶树；木质较硬，加工较难；表观密度大，胀缩变形大
叶形状	叶为针形	叶为宽形
叶面油脂性	叶面附有一油脂层	叶面无油脂层
用途	建筑工程中主要用作承重构件、门窗等	常用作内部装饰、次要的承重构件和胶合板等
微观结构	显微构造简单且规则，主要由管胞和木射线组成；木射线一般较细且肉眼不可见；年轮界明显，早、晚材区别明显；早材壁薄腔大，颜色较浅，晚材则壁厚腔小，颜色较深	显微构造较复杂，其细胞主要有导管、木纤维、木射线和轴向薄壁组织等；因管孔大小和分布不同，分为环孔材、散孔材和半环孔材（半散孔材）

（二）木材宏观的鉴别

木材剖面如图 1-10 所示。

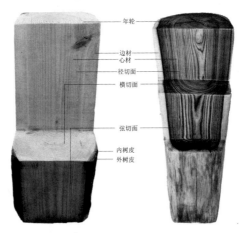

年轮

边材
心材

径切面

横切面

弦切面

内树皮
外树皮

图 1-10 木材剖面图

木材树种的鉴定可以采用宏观鉴别方法，简单易行，可用于执法部门现场查验和初筛鉴别。

1. 树皮特征识别

树皮是指树干形成层以外的整个组织，根据其形成和在活树中有无生活机能，分为内皮和外皮两个部分。外皮是树皮最外部失去生活机能的死细胞层，其功能主要是对树皮以内各种生活组织起保护作用。内皮是位于形成层以外、外皮以内有生活机能的树皮，俗称活皮，是贮存养分的场所。

2. 材表特征识别

原木剥去树皮后的躯干称为材身，材身的表面则称为材表。不同树种的木材各有其材表特征，在木材工业和流通中，现场对原木识别首先应充分发挥材表特征在木材识别中的作用。材表有下列几种类型：槽棱、棱条、网纹、细纱纹、波痕、枝刺、乳汁迹、平滑（图1-11）。

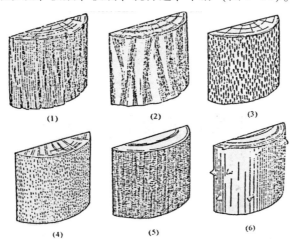

图 1-11　木材表特征类型

（1）槽棱；（2）棱条；（3）网纹；（4）细纱纹；（5）波痕；（6）枝刺

3. 髓心特征识别

髓心位于树干的中心，主要由薄壁细胞组成，其形状、大小和结构在种间有很大的区别，具有鉴定价值。

4. 辅助宏观特征识别（非解剖特征）

木材的辅助宏观识别特征大多属于木材的物理特性，如材色、光泽、气味、滋味、纹理、花纹、结构、髓斑、重度和硬度等，也有与木材结构相关的，如结构、纹理和髓斑等，它们在木材识别中起辅助作用，但有时具关键价值，不可忽视。

5. 识别原则与结果判定

要准确迅速识别木材，应在熟练掌握木材构造特征内涵的基础上，把握先宏观后微观、先看共性后查特性、先显著特征后潜在特征、先横切面后纵切面、先判定结果后得出结论（与模式标本对照后）、边观察记载边查找核对的原则，根据鉴定目的要求，观察、记载、检索、结果判定、对照模式标本、得出鉴定结论、出具鉴定报告，从而完成整个鉴定过程。实际工作中，应根据不同情况采取相应的步骤，如根据有无管孔区分针阔叶材（某些科属例外），根据有无正常树脂道判定是否为松科 6 属木材，根据有无波痕判断其进化程度。另外，木材特征性颜色和气味、内含物特征性颜色和性状等都可为木材识别提供直接依据，能大大缩短鉴定周期。在具体工作中逐步积累经验，灵活运用，就能事半功倍。

第二节
进出境木材贸易现状

木材与石油、粮食一样，是国民经济建设与人民生活不可或缺的重要生产生活资料。它既是建筑业、造纸业、家具制造业等行业的重要原料，也是家居装潢中普遍应用的装饰材料。木材供需平衡会促进国民经济发展和人民生活水平的提高。20 世纪 80 年代以来，随着全球经济的高速发展，世界各国（地区）对木材及木材产品的需求大幅度增加，各类木材及木材产品的贸易额均有较大幅度增长。联合国粮食及农业组织数据显示，中国主要木质林产品（不含木家具和木制品）贸易额在 2010 年超越美国，跃居第一。"大进大出，两头在外"已经成为中国木质林产品贸易的特征。我国森林资源仅次于俄罗斯、巴西、加拿大、美国，居世界第五位，但我国人均占有量仅为世界平均水平的 1/5，成熟林每年采伐量不足 1 亿 m^3，且小径材多，品种单一，供需缺口较大。为缓解国内市场供需矛盾，我国从世界各地大量进口各类木材，尤其是天然林保护工程和零关税政策实施后，进口量呈突破性增长。我国既是世界上最大的木材进口国，也是最大的木业加工、木制品生产基地和最主要的木制品出口国，人造板、家具、地板年产量位居世界前列。伴随着进口量的逐年递增，外来有害生物入侵风险、贸易风险越来越大，海关木材检疫监管工作面临的社会责任也越来越大。

一、世界木材贸易现状

（一）世界森林状况

森林资源是地球上最重要的资源之一，是生物多样性的基础，它不仅能够为生产和生活提供多种宝贵的木材和原材料，为人类经济生活提供多种物品，更重要的是，森林具有调节气候，保持水土，防止或者减轻旱涝、风沙、冰雹等自然灾害，净化空气，以及消除噪声等功能。森林还是天然的动植物园，哺育着各种飞禽走兽，生长着多种珍贵林木和药材。森林可以更新，属于再生自然资源，也是一种无形的环境资源和潜在的绿色能源。

联合国粮食及农业组织每五年进行一次全球森林资源评估。根据该组织《2020年世界森林状况》报告，全球森林面积为40.6亿 hm^2，占全球陆地面积的31%。全球森林立木蓄积量估计为5570亿 m^3，人均森林面积0.52 hm^2，世界森林面积分布见图1-12。

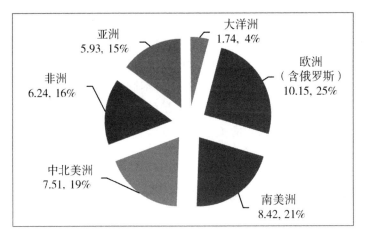

图 1-12　世界森林面积分布图（单位：亿 hm^2）

森林在地球上的分布极不均匀。热带地区集中了全球 45% 以上的森林，其次是寒带、温带和亚热带地区。从具体国家看，2/3 以上的森林分布在俄罗斯、巴西、加拿大、美国、中国、澳大利亚、刚果（金）、印度尼西亚、秘鲁和印度这 10 个国家。其中，俄罗斯、巴西、加拿大、美国和中国合计占全球森林总面积的 54%。

（二）世界木质林产品贸易概况

全球木材贸易波动与世界经济发展关系紧密，甚至高度同步，但木材贸易在世界商品贸易中的占比在不断下降。20 世纪 70 年代以来，木材贸易有 5 次较大波动，整体呈上升态势，而且 20 世纪 90 年代后增幅有所扩大。据联合国粮食及农业组织数据统计，全球木质林产品进出口贸易总额已从 1993 年的 2076 亿美元增长至 2020 年的 4609 亿美元（图 1-13）。

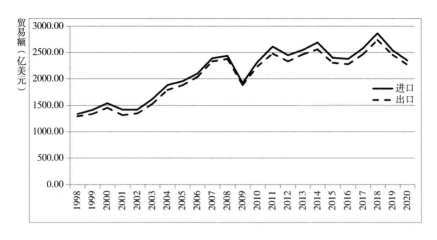

图1-13　1998—2020年世界木质林产品出口贸易额变化趋势

1. 世界木质林产品贸易概况

截至2020年，全球共有165个国家（地区）仅出口木材（原木和锯材），进口木材的有223个国家（地区）。当前，林业资源正在更广阔的空间进行着再分配，且出口经济体的数量明显少于进口经济体数量。各进出口经济体林产品贸易明显受到各经济体林产品工业发展水平与森林资源水平的影响：一方面，随着一些国家（地区）生产水平的提高，出口林产品的经济体数量明显增加；另一方面，与林产品需求相比，出口受到天然因素的制约，森林资源水平高的地区更具竞争优势。

2020年，全球木质林产品贸易总额为4609亿美元，其中进口贸易额2345.24亿美元（表1-2）、出口贸易额2263.78亿美元（表1-3）。木质林产品贸易出口总额占当年世界商品出口总额的1.29%，并呈现出不断下降的趋势（2018年1.4%，2010年1.47%，2004年1.94%，2000年2.25%，1990年2.87%）。这一方面反映了全球木材贸易规模受制于各国（地区）森林资源保护政策；另一方面反映了世界贸易中货物贸易和服务贸易构成的变化，货物贸易中初级产品和深加工产品构成的变化，即货物贸易比例和初级产品比例下降的趋势。

表1-2 世界木质林产品进口贸易额各洲占比
和2018、2020年各洲进口贸易额

地区	比率（%）				金额（亿美元）	
	2000年	2010年	2014年	2018年	2018年	2020年
欧洲	43.96	44.43	39.77	38.08	1087.84	908.49
亚洲	28.22	34.64	39.06	41.23	1177.96	930.93
北美洲	19.83	10.6	11.08	11.27	322.1	290.73
拉丁美洲	4.7	5.4	5.23	4.96	141.72	113.42
非洲	1.93	3.59	3.74	3.43	98.03	76.86
大洋洲	1.36	1.34	1.12	1.03	29.48	24.81
合计	100	100	100	100	2857.13	2345.24

表1-3 世界木质林产品出口贸易额各洲占比
和2018、2020年各洲出口贸易额

地区	比率（%）				金额（亿美元）	
	2000年	2010年	2014年	2018年	2018年	2020年
欧洲	47.68	52.77	49.56	48	1310.11	1132.36
北美洲	32.08	19.84	20.19	19.79	540.2	428.94
亚洲	12.39	15.78	18.75	17.93	489.37	417.12
拉丁美洲	4.32	6.75	6.46	8.49	231.69	165.47
大洋洲	1.78	2.6	2.92	3.35	91.47	65.98
非洲	1.75	2.26	2.12	2.45	66.82	45.05
合计	100	100	100	100	2729.65	2263.78

2. 世界木材（原木+锯材）贸易地区特征分析

全球木材贸易呈现出明显的地区特征，欧洲、亚洲、北美洲是全球木材贸易的主要地区，而拉丁美洲、非洲和大洋洲的贸易量相对较少。欧洲在全球木材贸易中处于领先地位，2020年欧洲进口占世界37.6%、出口占世界 63.2%；北美洲的份额在大幅减少后趋于稳定，2020 年进口占世界 11.7%、出口占世界 15.6%；亚洲木材贸易持续增长，增长速度趋缓，2020 年进口占世界 46%、出口占世界 3.2%；非洲整体进口大于出口，进口以针叶材为主，出口以阔叶材为主，分别占世界木材贸易的 3.3% 和 2.3%。亚洲、非洲进口多、出口少，是全球木材贸易的净进口地区，其中 2020 年亚洲木材贸易净进口 513.81 亿美元。大洋洲、南美洲是全球木材贸易的净出口地区，出口分别占全球的 11.63% 和 3.9%，进口仅分别占 0.3% 和 0.1%。大洋洲、欧洲、北美洲占据世界净出口的大部分份额。

亚洲木材进口贸易份额增长很快，2000 年进口贸易份额不足欧洲的 2/3，2018 年已超过欧洲的进口份额。中国作为世界木材产品进口第一大国，随着经济发展水平的提高和经济规模不断扩大，从全球市场寻求木材的动力强劲。经济体量庞大的传统木材产品进口国日本、韩国继续依靠国际市场来满足国内林产品需求，而近期经济发展较快的印度和越南越来越表现出对进口木材产品的强大需求。传统的亚洲木材出口国印度尼西亚、马来西亚，因本国森林资源大量消耗而逐步变为林产品进口国。因此，亚洲将成为未来世界最主要的林产品需求中心，尤其是东北亚，将成为林产品主要贸易地区。

3. 不同发展水平国家（地区）贸易地位分析

全球林产品贸易主要集中在发达的工业化国家（地区）。2020 年，中国、美国、德国、英国、日本、意大利、法国、比利时、荷兰、韩国十国的林产品贸易进口额合计 1360.5 亿美元，占世界进口贸易总额的 58.01%。2020 年，美国、加拿大、德国、瑞典、中国、芬兰、俄罗斯、巴西、印度尼西亚、澳大利亚十国的林产品贸易出口额合计 1353.27 亿美元，占世界出口贸易总额的 59.78%（表 1-4）。

表1-4　2020年世界林产品贸易进出口额前二十位国家

位次	进口			位次	出口		
	国家	金额（亿美元）	占比/%		国家	金额（亿美元）	占比/%
1	中国	452.32	19.29%	1	美国	221.17	9.77%
2	美国	244.03	10.41%	2	加拿大	207.77	9.18%
3	德国	161.5	6.89%	3	德国	196.1	8.66%
4	英国	95.86	4.09%	4	瑞典	136.26	6.02%
5	日本	92.13	3.93%	5	中国	131	5.79%
6	意大利	78.75	3.36%	6	芬兰	109.94	4.86%
7	法国	74.34	3.17%	7	俄罗斯	107.59	4.75%
8	比利时	55.89	2.38%	8	巴西	97.34	4.30%
9	荷兰	55.15	2.35%	9	印度尼西亚	85.09	3.76%
10	韩国	50.53	2.15%	10	澳大利亚	61.01	2.70%
11	波兰	50.21	2.14%	11	比利时	55.2	2.44%
12	越南	47.61	2.03%	12	法国	53.05	2.34%
13	加拿大	46.58	1.99%	13	波兰	42.08	1.86%
14	印度	44.59	1.90%	14	意大利	41.96	1.85%
15	墨西哥	44.37	1.89%	15	智利	41.55	1.84%
16	西班牙	39.3	1.68%	16	西班牙	38.6	1.71%
17	澳大利亚	37.09	1.58%	17	越南	37.05	1.64%
18	土耳其	32.35	1.38%	18	新西兰	35.61	1.57%
19	瑞典	23.3	0.99%	19	荷兰	34.78	1.54%
20	马来西亚	23.16	0.99%	20	捷克	32.91	1.45%
	全球	2345.24	100.00%		全球	2263.78	100.00%

全球林产品贸易额排名前二十位的发展中国家里，印度、墨西哥、土耳其等森林资源相对匮乏的国家是主要进口国，巴西、印度尼西亚、越南等森林资源丰富的国家是主要出口国。2020年，中国林产品进口贸易额452.32亿美元，占世界进口贸易额19.29%，排名世界第一；林产品出口

贸易额 131 亿美元,占世界出口贸易额 5.79%,排名世界第五,是发展中国家中唯一一个进口额、出口额均排世界前列的国家。

随着经济快速发展和人民生活水平日益提高,发展中国家对木材产品的需求迅猛增加,在林产品贸易中的地位越来越重要。拉丁美洲和非洲木材产品进口贸易额、出口贸易额在世界林产品贸易中的占比都明显提高。在亚洲,除中国外,印度、土耳其、越南、马来西亚已经成为重要的木材产品进口国。尤其是印度,已成为全球第四大工业原木进口国和第四大纤维原料进口国。越南凭借低廉的劳动力成本和丰富的森林资源优势,在木质林产品出口贸易方面的影响力也在日益提升。

欧美等发达国家利用其森林资源、市场、资本、管理和科技等方面的优势,在高端产品领域将继续占据制高点,并在全球技术密集型林产品贸易中处于主体地位;而越南、柬埔寨、缅甸、印度尼西亚等发展中国家将主要利用劳动力的价格优势,在林产品国际贸易中抢占有利位置,成为中国的主要竞争对手;非洲、南美洲等将利用其森林资源优势,进一步强化原木出口禁令,加快产业结构调整,深加工木质林产品生产和贸易水平有望不断提升。

4. 主要木质林产品生产和贸易情况

在世界木质林产品贸易中,各类产品贸易均有不同程度的增长。在贸易额方面,增长较快的是人造板(胶合板、纤维板、刨花板、单板)、纸和纸板,原木、锯材增长较慢,低于世界木质林产品出口贸易额增长速度。废纸贸易增速很快。木炭、木片虽然增速很快,但金额很小。总体来看,初级产品增速比较低,深加工产品增速比较高。1970—2020 年世界各种木质林产品出口量和年均增长率见表 1-5。

表 1-5 1970—2020 年世界各种木质林产品出口量和年均增长率

产品	出口量					
	1970 年	1980 年	1990 年	2000 年	2010 年	2020 年
原木/万 m³	9648.1	11582.4	11373.6	11729.1	11536.4	14031.25
薪材/万 m³	277.4	220.3	264.7	294.7	388.6	649.89
工业用原木/万 m³	9370.7	11362.1	11108.9	11434.4	11147.8	13381.36

表1-5 续1

产品	出口量					
	1970 年	1980 年	1990 年	2000 年	2010 年	2020 年
锯材/万 m³	5741.9	8001.9	8910.4	12797.4	11174.1	15283.44
人造板/万 m³	943.3	1595.7	3066.3	5588.9	6049.2	8792.17
单板/万 m³	85.1	143.6	213.6	400.2	394.5	510.25
刨花板/万 m³	204.8	548	933.7	2232.9	2285.6	2197.10
纤维板/万 m³	206.2	213.3	355.6	1106.2	1398.9	2624.25
胶合板/万 m³	447.2	690.8	1563.4	1849.6	1970.2	2822.44
木浆/万 t	1692.2	2117.3	2495.8	3783.6	3866.9	6896.49
废纸/万 t			1274.2	2436.3	2470.1	4508.37
纸和纸板/万 t	2336.6	3510.6	5566.1	9763.5	9355	11112.72
木片/万 t	577.4	1704.9	2442.4	3533.6	3854.7	6832.31*
木炭/万 t	23.4	29	36	85.5	96.2	277.48

注：打 * 处数据单位为万 m³，无重量数据。

（1）原木

2020 年，全球工业原木采伐量 19.84 亿 m³，与 2018 年相比，降幅为 4.1%。几大区域的原木采伐量都有所下降，与 2018 年相比，下降幅度由大到小，依次是北美洲（美国和加拿大）5.0 亿 m³，下降 8.9%；南美洲 2.29 亿 m³，下降 7.5%；欧洲（包括俄罗斯）6.33 亿 m³，下降 3.3%；加勒比海地区 0.01 亿 m³，下降 2.1%；大洋洲 0.77 亿 m³，下降 0.5%。此外，非洲 0.79 亿 m³，略增 1.4%。

从区域来看，亚洲地区是工业原木的净进口区域，2020 年净进口量为 0.72 亿 m³，约占亚太地区消费量的 7%。除亚洲地区外，其他区域都是净出口区域，其中欧洲和大洋洲是工业原木的主要净出口区域，2020 年的净出口量分别为 0.21 亿 m³ 和 0.32 亿 m³。2020 年，五大工业原木出口国出口总额为 0.76 亿 m³，占世界工业原木出口总额的 56.8%。近年来，新西兰一直保持着最大工业原木出口国的地位；捷克增加较快，排名第二；俄罗斯近年来原木出口量持续下降，排名第三；其他主要原木出口国还有德国、美国和加拿大。五大工业原木进口国进口总额为 0.92 亿 m³，依次为中国、奥地利、瑞典、芬兰和德国。

（2）锯材

2020 年，全球锯材生产总量为 4.73 亿 m^3，比 2018 年下降了 3.76%。全球锯材产量在 2018 年后出现下降，主要源于全球新冠疫情对生产、需求、物流等的影响。主要地区中，欧洲锯材产量 1.69 亿 m^3，与 2018 年持平；亚洲1.33 亿 m^3，下降 4.42%；北美 1.19 亿 m^3，下降 7.96%；南美 0.26 亿 m^3，下降 1.72%；非洲 0.11 亿 m^3，下降 6.23%。中美洲及加勒比海地区的锯材产量一直不高。2020 年，锯材的五大生产国分别是中国、美国、俄罗斯、加拿大和德国。这五个国家锯材生产总量 2.71 亿 m^3，占世界生产总量的 57.29%。其中，中国的锯材产量 0.84 亿 m^3，美国 0.79 亿 m^3，俄罗斯 0.42 亿 m^3，加拿大 0.40 亿 m^3，德国 0.26 亿 m^3。

2020 年，全球锯材贸易量达 1.49 亿 m^3，约占生产总量的 31.5%，其趋势与锯材生产趋势一样，近几年来有所下降。下降最显著的区域是北美和亚太地区。同时，全球各区域之间的锯材净贸易量也略有下降。锯材两个主要净进口区域是亚洲和非洲，2020 年的净进口量分别为 0.52 亿 m^3 和 0.05 亿 m^3。欧洲、南美和北美地区是锯材的主要出口区域，其净出口量分别为 0.55 亿 m^3、0.07 亿 m^3 和 0.05 亿 m^3。中美洲及加勒比海地区出口体量相对不大。2020 年，五大出口国依次为俄罗斯、加拿大、瑞典、德国和芬兰，锯材出口总量 0.91 亿 m^3，占全球总出口量的 59.5%。2020 年，五大锯材进口国依次为中国、美国、英国、德国和日本，进口总量 0.79 亿 m^3，占全球进口总量的 54.5%。

（3）人造板

2020 年，全球人造板（胶合板、纤维板、刨花板、单板）产量 3.49 亿 m^3，比 2015 年增加了 5.3%，其中纤维板 1.18 亿 m^3、刨花板 0.96 亿 m^3、胶合板 1.18 亿 m^3、单板 0.16 亿 m^3。人造板是产量快速增长的产品类别，这几年除了北美，其他地区都出现了不同程度的增长。从区域来看，2020 年亚洲地区人造板产量占全球产量的 62%，达 2.16 亿 m^3，其次是欧洲 0.78 亿 m^3、北美 0.27 亿 m^3、南美 0.18 亿 m^3、非洲 0.4 亿 m^3、大洋洲 0.036 亿 m^3。

2020 年全球人造板贸易量为 8095 万 m^3，占全球总产量的 23.21%。其中，胶合板 2753 万 m^3，占全球胶合板总产量的 23.33%；刨花板 2201 万

m^3，占全球总产量的 22.92%；纤维板 2642 万 m^3，占全球总产量的 22.4%；单板 499.7 万 m^3，占全球总产量的 30.34%。欧洲和亚太地区主导了人造板的国际贸易，2020 年这两个地区的贸易额占世界进口总额的 74.1%、世界出口总额的 85.33%。2020 年欧洲净出口 515 万 m^3，亚洲净出口 488 万 m^3，南美净出口 412 万 m^3，北美净进口 817 万 m^3，非洲净进口263 万 m^3。刨花板前五大出口国依次为泰国、澳大利亚、俄罗斯、德国和法国，前五大进口国依次为德国、美国、中国、波兰和韩国；胶合板五大出口国依次为中国、俄罗斯、印度尼西亚、巴西和越南，五大进口国依次为美国、日本、德国、英国和加拿大；纤维板前五大出口国依次为德国、泰国、中国、波兰、白俄罗斯，前五大进口国依次为美国、德国、沙特阿拉伯、比利时和意大利；单板前五大出口国依次为越南、俄罗斯、加拿大、中国、加蓬，前五大进口国依次为中国、美国、印度、意大利、日本。

（4）纸和纸板

2020 年，纸和纸板的全球产量为 4.01 亿 t。全球各区域的纸和纸板生产量分别为亚太地区 1.98 亿 t、欧洲 0.99 亿 t、北美为 7490 万 t、南美 336 万 t、非洲 474 万 t。2020 年前五大纸和纸板生产国分别是中国 1.17 亿 t、美国 6624 万 t、日本 2270 万 t、德国 2134 万 t 和印度 1728 万 t。相比 2015 年，中国和印度分别增长 5.6% 和 12.0%，美国下降 8.5%、日本下降 14%、德国下降 5.6%。

国际贸易方面，全球纸和纸板产量的大约 1/4 都出口到了国际市场。2015—2020 年间，全球贸易量保持相对稳定，约为 1.11 亿 t。其中，2020 年欧洲和北美洲是纸和纸板的净出口地区，净出口量分别为 1310 万 t 和 632 万 t。亚洲、中美洲、非洲和南美洲等是纸和纸板净进口地区，净进口量分别为961 万 t、490 万 t、398 万 t 和 45 万 t。2020 年，德国、美国、瑞典、芬兰和中国是全球前五大纸和纸板出口国，共出口纸和纸板 4711 万 t，占全球出口量的 42.4%。全球前五大纸和纸板进口国，依次为中国、德国、美国、意大利和英国，共进口了 4110 万 t 纸和纸板，占全球进口总量的 37%。

（5）木炭和木质颗粒燃料

2020 年，全球木质燃料产量为 19.3 亿 m^3，木炭产量 5314 万 t。木质燃料主要生产区域为非洲和亚洲，分别为 7.12 亿 m^3 和 7.06 亿 m^3，合计占全球生产量的 73.6%；其次为南美洲 1.8 亿 m^3、欧洲 1.7 亿 m^3、中美洲 0.8 亿 m^3、北美洲 0.6 亿 m^3 和大洋洲 0.1 亿 m^3。此外，近年来在应对全球气候变化的国际形势下，全球木质能源工业快速发展，木质颗粒燃料的生产激增。

全球木质燃料国际贸易国家（地区）相对较少。2020 年，用于国际贸易的木质燃料仅 536 万 m^3，出口最多的国家（地区）依次为斯威士兰、波黑、法国、克罗地亚、拉脱维亚，进口最多的依次为南非、意大利、斯威士兰、英国和德国。用于国际贸易的木炭共 276 万 t，出口最多的国家（地区）依次为印度尼西亚、缅甸、纳米比亚、波兰和乌克兰，进口最多的依次为中国、德国、美国。

全球林产品贸易在 2018 年达到历史最高，随后出现转折，但随着贸易保护主义、全球产业结构性变化、新冠疫情等因素以及主要国家（地区）的林产品贸易政策走向，未来全球林产品贸易发展仍存在很大的不确定性。综合分析，未来全球林产品贸易发展趋势具体体现在以下几个方面：一是制定可持续的全球林产品贸易规则势在必行；二是全球林产品贸易的营销方式将日益多元化；三是随着生物经济成为越来越多国家（地区）经济发展的目标，木质颗粒燃料的贸易日趋活跃；四是未来林产品国际贸易冲突有逐渐增强的态势。总之，随着世界经济的持续复苏，未来全球林产品贸易仍将呈现出积极而又多样化的发展态势，特别是随着亚洲和南美洲各国（地区）林产品加工业的迅速发展，这些国家（地区）在林产品国际贸易中将扮演越来越重要的角色。

（三）我国木材进口情况

1. 我国原木进口情况

1998—2021 年，我国原木进口量增长了 13.2 倍。其中，在 1999 年、2002 年、2006 年、2011 年、2014 年以及 2021 年这 6 年，分别跃过 1000 万 m^3、2000 万 m^3、3000 万 m^3、4000 万 m^3、5000 万 m^3、6000 万 m^3。2017—2021 年，我国仅原木进口就达到了 2.99 亿 m^3。根据材积数量统计，2021 年我国共进口原木 6358 万 m^3，金额 118 亿美元。自 2013 年以来，新西兰成为我国最大的原木来源地，占我国 2021 年原木进口量的比重达到了31.7%。俄罗斯曾经是我国最大的原木进口来源国，2007 年达到历年最高

（2539 万 m³），占当年我国原木进口总量的 68.5%，随后进口量下降，2021 年仅为 630 万 m³。

我国进口原木主要来自世界上 90 多个国家（地区）。伴随着进口量的大幅增长，进口额也大幅增加，分别在 1999 年、2002 年、2006 年、2011 年、2014 年这 5 年跃上 10 亿、20 亿、40 亿、80 亿、110 亿美元，1998—2021 年这 24 年间累计使用外汇额达到 1429 亿美元。同时，受供应国（地区）森林资源下降、产业政策限制等因素影响，主要来源地变化明显，如 1994 年从马来西亚进口原木 68.3 万 m³，2003 年达到 293.1 万 m³，随后逐年下降，2007 年加蓬原木进口 107.68 万 m³，现全为锯材，几无原木进口。除此之外，如 2020 年澳大利亚原木进口 456 万 m³，后因多次检出重要有害生物被暂停进口，2021 年几乎为 0。加蓬、刚果（布）等国家（地区）木材数量虽在我国木材进口中不占优势，但来源于这些国家（地区）的木材主要为家具和地板材，品质和价值比高，因此在交易金额上统计仍是我国木材进口的重要地区，中国进口原木主要来源地见表 1-6。

表 1-6　中国进口原木主要来源地情况表

（单位：万 m³）

年份	新西兰	俄罗斯	美国	澳大利亚	加拿大	巴布亚新几内亚	所罗门	赤道几内亚	乌拉圭	刚果（布）
2008	190.87	1866.51	39.75	42.95	—	222.97	190.87	24.94	—	39.48
2009	441.35	1481.15	75.5	73.21	37.2	165.5	112.44	—	—	43.63
2010	594	1403.55	278	105.62	117.84	247.78	145.47	—	—	48.56
2011	824.33	1407.09	488.59	157.64	246.12	279.9	177.43	—		62.1
2012	862.14	1118.29	363.94	122.12	244.08	258.13	191.63	—		61.43
2013	1150.4	1025.78	560.97	174.24	272.02	275.18	203.59	43.1	3.1	50.2
2014	1173.03	1137.6	609.55	234.8	303.84	329.66	219.39	49.7	9.3	57.4
2015	1076.84	1061.47	412.11	283.3	236.28	316.29	222.19	66	5.8	52.6
2016	1203.04	1115.62	529.84	363.1	284.21	324.23	229.7	108	6.8	49.3
2017	1436.4	1126.54	609.56	495.3	337.1	288.2	278.1	105.6	83.6	77.6

表1-6 续

年份	新西兰	俄罗斯	美国	澳大利亚	加拿大	巴布亚新几内亚	所罗门	赤道几内亚	乌拉圭	刚果（布）
2018	1738	1054.87	624.76	468.42	253.5	350.48	234.85	119.58	209	54.49
2019	1729	717	442	459	226	338	233	69.7	143	68.16
2020	1615	634.14	334	456.5	120	260.7	200.95	24.51	—	58.23
2021	2031	630.14	412.5	0	—	217.89	174.64	—	—	—

注：—表示暂无具体数字。此外，2021年进口德国原木1204.67万 m³

（1）我国针叶原木进口情况

2021年，我国进口针叶原木4984.3万 m³，金额78.73亿美元。新西兰是我国进口针叶原木最大的来源国，2021年，我国从新西兰进口针叶原木2020.95万 m³，同比增长25.8%，占进口针叶原木的40.7%，主要树种是辐射松。新西兰辐射松被广泛用于人造板、建筑、家具、家装、木门、地板、旋切和包装材料，其环保、供应稳定及供应量充足，在我国进口木材供应结构中具有不可替代的地位。德国针叶原木进口居第二位，为1166.7万 m³，同比增长16.9%。俄罗斯针叶原木进口居第三位，为376.5万 m³，同比持续下降，这与俄罗斯出口木材逐步从原木向锯材转变有关。2021年，欧洲输华针叶原木大量增长，主要原因是欧洲针叶林发生病虫害，不得不大量采伐针叶林。近年来，从日本进口针叶原木（主要是柳杉和扁柏）增长较快，主要用于包装、托盘，少量用于家具，2016—2021年我国进口针叶原木来源见表1-7。

表1-7 2016—2021年我国进口针叶原木来源情况表

（单位：万 m³）

来源地	2021年	2020年	2019年	2018年	2017年	2016年
新西兰	2030.95	1614.84	1763.88	1403.7	1729.39	1196.56
俄罗斯	376.46	442.96	580	884.64	795.26	924.92
美国	324.43	261.71	302.64	491.74	502.84	445.51
澳大利亚	0	419.82	427.26	442.87	413.37	326.58

表1-7　续

来源地	2021年	2020年	2019年	2018年	2017年	2016年
加拿大	132.12	119.58	235.52	322.8	253.49	278
乌拉圭	200.64	88.99	138.6	75.86	208.95	2.84
日本	120.8	93.02	86.76	75.06	92.3	44.29
捷克	159.07	337.71	229.1	—	—	—
德国	1166.74	998.21	380.43	—	—	—
巴西	82.9	19.85	—	—	—	—

注：—表示无确切数据；2020年底开始暂停澳大利亚原木进口

（2）我国阔叶原木进口情况

2021年，我国共进口阔叶原木1373.3万 m^3，货值37.2亿美元，同比分别增长8.7%和26.6%。其中，进口热带原木845万 m^3，同比下降1.5%，进口热带原木占进口阔叶树原木的61.5%。巴布亚新几内亚和所罗门群岛是我国热带阔叶原木主要货源地之一，约占全部进口阔叶原木的34.3%。但由于所罗门群岛森林资源有限，长期进口贸易不可持续。非洲是我国热带阔叶原木另一主要货源地之一，约占全部进口阔叶原木的19.7%。其中，赤道几内亚、刚果（布）、莫桑比克和喀麦隆占非洲阔叶原木供应量的绝大部分，但由于非洲国家（地区）政策多变，对木材贸易影响较大。2021年，我国进口温带阔叶原木528.3万 m^3，占38.5%。温带阔叶原木主要来自俄罗斯、欧洲、美国和加拿大，2016—2021年我国进口阔叶原木来源见表1-8，2020—2021年进口阔叶原木树种见表1-9。

表1-8　2016—2021年我国进口阔叶原木来源情况表

（单位：万 m^3）

国家（地区）	2021年	2020年	2019年	2018年	2017年	2016年
巴布亚新几内亚	217.9	260.7	326.5	350.5	288.2	324.2
俄罗斯	253.7	191.2	175.4	285.1	241.9	190.7
所罗门群岛	174.6	200.9	237.2	278.7	278.2	229.7
赤道几内亚	—	24.5	66.1	123.8	105.6	108.3
美国	88.1	72.3	66.8	121.9	117.8	84.3

表1-8 续

国家（地区）	2021 年	2020 年	2019 年	2018 年	2017 年	2016 年
喀麦隆	—	43.5	51.4	66.6	50	49.6
澳大利亚	0	36.7	94.7	55.7	61.9	36.6
德国	37.9	31.2	43.4	55.3	56.3	40
刚果（布）	—	58.2	64.5	54.6	77.6	49.3
法国	—	38.6	57.6	48.9	44.7	38.3

注：—表示无确切数据

表1-9 2020—2021 年进口阔叶原木树种情况表

（单位：万 m³、美元/ m³）

阔叶原木树种	2021 年		2020 年		同比（%）	
	数量	单价	数量	单价	数量	单价
水曲柳	4.83	327	5.4	324	−10.6	0.9
桦木	194.19	137	141.1	126	37.7	8.7
桉木	155.37	123	122.03	106	27.3	16
栎木	135.09	401	101.57	337	33	19
毛榉	71.09	242	64.96	229	9.4	5.7
杨木	66.18	101	49.48	101	33.8	0
北美硬阔叶材	63.5	539	57.87	434	9.7	24.2
红木	33.02	1094	32.2	927	2.5	18
奥克曼	39.72	319	47.9	287	−17.1	11.1
菠萝格	25.03	462	26.14	422	−4.2	9.5
热带原木合计	845	281	858.12	229	−1.5	22.7

2. 我国锯材进口情况

近年来，由于世界各主要木材出口国（地区）纷纷采取措施发展本国（地区）木材加工业，限制甚至禁止原木出口，鼓励开展本国（地区）木材深加工产业，导致我国锯材进口量和进口所占比率持续增加。进口量从1995 年的 86.30 万 m³ 逐渐增至 2019 年的 3715.9 万 m³，增加了 42 倍。随后受疫情等因素影响，锯材进口量出现下降，2021 年进口 2884 万 m³。从全球木材产业政策来看，去除新冠疫情等不可抗力影响，今后木材贸易中锯材进口将持续保持较大比重。

（1）我国针叶锯材进口情况

2021 年，我国进口针叶锯材 1960 万 m³，同比下降 21%。进口来源按数量排序依次为俄罗斯、加拿大、芬兰、瑞典等（表 1-10）。其中，进口红松、樟子松锯材 751.7 万 m³，白松锯材 761.3 万 m³，同比分别下降 17.5% 和 29.3%；红松、樟子松、白松是针叶树锯材的主要树种，占针叶树锯材进口量的 77.2%

表 1-10 2017—2021 年我国进口针叶锯材主要货源地情况表

（单位：万 m³）

货源地	2021 年	2020 年	2019 年	2018 年	2017 年
俄罗斯	1293.84	1479.35	1702.44	1567.35	1428.24
加拿大	161.18	276.66	439.06	417.44	499.9
芬兰	66.19	96.98	123.97	116.06	171.22
瑞典	39.29	91.46	72.77	71.06	91.27
智利	46.83	56.41	65.51	72.33	69.62
美国	19.97	30.5	31.36	47.65	62.11
欧洲及其他	221.6	346.47	230.23	89.62	75.76

（2）我国阔叶锯材进口情况

2021 年，我国进口阔叶锯材 922.6 万 m³，金额 35.08 亿美元。其中，热带阔叶锯材 700.3 万 m³，占比 75.9%，同比增长 6.2%。进口阔叶锯材的最大来源国为泰国，进口橡胶木板材 377 万 m³。由于近几年国内家具市场不景气、需求不足，橡胶木板材进口量相比 2019 年下降明显。美国阔叶锯材一直是我国家装、家具市场受欢迎的材种，但因中美经贸摩擦、汇率、成本等因素影响，2021 年进口美国阔叶锯材下降至 113.15 万 m³。俄罗斯阔叶锯材近年来增长较快，材种主要是桦木占 50.1%、栎木占 14.1%，主要用于家具、家装。加蓬是非洲最大的锯材出口国，2021 年我国进口加蓬阔叶树锯材 54.5 万 m³，同比下降 4.5%（表 1-11）。我国进口

阔叶锯材主要来源于东南亚、非洲和拉丁美洲，除进口量最大的橡胶木
外，栎木、山毛榉、桦木、北美硬阔（包括樱桃木、枫木、黑胡桃木）和
白蜡木是当前数量最多的 5 个树种类别。

表 1-11 2017—2021 年我国进口阔叶锯材主要货源地情况表

（单位：万 m³）

货源地	2021 年	2020 年	2019 年	2018 年	2017 年
泰国	377.16	359	359.23	442.23	481.99
美国	113.15	133.84	131.8	231.56	258.24
俄罗斯	113.98	88.86	131.8	145.74	129.79
加蓬	54.51	57.08	54.65	57.03	41.74
非洲其他地区	32.29	37.13	40.35	41.67	37.06
亚洲其他地区	109.54	110.58	107.63	125.14	163.62
欧洲	86.28	67.83	81	97.39	—

注：—表示无确切数据

3. 红木木材进口情况

进口阔叶木中有一大品类是红木，随着《濒危野生动植物种国际贸易
公约》（CITES）中物种数量的不断增加，管制的红木树种增多，个别红木
树种进口受到严重影响，总体进口呈不断下降趋势。2014 年，我国进口红
木 173.84 万 m³；2021 年下降至 33.02 万 m³。红木进口有四个变化趋势：
一是我国进口红木以原木和锯材为主，进口量在 2014 年达到高峰后逐年下
降，且年进口量均不足百万 m³，对我国红木产业造成冲击；二是红木占阔
叶木比重降低，由 2014 年的 7.4% 降到 2021 年的 1.44%；三是全球红木原
材虽分布在亚洲、非洲和南美洲三大产地，以前进口是亚洲、非洲各半，
现转到以非洲为主，2021 年非洲约占 76%（表 1-12，图 1-14）；四是近
年来，我国进口红木树种不断减少、种类集中度逐渐增高，2013—2015 年
进口红木树种数量保持在 23～24 种，2017—2021 年明显下降，为 12～14
种（表 1-13）。

表 1-12　2016—2021 年我国进口红木原木主要货源地区情况表

（单位：万 m³）

货源地	2016 年	2017 年	2018 年	2019 年	2020 年	2021 年
亚洲及其他	22.79	18	21.11	9.9	2.49	7.78
非洲	56.58	77	70.37	46.16	29.71	25.24
合计	79.37	95	91.48	56.06	32.2	33.02

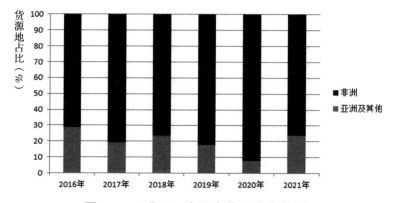

图 1-14　进口红木原木货源地变化图

表 1-13 红木（GB/T 18107—2017）类别一览表（5 属 8 类 29 种）

科属名	类别	树种名称 中文名	拉丁名	商品名	主要产地	管制或保护信息
豆科 蝶形花亚科 Pterocarpus spp. 1.0	紫檀木类	1. 檀香紫檀	P. santalinus L. f.	Red sanders	印度	CITES 公约附录Ⅱ管制
	花梨木类	1. 安达曼紫檀	P. dalbergioides DC.	Andaman padauk	印度	—
		2. 刺猬紫檀	P. erinaceus Poir.	Ambila	塞内加尔、几内亚比绍等热带非洲国家（地区）	CITES 公约附录Ⅱ管制
		3. 印度紫檀	P. indicus Willd.	Narra	印度、缅甸、菲律宾、马来西亚及印度尼西亚；中国引种栽培	国家植物名录Ⅱ级保护
		4. 大果紫檀	P. macrocarpus Kurz	Burma padauk	泰国、缅甸、老挝、柬埔寨、越南	—
		5. 囊状紫檀	P. marsupium Roxb.	Bijasal	印度、斯里兰卡	—

表1-13 续1

科属名	类别	树种名称 中文名	树种名称 拉丁名	商品名	主要产地	管制或保护信息
豆科 蝶形花亚科 2. 黄檀属 Dalbergia spp.	香枝木类	1. 降香黄檀	D. odorifera T. C. Chen	Scented rosewood	中国	国家植物名录II级保护 CITES 公约附录II管制
	黑酸枝木类	1. 刀状黑黄檀	D. cultrata Berth.	Burma blackwood	缅甸，印度，越南，中国	国家植物名录II级保护 CITES 公约附录II管制
		2. 阔叶黄檀	D. latifolia Roxb.	Indian rosewood	印度，印度尼西亚	CITES 公约附录II管制
		3. 卢氏黑黄檀	D. louvelii R. Vig.	Bois de rose	马达加斯加等	CITES 公约附录II管制
		4. 东非黑黄檀	D. melanoxylon Guill. &Perr.	African blackwood, Grenadille afrique	坦桑尼亚、莫桑比克、肯尼亚、乌干达等非洲国家（地区）	CITES 公约附录II管制
		5. 巴西黑黄檀	D. nigra (Vell.) Benth.	Brazilian rosewood	巴西等热带南美洲国家（地区）	CITES 公约附录I管制
		6. 亚马孙黄檀	D. spruceana (Benth.)	Jacaranda-do-para	南美洲亚马孙地区	CITES 公约附录II管制
		7. 伯利兹黄檀	D. stevensonii Standl.	Honduras rosewood	伯利兹等中美洲国家（地区）	CITES 公约附录II管制

表1-13 续2

科属名	类别	树种名称		商品名	主要产地	管制或保护信息
		中文名	拉丁名			
豆科 蝶形花亚科 2. 黄檀属 Dalbergia spp.	红酸枝木类	1. 巴里黄檀	*D. bariensis* Pierre	Neang nuon	越南、泰国、柬埔寨、缅甸和老挝	CITES 公约附录 II 管制
		2. 萨州黄檀	*D. cearensis* Ducke	Kingwood, Violetta	巴西等热带南美洲国家（地区）	CITES 公约附录 II 管制
		3. 交趾黄檀	*D. cochinchinensis* Pierre	Siam rosewood	越南、老挝、柬埔寨、泰国	CITES 公约附录 II 管制
		4. 绒毛黄檀	*D. frutescens* var. *tomentosa* (Vogel) Benth.	Brazilian tulipwood	巴西等热带南美洲国家（地区）	CITES 公约附录 II 管制
		5. 中美洲黄檀	*D. granadillo* Pittier	Cocobolo, Granadillo	墨西哥及中美洲国家（地区）	CITES 公约附录 II 管制
		6. 奥氏黄檀	*D. oliveri* Prain	Burma tulipwood	泰国、缅甸、老挝	CITES 公约附录 II 管制
		7. 微凹黄檀	*D. retusa* Hemsl.	Cocobolo	墨西哥及巴拿马等中美洲国家（地区）	CITES 公约附录 II 管制

表1-13 续3

科属名		类别	树种名称		商品名	主要产地	管制或保护信息
			中文名	拉丁名			
豆科	蝶形花亚科 3. 崖豆属 Millettia spp.	鸡翅木类	1. 非洲崖豆木	M. laurentii De Wild.	Wenge	喀麦隆、刚果（布）、刚果（金）、加蓬	
			2. 白花崖豆木	M. leucantha Kurz	Thinwin	缅甸、泰国	
	苏木亚科 4. 决明属 Senna spp.	木类	3. 铁刀木	S. siamea (Lam.) H. S. Irwin & Barneby	Siamese senna	印度、缅甸、斯里兰卡、越南、泰国、马来西亚、印度尼西亚、菲律宾、中国	
柿树科	5. 柿树属 Diospyros spp.	乌木类	1. 厚瓣乌木	D. crassiflora Hiern	African ebony	尼日利亚、喀麦隆、加蓬、赤道几内亚等非洲国家	
			2. 乌木	D. ebenum J. Koenig ex Retz.	Ceylon ebony	斯里兰卡、印度、缅甸	—
		条纹乌木类	1. 苏拉威西乌木	D. celebica Bakh.	Macassar ebony	印度尼西亚	—
			2. 菲律宾乌木	D. philippinensis A. DC.	Kamagong ebony	菲律宾、斯里兰卡、中国	—
			3. 毛药乌木	D. pilosanthera Blanco	Bolong-eta	菲律宾	—

注：本表根据《红木》（GB/T 18107—2017）编制；越柬紫檀和足紫檀是大果紫檀的异名，因此本附录未列入；黑黄檀是刀状黑黄檀的异名，因此本附录未列入；《濒危野生动植物种国际贸易公约》（CITES）附录Ⅰ、附录Ⅱ、附录Ⅲ（2023年版），如有变化，以其最新版本为准。

4. 濒危木材贸易情况

《濒危野生动植物种国际贸易公约》（CITES）所管制的动植物类群中，木材树种一直受到国际社会的高度关注。我国是 CITES 公约缔约方之一，也是木材及其制品的进出口大国。CITES 公约管制木材树种的快速变化，对我国木材行业生产、经营乃至整个行业发展，都产生了巨大影响。

CITES 公约将管制的物种列入 3 个不同管理级别的附录，并通过许可证制度约束贸易活动，达成保护这些物种的目的。其中，附录 I 为禁止商业性国际贸易；附录 II 为管制商业性国际贸易，允许进行商业性国际贸易，但需通过进出口许可证或者再出口证明书管理；附录 III 为区域性管制商业性国际贸易，某个国家（地区）请求所有缔约方协助其管理，允许进行商业性国际贸易，也需通过许可证或证明书管理，但对其限制通常少于附录 II。2019 年版 CITES 附录中所包含的濒危树种有 520 个，分别为：附录 I 中有 6 科 7 属 7 种，附录 II 中有 12 科 20 属 506 种，附录 III 中有 7 科 7 属 7 种。附录 I 的物种不能进行商业性贸易，允许商业性贸易的管制物种 90% 以上属于附录 II 范畴。我国进口的濒危木材树种中，附录 II 所列树种占 73%~88%。

办理濒危证的程序为：收到外方证书—办理林业局批文（如上海市林业局）（15 个工作日）—拿到批文后在濒危物种进出口管理办公室网站上申请办理濒危物种进出口管理办公室濒危证（10 个工作日）—拿证。根据濒危物种进出口管理办公室和海关总署 2019 年第 2 号公告，进出口野生动植物进出口证书管理范围内的野生动植物及其制品，应当按照海关通关无纸化的规定，采用无纸化方式申报，进出口濒危证书办证指南如图 1-15 所示；濒危证和非濒危证如图 1-16 所示；我国的野生动植物允许进出口证明书和海峡两岸野生动植物允许进出口证明书如图 1-17 所示。加蓬和喀麦隆的濒危证书如图 1-18 所示。

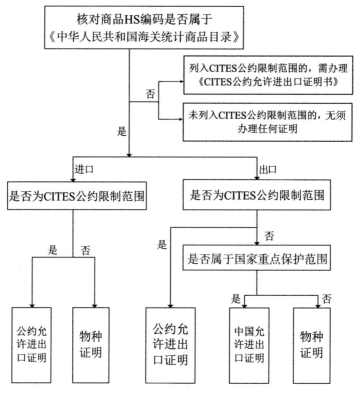

图1-15　进出口濒危证书办证指南

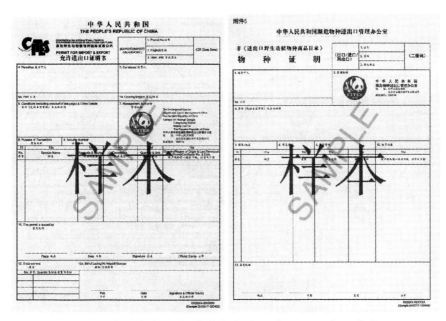

图1-16 我国濒危野生动植物允许进出口证明书（濒危证）和物种证明书（非濒危证）

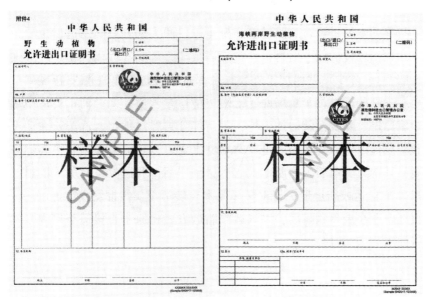

图1-17 我国野生动植物允许进出口证明书和海峡两岸野生动植物允许进出口证明书

图 1-18 加蓬（左）和喀麦隆（右）的濒危证书

（四）我国木材进口口岸

我国的木材进口含陆路进口和海运进口两大部分。陆路进口主要包括从东北边境入境的俄罗斯材，经铁路运至陆路口岸（如满洲里、绥芬河和二连浩特），除少量就地加工外，其余部分再经过换车（厢）转运到全国各地。少部分通过汽车从广西、云南边境口岸入境，如缅甸木材运至瑞丽等边境口岸。除少量就地加工外，剩余部分再经过铁路、汽车长途运至华南和华东地区。以海运形式进口的木材主要以大轮散装和集装箱运输方式入境，其中大轮散装为主要形式。木材到岸后，我国批发商就地购材，再以汽（车）运或船运形式将木材（原木）转运至二级批发或零售市场。有些大型企业在港口购材后，以汽运或船运方式将原木直接运至厂内，然后自行加工（表 1-14）。

表1-14 我国进口木材主要口岸情况

序号	省（市、区）	主要口岸
1	江苏	张家港、太仓、镇江、靖江、扬州、盐城、连云港、常熟
2	山东	黄岛、日照、青岛、蓬莱、潍坊、烟台
3	内蒙古	满洲里、二连浩特
4	广东	深圳、广州、黄埔、江门
5	上海	外高桥、洋山
6	黑龙江	绥芬河、同江、抚远
7	福建	厦门、莆田
10	天津	天津
12	河北	曹妃甸
13	宁波	宁波
14	广西	钦州
15	辽宁	大连

1. 江苏木材口岸基本情况

江苏是我国进口木材量最大的省份，年进口量占全国的1/4。中华人民共和国成立后，连云港是最早进口木材的口岸，随着张家港、南通、南京等口岸开放，从事木材业务的口岸不断增多。江苏地区木材进口形成长江南岸的太仓、常熟、张家港、镇江和长江以北的靖江、扬州、盐城、连云港"4-4"格局（表1-15）。不同口岸各具特色、相互补充，协调发展，共同推动了江苏木材市场的快速发展，其中，太仓和盐城先后建成进口木材检疫处理区，为北美和俄罗斯木材的进入创造了条件。在这些口岸中，张家港以进口非洲和大洋洲的热带阔叶木为主；太仓以北美和俄罗斯的针叶材为主；靖江业务结构和张家港类似；常熟以新西兰材和俄罗斯材为主。此外，扬州以大洋洲材为主；连云港以北美和新西兰材为主；其他口岸也以针叶木和少量集装箱运阔叶木为主。其中，太仓的针叶锯材进口量占江苏全省锯材的79.8%，张家港的非洲阔叶锯材占全省锯材的9.6%。

表 1-15　2015—2021 年江苏主要口岸进口情况一览表

（单位：万 m³）

年份	张家港	太仓	泰州/靖江	常熟	扬州	连云港	盐城	镇江	其他	总计
2015	401.5	845.2	285.4	299.8	132.4	146.7	64.1	13.4	1.6	2190.1
2016	436.9	887.7	313.8	290.9	62.3	125.3	56.6	138.0	0.3	2311.8
2017	467.6	1113.1	386.0	316.2	84.0	125.5	47.2	140.7	2.4	2682.7
2018	540.3	1083.3	383.6	188.4	84.6	89.0	81.7	286.8	11.5	2749.2
2019	459.3	1083.2	300.8	116.4	98.4	63.4	53.2	328.6	7.9	2511.2
2021	412.2	892.4	180.4	54.7	232	58.2	50.8	321.4	9.0	2211.1

注：2020 年数据缺

2. 山东木材口岸

自 2017 年 8 月日照岚山检疫处理区投入使用以来，木材进口量逐年大幅增加。这一进境木材检疫处理区是目前国内规模最大、处理效率最高的进境原木检疫处理工程，包括日照岚山港、岚桥港两个检疫处理区，设计年熏蒸处理能力为 400 万 m³。处理区增强了山东口岸进口木材的业务优势，还有效带动了日照及周边地区木材产业链的发展。山东进口木材的口岸主要有黄岛、日照、青岛、蓬莱、潍坊、烟台等。

3. 上海木材口岸

上海口岸是我国最大的集装箱木材进境口岸，年进口木材约 900 万 m³，来自 100 多个国家（地区）。主要通过外高桥和洋山两个口岸进境，偶有极少量散装海运木材通过吴淞或龙吴口岸进境。

4. 黑龙江木材口岸

绥芬河铁路口岸，以及同江、抚远江运口岸进口俄罗斯原木和板材，其中绥芬河铁路口岸进口数量占全黑龙江省 95% 以上，最高峰达到 800 万 m³，品种主要有落叶松、樟子松等针叶树以及杨树、柞树等阔叶树。

5. 内蒙古木材口岸

满洲里和二连浩特口岸是内蒙古主要进境木材口岸，木材来源地主要为俄罗斯。2019 年以来，有少量白俄罗斯和其他国家（地区）锯材以中欧班列方式入境。其最高年份进口木材数量占全国木材的 40%。2017 年，满洲里口岸进口木材达到 1184 万 m³，随后出现转折，2020 年进口木材下降至 711

万 m³。

（五）进口木材国内流通情况

1. 我国木材运输体系

（1）木材运输的相关规定。1990年，林业部与铁道部、交通部共同制定并全面实行全国统一的木材凭证运输管理制度，设有专门的木材检查站，负责木材运输的检查监督。国产材需持有效的木材经营许可证、木材采伐许可证以及检疫证明，在当地林业主管部门办理木材运输证；进口材则凭入关手续和入关检疫证明，到入关地的林业主管部门办理运输证。从2020年7月1日起，新修订的《中华人民共和国森林法》正式施行，其中取消了木材运输证（图1-19）。国内运输只需到各货物所在地的自然资源和规划局（林业部门）窗口办理植物检疫证书（图1-20）。证书自木材起运点到终点全程有效，须随货同行。办证时，林业部门通过全国联网的"全国林草植物检疫信息化管理与服务平台（国家林业和草原局林业有害生物防治检疫管理与服务平台）"进行办理，系统记录了木材国内调运和流向情况。

图1-19 木材运输证（已取消）

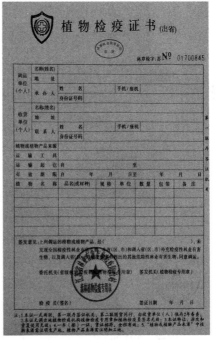

图1-20 植物检疫证书（我国内检）

（2）木材运输方式。木材的来源分国产材和进口材两类。进口材主要分为两类，一类俄罗斯进口材，主要通过铁路运输，因为俄罗斯和我国接壤，铁路相通，而且我国距离俄罗斯的主要木材产区（西伯利亚和远东地区）较近，铁路运输成本相对较低。随着"中欧班列"的开通，"一带一路"共建国家（地区）的部分木材已经出现了直接运输至国内南方省市口岸的情况。另一类是热带材和北美材，其进口以海运为主，在国内流通的运输方式包括铁路、公路和水路3种，以水运为主。我国港口成为全球木材物流的热点，如长江黄金水道的木材运输；另外，云南省各口岸进口的热带材以公路运输为主。

2. 木材流通的市场体系

我国木材流通的市场形式和地点与木材生产、消费条件紧密相关，主要受森林资源分布、木材自然流向，以及木材产地或木材进口口岸向消费地转运的条件等因素的影响。总体来看，我国现阶段的木材市场主要包括以下3种类型，其中一、二级市场主要从事批发，三级市场以零售为主。

（1）一级市场：也称产地木材市场，属初级市场。主要任务是将林农分散生产的木材集中起来，按照木材自然流向将木材运转到木材集散中心市场，再中转分拨给广大销区。对于进口材来说，主要的进口口岸就是一级木材市场。

（2）二级市场：指木材集散地中心市场。二级市场是连接产地木材市场和销地木材市场的纽带，一般设在省会城市和交通枢纽，便于组织木材运输，也是发展木材综合利用的重要基地。

（3）三级市场：指木材销地市场。主要是位于大型木材集散地附近或大中型木材消费城市的木材零售市场，主要有三种形式——摊位式、专卖店和超市。作为木材流通的最终环节，主要是销售各种木材。

另外，作为一个完整的木材流通市场体系，不仅要有现货市场，还要有操作规范的期货市场。但由于木材的特殊性，木材期货仅限于胶合板、锯材，原木的期货交易也有试点，还没有形成规模。

3. 木材流通模式

以前，我国每年消费的木材，无论是国产材还是进口材，绝大部分仍以原木形式进入最终消费市场，只有很小一部分在产材地区或进口口岸就地加工成锯材。现在，随着口岸木材交易市场、木材加工园区，及锯材进口的不断增多，以锯材形式进入最终消费市场的份额在不断增加。

（1）进口材的主要流通模式

国内进口木材分陆路进口和海运进口两大部分，陆路进口以俄罗斯材为主，经铁路运至陆路口岸（如满洲里、绥芬河和二连浩特），除少量就地加工外，其余部分经过换车（厢）转运到全国各地。运距有时长达数千千米，远至广东和广西一些城市。此外，尚有一些木材以汽车运至云南各个边境口岸，如从缅甸进口的热带材，经过汽车运至瑞丽等边境口岸。除少量就地加工外，剩余部分经过铁路长途运至华南和华东地区再加工。以海运形式进口的木材多为大轮散装原木。木材到岸后，国内批发商就地购材，再以汽运或船运形式将木材（原木）转运至二级批发市场或零售市场。有些大型企业在港口购材后，以汽运或船运方式将原木直接运至厂内，然后自行加工。在市场行情低迷时，木材贸易商往往在口岸就近加工成锯材，疏港到周边木材交易市场或库场待机销售（图1-21）。

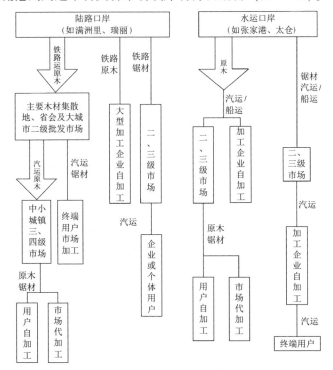

图1-21　进口材流通模式图

二、中国木材、木制品生产与出境贸易状况

（一）我国木制品出口贸易发展概况

全球范围内，发达国家（地区）对木制品的消耗量较大。北美地区木制品消费量超过了全球平均消费量的 6~7 倍，欧洲是平均消费量的 2~3 倍，而亚洲、南美洲等地区的木制品消费明显低于世界平均水平。根据联合国粮食及农业组织的调查研究，2015 年以来，受到全球经济中心向亚洲转移的影响，发展中国家（地区）对木制品家具的消费量显著增加，每年都保持了将近 3% 的增长速度。近十年来，我国木制品行业发展不断加快。虽然受到资源紧缺的影响，而且木材价格也在持续上涨，但经过十余年的发展，我国已成为世界上最大的人造板、家具生产国。我国人造板工业经历了引进、消化吸收、创新发展的过程。2005 年，我国人造板产量首次排名世界第一，持续保持高速增长。国家林业部门统计显示，1999 年我国人造板产量 1503.0 万 m^3，2010 年已达到 1.54 亿 m^3，增长了 9 倍。2020 年我国人造板总产量达到 3.11 亿 m^3；同年，我国木竹地板产量为 7.7 亿 m^2，稳居世界第一位。自 20 世纪 80 年代中期以来，我国家具行业高速发展。1985 年，我国家具产值仅为 29 亿元人民币，1995 年猛增到 446.21 亿元人民币，2006 年达到 4300 亿元人民币，约占世界家具生产总值（2650 亿美元）的 20%，成为世界第一大家具生产国，其中木质家具约占家具总量的 35%。2015 年以来，我国木制家具出口量一直维持在 2 亿件以上，其中 2018 年和 2020 年出口量都高达约 2.7 亿件（表 1-16）。

表 1-16　2015—2020 年我国木制品出口情况

项目	2015 年	2016 年	2017 年	2018 年	2019 年	2020 年
胶合板（万 m^3）	1076.7	1117.3	1083.5	1137.8	1029.5	1048.7
纤维板（万 m^3）	228	208	209.0	179	163.6	—
木质家具（万件）	22805.1	23262	25603	27037	24151	27403
木框架座具（万件）	9920	10009	11117.3	11742.7	11181.7	11257.6
木门窗（万 t）	37.6	35.4	37.7	38.2	36.4	32.42
竹木地板万 t)	42.8	40.5	35.4	26.6	20.1	20.35

随着我国对外开放水平的提高，越来越多的国内木制品开始进入国际市场。美国、欧盟等国家和地区对于木制品的需求非常旺盛，存在很大的发展空间。据统计，2021 年，我国木材及木制品出口金额为 443.11 亿美元，同比增加 31.95%。其中，木家具和木框架坐具是主要出口产品，占出口金额的 60%，人造板约占 15%。2019—2020 年，我国向美国市场出口家具金额下降；2021 年货值为 91.17 亿美元，同比增长 24%。

（二）我国木材加工业分布

我国木材加工业飞速发展，家具、胶合板、木地板、木门等产业已在世界范围内占有较大份额。

1. 我国家具产业现状

2014—2021 年，我国家具制造企业数量逐年上涨。家具市场的整体竞争相对激烈。2021 年，我国家具制造企业数量达到 7.23 万家，行业营业收入 8004.6 亿元人民币。从 2015—2021 年我国木质家具产量看，虽受市场低迷等不利因素影响，我国木质家具产量整体上仍呈上涨趋势。2021 年我国木质家具的产量达 3.8 亿万件，同比上涨 18%。

我国有五大家具产业集群，分别是珠江三角洲家具产业区、长江三角洲家具产业区、环渤海家具产业区、东北家具产业区、西部家具产业区，这五大产业区集中了我国 90% 的家具产能。

（1）珠江三角洲家具产业区。以广州、深圳、东莞、顺德、佛山等广东省地区为中心，是国内最大的家具产业区。这一地区靠近港澳，劳动力资源丰富，家具制造起步较早，产业集群多、产业供应链完整、销售市场发达、品牌优势明显。广东省家具产值占全国的三分之一，产品多出口到美洲市场，其产业布局完善，如顺德家具闻名国内外，拥有完整的产业链，形成以顺德为核心区域的泛顺德家具产业圈。

（2）长江三角洲家具产业区。以江苏、浙江、上海一带为中心，是家具产业增速最快的地区。该地区信息发达、交通便利、地区文化积淀深厚、制造产业基础较好、人才相对集中。该地区家具市场容量较大，产品质量、档次较高，企业经营管理状况良好。浙江省有家具开发区 4 个、江苏省有 2 个。该产业区的家具产值也为全国的三分之一，以外销为主，欧美地区是其主要出口市场。

（3）环渤海家具产业区。以北京为中心，以天津、河北、山东等地区为依托，在整个环渤海经济圈发展。这个地区家具制造历史久远，资源丰富，地理位置优越，家具企业规模和消费群体较大，成熟的家具专业销售市场和家具营销企业集中，产业链日趋完善，产品主要为内销。

（4）东北家具产业区。以沈阳和大连沿线为主，辐射黑龙江等东北老工业基地，主要依靠大、小兴安岭丰富的木材资源和俄罗斯进口木材发展实木家具生产。实木家具企业的生产实力处于全国领先地位，集中向东北亚和欧洲市场出口，国内市场份额相对较小。

（5）西部家具产业区。以四川成都为重点发展地区，家具产品供应面向中西部三级市场。当地政府将家具行业列为支柱型产业，加大扶持力度，除出台各项优惠政策外，还及时解决家具企业在征地、贷款、用工等方面的问题。该地区有产业区成熟、物流基础便捷等优势，备受沿海企业青睐，加之随着内陆城市发展，家具需求不断扩大，使得当地家具行业在发展中逐步承接沿海地区的产业梯度转移，企业以物流优势获取市场份额，并形成了以产业园为强大基础的产业规划。

在这五个家具产业区中，珠江三角洲和长江三角洲产业区产量最大、出口额最高。2021 年，长江三角洲地区木质家具生产量占全国的 59.19%；其次是珠江三角洲地区，占比为 20.25%。

2. 我国木门产业现状

我国是全世界最大的木门生产国与消费国，木门在我国的生产和使用具有悠久的历史。2010 年后，我国的木门行业已经从过去的手工打制到小作坊制作阶段向规模化生产阶段转型。我国木门企业数量超过 1 万家，其中具有一定规模的企业约 3000 家，产值过亿元的企业约 100 家。进户门基本已经被防盗门所替代，室内门主要为木质，包括实木门、实木复合门、模压门等类型，材质多为杉木、松木、胡桃木、樱桃木等。近年来，住宅竣工面积增速持续下滑，导致木门市场增长乏力。2020 年，我国木门行业产值达到 1570 亿元，同比增长 2.6%。

从我国木门企业分布的特点来看，地域性差异较为明显：东、北部地区分布最广，产区较为集中；中、西部地区分布较东、北部少，产区比较分散。总体而言，全国木门生产区大致可划分为大京津地区、东北地区、珠三角地区、长三角地区、西北地区和西南地区六个大区域。

（1）大京津地区。该地区以北京、天津、河北、山东为中心。大部分地区木门产品销量较大，由于地处首都和首都周边地带，大京津地区的消费水平较高，所以木门的价位偏高。加之家装市场众多，交通发达，把整个大京津地区连成了一个木门销售网络，刺激厂家提高产品质量，扩大销售范围，提高其产品在该地区的销量。

（2）东北地区。该地区包括黑龙江、辽宁等省，以齐齐哈尔、沈阳、大连为中心。该地区森林资源丰富，加之邻近俄罗斯，进口木材便利，国内进口木材有很大一部分都是通过东北地区的口岸进入国内流通市场的，地域优势促进了该地区木业的发展，具有较好的工业基础和木材资源优势。

（3）珠三角地区。该地区以广东、福建、深圳为中心，位于我国东南部沿海地区，木门生产企业众多、实力雄厚、资金丰富，规模较大的木门生产企业不在少数，不少企业仅采取了外销策略，还没有开拓国内市场。

（4）长三角地区。该地区以上海、浙江、江苏为中心，处于我国东部沿海，是我国经济最发达的地区，也是我国木业最发达的地区之一。由于其江海交汇的地理优势，长三角地区也是对外开放的前沿，木门行业也随之迅猛发展，木门企业数量和规模增速很快。

3. 我国木地板产业现状

作为我国林产工业的重要组成部分，我国木竹地板产量和出口量早已跃居世界第一位。经过20多年的快速发展，我国木竹地板产业在技术创新、生产装备、标准体系建设、产品质量、品牌集中度及市场占有率等方面，均取得了长足的进步，现已形成包括原料供应、加工生产、产品销售、成品铺设和售后服务在内的一定规模的产业体系。木竹地板主要分为实木地板、强化木地板、实木复合地板、竹地板和软木地板五大类。根据中国林业和草原统计年鉴，2010—2018年我国木竹地板产量由4.79亿 m^2 增至8.38亿 m^2，随后出现下降，2020年为7.73亿 m^2。其中，强化木地板为我国最主要的木地板品类，2020年产量2.16亿 m^2，在木竹地板产量中占27.94%；实木复合地板和实木地板作为我国主要的木地板品类，2020年产量分别为1.64亿 m^2 和0.86亿 m^2，在木竹地板产量中的占比有所下降；2020年竹地板（含竹木复合地板）0.68亿 m^2，在木竹地板产量中的占比仅为8.9%。其他木地板（含软木地板和集成材地板）

2.38 亿 m²，近几年产量大幅增加，在木竹地板产量中的占比达到 30.8%。

在产业地域分布方面，木地板行业分布相对分散，主要在浙江、江苏、广东、辽宁、吉林、湖北、山东、湖南、江西、福建和安徽等地，仅在个别地区形成了产业集聚区。在企业规模方面，我国中小型木地板生产企业占比较大，但近年来大型企业的市场集中度和行业影响力在逐年提高，且呈持续扩大的态势。行业头部优质企业通过不断加强研发设计力量、加强质量控制、提高环保标准、进行多元化渠道建设、加大品牌宣传力度、扩大产销规模等措施，已经在品牌、研发、质量、安全、成本等多个方面形成竞争优势。

（1）强化木地板。2013—2018 年，我国强化木地板产量由 1.70 亿 m² 迅速增至 3.94 亿 m²，2020 年，降至 2.16 亿 m²。在我国木竹地板产量中的占比变化较大，已由最初的 24.68% 增至 49.94%，后又降至 2020 年的 27.94%。变化原因，一方面是强化木地板价格相对便宜，受众更广；另一方面是强化木地板外观可与实木地板相媲美，且各方面性能都比较稳定，后期维护打理方便，受到了消费者的青睐，拉动了其产量迅猛增长，但随着低碳环保概念的逐步渗透，消费者的绿色环保意识也得到了提升，再加上房地产行业低迷，生产需求出现下降。我国一定规模的强化木地板企业主要分布在江苏、上海、广东、福建、湖南、湖北、四川、北京和辽宁等地。在强化地板十佳品牌中，有八家企业位于长三角地区；实木地板十佳品牌中，有七大品牌的企业总部位于长三角地区，另外三大品牌中还有两家企业在江苏建有研发、生产基地；强化地板企业主要集中于上海、江苏横林和丹阳、浙江南浔和嘉善等地区。

（2）实木地板。2010—2014 年，我国实木地板产量由 1.12 亿 m² 增至 1.50 亿 m²，2015—2020 年逐年下降至 0.86 亿 m²。这是因为实木地板原料稀缺，特别是近年来我国天然林全面禁伐，以及世界各主要木材资源国（地区）纷纷采取措施限制原木出口；实木地板价格相对偏高，消费群体以中高端人士为主，消费群体数量相对较小；实木地板后期维护打理相对烦琐，而当下年轻人的工作生活节奏较快，因而年轻人选购时有所顾虑。我国实木地板企业主要分布在浙江、江苏、上海、广东、云南、北京、黑龙江、辽宁和吉林等地。实木地板属于民族产业，为了保护我国的森林资源，90% 的原材料以进口为主。实木类地板和实木多层类地板企业主要集中于江苏苏州和浙江南浔、德清等地。

（3）实木复合地板。2010—2012 年，我国实木复合地板产量由 2.68
亿 m² 迅速增至 3.71 亿 m²，在我国木竹地板产量中的占比超过 61%。2013
年产量呈断崖式下降，降幅达 1.13 亿 m²。2014—2016 年发展较平稳，
2017—2020 年呈缓慢下降态势，已降至 1.64 亿 m²，在我国木竹地板产量
中的占比为 21.2%。我国实木复合地板企业主要分布在黑龙江、辽宁、吉
林、北京、天津、山东、广东、云南、浙江和江苏等地。实木复合地板企
业大多从德国、芬兰、意大利和日本等国家（地区）引进先进生产设备，
所以其技术水平、自动化程度高。实木复合地板以出口为主，三层实木复
合地板主要出口欧洲和美国，多层实木复合地板主要出口日本、韩国和东
南亚等地。实木多层地板十佳品牌中，有 6 家品牌企业位于长三角地区，
另有 1 家在长三角建有研发、生产基地。

（4）竹地板。2010—2017 年，我国竹地板产量呈波动性增长，由
0.39 亿 m² 增至 1.20 亿 m²，在我国木竹地板产量中的占比由 8.22% 增至
14.53%。随后逐年下跌，2020 年我国竹地板产量 0.68 亿 m²，在我国木竹
地板产量中的占比降至 8.9%。我国竹地板企业主要分布在浙江、江西、
湖南、贵州、福建、安徽和辽宁等地。竹地板最初起源于我国台湾地区，
也属于民族产业，20 世纪 90 年代中期以后出口量呈现显著增长态势。

4. 我国人造板产业现状

2011—2020 年，我国人造板生产量与消费量同步增长。全国人造板产
量年均增速接近 7.3%，消费量年均增速接近 8.4%，消费量年均增速高于
产量增速。"十三五"期间，我国人造板生产量和消费量的增速放缓。

当前我国共有人造板生产企业 1.6 万余家，其中胶合板生产企业 1.52
万家、纤维板生产企业 392 家、刨花板生产企业 329 家。2020 年，我国人
造板总产量 3.11 亿 m³，同比增长 0.8%，产值 7066 亿元。我国人造板产
品消费量居全球第一，约 2.96 亿 m³，同比增长 0.8%。山东、江苏、广
西、安徽、河北等 26 个省（市、区）均有人造板生产，2020 年我国人造
板产量前十位的省（市、区）见表1-17。

表 1-17　2020 年我国人造板产量前十位的省（市、区）

单位：万 m³

序号	人造板		胶合板		纤维板		刨花板	
	省（市、区）	产量	省（市、区）	产量	省（市、区）	产量	省（市、区）	产量
1	山东	7719	山东	5422	山东	1440	江苏	942
2	江苏	5866	江苏	3803	江苏	888	山东	568
3	广西	5034	广西	3676	广西	690	广西	303
4	安徽	3023	安徽	2298	河北	571	河北	287
5	河北	1840	河北	857	广东	502	安徽	217
6	河南	1466	福建	768	河南	422	广东	215
7	广东	1059	河南	624	安徽	416	河南	107
8	福建	978	湖南	453	湖北	324	福建	63
9	湖北	682	浙江	422	四川	316	江西	46
10	四川	594	湖北	309	江西	134	湖北	45
全国合计		31101		21340		6226		3022

（三）发展现状分析与挑战

1. 现状分析

我国木材加工业的发展带动了木材加工机械、家具配套零件等各行业的繁荣，也是我国木制品出口的主要竞争力所在。

我国木制品行业具有的劳动力和成本优势，是我国木制品行业能够占据国际中低端产品市场主导地位的根本原因。但国际贸易摩擦降低了我国木制品行业的竞争优势，一些出口企业被迫将产品的价格提高，这就必然导致消费者的购买数量急剧下降。另外，美国对以家具为主的大量木制品加征高额关税等措施，使得我国家具及其他木制品的出口量下降，对我国木制品行业的总体收益产生了较大的影响。

2. 主要挑战

近年来，由于国际经济延续弱势格局，不稳定和不确定性因素增多，国际林产品市场在不断萎缩。一方面，东南亚一些国家（地区）的产品以低成本优势乘机抢占市场；另一方面，西方一些国家（地区）的经济壁垒，使我国对外贸易中的密度板、胶合板，尤其是实木复合地板、木质家具等出口面临较大困难，面临较大的下行压力。

一是国际贸易壁垒不断增加。随着我国木制品出口影响力的提升，以美国等为首的国家（地区）纷纷对我国木制品出口设置贸易壁垒，诸如对我国出口美国木地板等开展"337"调查和"双反"调查等各种不合理的反倾销调查，这对我国木制品出口造成了较大的负面影响。2018年美国宣布对我国价值500亿美元的1300多种进口商品加征关税。木制品出口作为林业产业对外贸易的重要一环，所受影响较大，其中以家具和胶合板最为突出。

二是出口贸易政策持续调整，影响出口积极性。针对木制品等的出口退税比率进一步降低，木片、实木地板和一次性木筷不能享受退税，而且还需要加征关税，用进口原木加工成锯材再出口必须取得政府有关机构发放的许可证。

三是出口国（地区）限制措施持续推高木材进口成本。随着全球环保意识的提高，许多国家（地区）对木材出口采取了各种形式的限制，木材进口难度加大，现有的成本持续提高，进而导致木制品的价格持续走高。同时，世界范围内各种类型的木制品企业不断出现，国内木制品企业面临的竞争持续加大。

第三节
木材检疫与国门生物安全

外来林业有害生物对生态环境的破坏性巨大。一方面是会打破原生态系统平衡，威胁生态系统安全；另一方面是会对人类生存环境以及健康生活造成不良影响。美国白蛾、松材线虫等外来林木害虫造成大量树木死亡，使我国多年的植树造林成果毁于一旦，森林被风沙吞噬，威胁人类的生存环境。除此之外，外来林木害虫会通过竞争占据本土生物的生存空间，甚至导致某种物种灭亡，这不仅破坏了原有的生态景观，还打破了原生态系统平衡，破坏了原生态的生物多样性。据统计，美国每年由外来有害生物危害造成的经济损失高达2000亿美元。亚洲另一农业大国印度，每年因此损失1500亿美元。我国林业资源丰富，但生物灾害对林业的可持续发展已经造成了巨大影响和损失。我国可引起森林生物灾害的物种已超过8000种，其中有害昆虫超过5000种，外来林木有害生物的传入，更是对我国森林经济造成了巨大损失。据林业部门专家估计，我国每年外来有害生物成灾面积占整个森林生物灾害发生面积的20%，年均发生面积达2000多万亩，致死树木千万株，每年损失高达600多亿元人民币。

一、世界范围内林木有害生物发生概况

根据《生物多样性公约》及其相关报告，外来生物每年给美国造成的损失为1370亿美元、印度1170亿美元、巴西500亿美元、南非70亿美元。由此可见，外来有害生物的危已经成为全球性的灾难。美国、巴西、欧盟、非洲等都是我国重要贸易国家（地区），在这些地区危严重的有害生物，如松异带蛾（*Thaumetopoea pityocampa*）、云杉卷叶蛾（*Choristoneura fumiferana*）、欧洲榆小蠹（*Scolytus multistriatus*）、暗褐断眼天牛（*Tetropium fuscum*）、栎枯萎病菌（*Ceratocystis fagacearum*）、榆枯萎病（*Ophiostoma ulmi*）、松针盾蚧（*Chionaspis pinifoliae*）、松树脂溃疡病菌（*Gibberella circinata*）等林业有害生物，随时都有可能通过贸易传入我国，对我国林业生产和生态环境构成严重威胁。

山松大小蠹（*Dendroctonus ponderosae*），又名山地松树甲或落基山松大小蠹，是北美西部危害最严重的小蠹，也是最严重的森林害虫之一。近年来，山松大小蠹在美国和加拿大暴发成灾，这种虫害与近十几年来没有发生大型火灾有关，加上经济上的原因，这种昆虫已成为北美洲历史上最大规模、最可怕虫害的主角。从2000年开始，山松大小蠹已经消灭了加拿大和美国西部超过1300万英亩森林，经济损失超过400亿美元，被侵害的森林绝大部分已经不可能再生。美国和加拿大政府预计，截至2023年山松大小蠹杀死了整个西部地区80%的经济林木。山松大小蠹分布在整个北美洲西岸，从墨西哥到加拿大，它们消灭行将老死的松树，被其吃空的枯树在森林里就像一根蜡烛，很容易引发森林火灾。近年来，北美暴发的森林火

灾就是最直接的佐证。

松异带蛾（*Thaumetopoea pityocampa*），英文名 pine processionary cater-pillar，属鳞翅目（Lepidoptera）、带蛾科（Eupterotidae）。松异带蛾分布于欧洲的阿尔巴尼亚、奥地利、保加利亚、法国、希腊、匈牙利、意大利、葡萄牙、瑞士、土耳其和南斯拉夫，亚洲的以色列、黎巴嫩、叙利亚，非洲的阿尔及利亚、利比亚、摩洛哥、突尼斯。在地中海地区，松异带蛾是最主要的森林害虫之一，为害松属及雪松属的所有植物种类，偶尔为害欧洲落叶松。在新再生林地区食叶为害特别严重，可直接导致树木死亡，或受树皮小蠹或其他蛀干昆虫的共同为害。欧洲黑松受害后生长高度可减少60%。在辐射松再生幼林中，对幼树进行防治后，轻度和严重受害林体积增长量分别损失 14% 和 33%。在法国文图克斯山区，欧洲黑松严重受害后的年份生长年轮消失，径向生长减少 35%。此外，3 龄以上的幼虫长有刺疹状毛，可引发人的结膜炎、气管充血及哮喘等反应。我国与松异带蛾的分布区——地中海地区的纬度相似，根据同纬度气候相似原理，我国的气候条件完全适于松异带蛾生存定殖。

云杉卷叶蛾（*Choristoneura fumiferana*），隶属鳞翅目（Lepidoptera）、卷蛾科（Tortrcidae）、色卷蛾属（*Choristoneura*）。原产于北美洲，现分布于美国东部各州至加拿大不列颠哥伦比亚省和育空河流域，及美国的阿拉斯加州。主要为害冷杉属、云杉属、落叶松属、铁杉属、花旗松、美国五叶松等植物。在加拿大，寄主达 25 种针叶树。云杉卷叶蛾是美国和加拿大东部北方云杉、冷杉林区周期性发生的毁灭性害虫，一旦暴发，可延伸到更广泛的地区并持续几年。1807 年，美国首次记载了云杉卷叶蛾在缅因州的大面积暴发。其后，20 世纪 60~80 年代在大湖地区大面积暴发，发生面积均在 600 万 hm² 以上。近 20 年来，云杉卷叶蛾导致加拿大大量的树木死亡，该蛾可能是已报道的林木害虫中最具危险性的有害生物。我国每年从美国、加拿大进口大量花旗松、铁杉、云杉和辐射松等多种针叶木材，今后仍将会从北美洲进口木材，这势必增加云杉卷叶蛾随入境原木传入我国的风险。此外，国际贸易中广泛使用的木质包装也有许多来自北美疫区，均有可能被云杉卷叶蛾各虫态（幼虫、成虫、蛹、卵）感染而造成该虫传入中国。

欧洲榆小蠹（*Scolytus multistriatus*），属鞘翅目（Coleoptera）、小蠹科

（Scolytidae）、小蠹亚科（Scolytinae）。欧洲榆小蠹原产于欧洲，后传入北美（美国、加拿大）。欧洲榆小蠹生命力较强，能克服异域的环境阻力定居。例如，欧洲榆小蠹传到北美洲后，从东到西席卷了整个榆树生长区。现分布于伊朗、阿塞拜疆、比利时、丹麦、法国、德国、意大利、荷兰、波兰、俄罗斯、西班牙、瑞典、瑞士、土库曼斯坦、英国、乌兹别克斯坦、南斯拉夫、克罗地亚、奥地利、保加利亚、希腊、卢森堡、罗马尼亚、乌克兰、加拿大、美国、澳大利亚、阿尔及利亚、埃及，在我国未有分布。寄主为榆属多种树种，主要为害山榆、白榆、无毛榆等树种，偶尔也为害杨树、李树、栎树、东方山毛榉和桦叶千金榆。欧洲榆小蠹是一种边材小蠹，主要为害树干和粗枝的韧皮部，破坏形成层。在榆树衰弱时，雌成虫首先在细弱的小枝杈处取食，之后在大枝或主干上咬洞钻入到达形成层，并沿着形成层与木材纹理平行做隧道，同时切断木质部和韧皮部的导管，最终造成大树死亡。欧洲榆小蠹除自身能为害树材外，也是森林毁灭性病害榆枯萎病的传媒。欧洲榆小蠹成虫能飞行 5km，可作近距离传播，远距离主要是各虫态借助于寄主原木及其制品，以及木质包装进行传播。我国海关从圭亚那进境的木材、伊朗进境的榆木包装及法国进境的集装箱中均截获过该虫。

暗褐断眼天牛（*Tetropium fuscum*），原产于欧洲，分布较广，从斯堪的纳维亚半岛到土耳其，在日本也有分布。暗褐断眼天牛的主要寄主为云杉，也为害冷杉、松、落叶松，偶尔也侵染阔叶树。在欧洲，暗褐断眼天牛通常为害风倒木、断裂木、衰老木等抗性差的树木，但是在加拿大，该虫的生活习性不同于在欧洲，该虫能侵染直径超过 20cm 云杉树，甚至在 3 年内杀死该树。该虫具有极强的飞行能力，任何虫态均可随木质包装、垫木、托盘等传播。自 2005 年以来，我国多个口岸从德国、意大利、俄罗斯、荷兰、英国、瑞士、比利时、加拿大、澳大利亚、斯洛文尼亚、泰国等国家（地区）进境的木质包装中截获暗褐断眼天牛 20 余批次。

榆枯萎病是北半球最具毁灭性的病害之一，1920 年在荷兰首次被报道，此后迅速扩散开来，从欧洲西北部迅速蔓延到中欧、南欧和北美，后又传至南亚和中亚，导致当地榆树大面积死亡，1930—1935 年，仅美国就处理了 250 万株死树。该病从 20 世纪 70 年代开始第二次流行，起源于英国和北美洲中西部，随后在北美洲、欧洲、中亚和西南亚传播开来，引起大量榆树死亡。1970—1978 年，在英国南部榆树死亡率达 75%。1979 年，葡萄牙榆树死亡率达 80%；20 世纪 70 年代中期美国每年死亡榆树 40 万株，损失达 1 亿美元。该病不仅造成了巨大的经济损失，同时也破坏了公园、道路等地区的绿化，给当地的风景和生态系统造成了严重的影响。该病是我国植物检疫性有害生物，并且是中国和罗马尼亚、中国和匈牙利、中国和俄罗斯、中南植检植保双边协定中规定的检疫性病害。为害榆树的小蠹和天牛类是该病近距离传播的主要媒介。这类昆虫夏、秋两季多在病死植株上产卵，幼虫羽化后体表可携带一定数量的孢子，通过昆虫取食伤口侵入。该病主要通过原木、木质包装、苗木以及各种无性繁殖材料进行远距离传播。

栎树枯萎病是世界上为害最为严重的林木病害之一，在美国、保加利亚、波兰、罗马尼亚等国家（地区）发生为害。国际上许多重要的植物保护组织和国家（地区）都非常关注其发展态势，如欧洲及地中海植物保护组织（EPPO），早在 1979 年就将其列入 A1 类检疫性有害生物名单。之后泛非植物保护组织和北美植物保护组织（NAPPO）考虑到该病洲际传播的可能性，相继将其列为检疫性有害生物。美国中东部地区的 20 多个州都有发现，该病已成为美国国内栎树类树种的主要毁灭性病害。在为害严重的威斯康星州和明尼苏达州，每年有成千上万株栎树枯死。昆虫是该病主要的传播媒介，病株残体上的菌垫发出的水果香味能吸引露尾甲类取食，导致昆虫体表携带孢子。所以该病能通过苗木、原木、木质包装进行远距离传播。

松针盾蚧（*Chionaspis pinifoliae*），属同翅目（Homoptera）、蚧亚目（Coccomorpha）、盾蚧科（Diaspidae）、雪盾蚧亚科（Chionaspinae）、雪盾蚧属（*Chionaspis*）。松针盾蚧分布于北美洲地区，包括美国和加拿大。主要为害松属，特别是欧洲山松（中欧山松）、美加红松（多脂松）、小干松（扭松）、西黄松（美国黄松）、欧洲赤松等植物，此外还可为害雪松、红豆杉、榧树（红豆杉科）、云杉及冷杉。松针盾蚧是美国和加拿大针叶树上普遍发生的蚧虫。树木被松针盾蚧感染后，由于汁液被吸食，针叶变成黄褐色并停止生长，最终导致死亡。

松树脂溃疡病是当今世界为害松树最严重的病害之一，分布于美国、墨西哥、日本、南非、西班牙、智利、海地等国家（地区）。1946 年在美国东南部北卡罗来纳州首次被发现，1989 年在日本、1991 年在墨西哥、1994 年在南非、2001 年在智利相继报道发现有该病的为害。松树脂溃疡病在美国为害严重，截至 1976 年，该病在美国佛罗里达州东中部几个病害严重发生地区的湿地松受害率超过 51%。松树脂溃疡病菌近距离可通过风、水及媒介昆虫进行传播，远距离可随松属等寄主树种的病木木材、货物木质包装、苗木、种子以及土壤进行传播。

上述有害生物只是全球众多危险性有害生物中的一小部分，还有更多已在世界各地造成严重为害的森林有害生物。随着全球贸易的快速发展，中国海关每年从进境木材中截获大量的危险性及潜在危险性有害生物，这些有害生物随着木材传入的风险越来越高，一旦传入我国，将对我国森林和生态环境构成严重威胁。鉴于我国森林结构不够合理、管理不够严格、森林生态系统较为脆弱等现状，危险性森林有害生物传入并定殖的风险极大。因此，我们不仅需要进一步加强对进境木材的检疫查验和除害处理工作，同时还需进一步加强监管和疫情监测工作，将有害生物传入的风险降到最低。

二、我国进境木材检疫风险及把关成效

进境木材来源广、材种复杂，传播林木有害生物的风险极高。随着我国进口原木数量逐年高位增加，林木作为植物产品，特别是带皮原木携带有害生物的种类广、数量多、为害重，也在相当程度上为外来林木有害生物增加了传播入侵的途径和概率。自 1996 年以来，我国口岸截获并已鉴定出种名的检疫性有害生物就有 300 余种，它们在我国没有发生或仅局部发生，分别来自东南亚、非洲、大洋洲、欧洲、南美洲及北美洲；尚有属于 13 个科 55 个属的害虫未鉴定出具体学名。这些检疫性有害生物一旦传入，将对我国的林业生产产生极为严重的破坏，造成更加严重的影响，不仅会进一步减少我国森林的覆盖率和人均蓄积量，而且将给我国的旅游业和绿化造成严重的危害。

我国对进口木材检疫十分重视，先后制定了一系列法律法规、规章文件、技术规程等来完善木材检疫制度。1982 年 6 月，国务院颁布的《中华人民共和国进出口动植物检疫条例》，1992 年 4 月实施的《中华人民共和国进出境动植物检疫法》，以及陆续出台的执行性文件，形成了较为完善、

科学有效的法律法规和政策措施体系，为检验检疫措施适应木材的快速进口奠定了坚实基础。2001年2月，国家出入境检验检疫局、海关总署、国家林业局、农业部、对外贸易经济合作部联合发布了2001年2号公告，要求所有进口原木须附有输出国家（地区）检疫部门出具的植物检疫证书，证明不带有中国关注的检疫性有害生物或双边植物检疫协定中规定的有害生物和土壤；进口原木带有树皮的，在输出国家（地区）应进行有效的除害处理，并在植物检疫证书中注明除害处理方法、使用药剂、剂量、处理时间和温度；进口原木不带树皮的，在植物检疫证书中作出声明。进口原木未附有植物检疫证书的，以及带有树皮但未进行除害处理的，不准入境；出入境检验检疫机构对进口原木进行检疫，发现检疫性有害生物的，监督进口商进行除害处理，无法除害处理的，作退运处理。该公告的发布，使进口木材法律法规和政策措施得到全面完善、有效落实，进口木材步入良性、和谐、科学增长的阶段。针对带皮进境原木，或经检疫发现检疫性有害生物须作处理的原木，国家质量监督检验检疫总局为确保能有效杀灭有害生物，制定了《中国进境原木除害处理方法及技术要求》。规定的处理方法有以下三种：一是熏蒸处理，可在船舱、集装箱、库房或帐幕内进行，处理方法可选用溴甲烷常压熏蒸、硫酰氟常压熏蒸；二是热处理，可采用蒸汽、热水、干燥、微波等方法；三是浸泡处理。此方法还规定了相应的检测程序、技术参数。这些要求使林木有害生物的处理方法更具操作性、科学性（图1-22）。

**图1-22　海关关员正在登轮对
进口木材实施表层检疫**

中国海关切实按照相关法律法规的规定，对进口木材实施严格的检验检疫，截获了大量危险性林业有害生物，并对相关货物及运输工具进行了有效的检疫处理，有效地防止了有害生物的传入。

（一）进口木材的检疫风险

1. 进口木材传带有害生物的风险较高

为降低外来有害生物传入的风险，我国要求木材在进境前须进行有效的检疫处理。世界各国（地区）普遍采用的检疫处理方式有熏蒸、浸泡、热处理、去皮等。但受各种因素的影响，部分国家（地区）的木材检疫处理条件落后，检疫处理能力相对不足，处理效果不甚理想。例如，熏蒸处理易受温湿度、压力和密闭条件的影响，且对病害的处理效果欠佳；各国（地区）热处理标准不一致，木材中心温度难以达到规定要求；浸泡处理耗时较长，对不同类型有害生物处理的效果也不一致；去皮处理难以杀灭木质部钻蛀性害虫等（图1-23）。

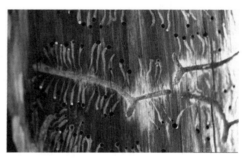

图1-23　进口木材中携带有害生物及为害状

此外，各国（地区）植物检疫机构对出口木材除害处理的重视程度与技术能力参差不齐。如一些经济欠发达国家（地区），由于对出口木材的检验检疫工作不够重视，或者因为机构不健全、检疫处理能力有限，出具的植物检疫或检疫处理证书可信度较差。在实际检疫工作中经常发现，部分国家（地区）的原木植物检疫证书上显示已经境外检疫除害处理，但进口查验时仍发现携带有大量活体有害生物。有的国家（地区）对输出原木一般采用药剂喷洒处理，较少采用溴甲烷熏蒸处理，但由于药剂主要分布在木材或木材堆垛的表面，一般仅对木材或木材堆垛表面携带的有害生物有效，对钻蛀性有害生物几乎没有效果。热处理是一种环保且杀灭有害生物效果较好的检疫处理方法，但受资金投入和热处理设施容量的限制，热处理并未在木材检疫处理中得到广泛应用，同时，由于原木本身体积大，不经加工难以进行有效热处理。进口木材传带外来有害生物的风险一直不容忽视。

2. 部分口岸木材检验检疫基础设施不足

出于各种原因，部分口岸缺乏木材进口检验检疫的相关设施设备或更新维护不当，如部分口岸木材堆场面积不足，未检疫处理的原木与已检疫处理的原木暂存于同一场地，易造成有害生物的二次感染；部分口岸集装箱木材查验设施设备老化，导致无法在口岸开展正常的查验工作；部分口岸虽有一些设施设备，但与业务量相比配备不足，随着进口木材数量的迅速增加，软硬件设施的更新已跟不上进口木材数量快速增长的需要，从而影响进口木材的检验检疫工作，也给现场工作人员带来安全隐患。部分口岸未建立木材检测实验室网络，有的口岸虽有实验室，但配置简单，多数只能开展昆虫检疫鉴定，无法开展林木病害及材种鉴定等，从而影响有害生物的有效检出。

3. 一线检疫能力有待提高

进境木材检验检疫工作专业性强，对人员要求较高，需要掌握现场检疫、有害生物鉴定、除害处理监管、材种鉴定等多种专业技能。从各主要进口木材口岸的情况看，普遍存在人员紧张、培训不足的问题。一是现场检疫人员数量与木材进境业务量不匹配。多数木材进境口岸的实验室按照基层检测点的规模进行人员和设备配置，实验室专职人员明显不足，实验室鉴定人员由检疫监管人员兼任；有的口岸由于人员轮岗，导致专业人员不在岗、在岗人员非专业，少数从事一线木材检验检疫的人员不具备木材检疫或植物检疫专业背景，加上培训工作未能及时跟上，导致检验检疫工作质量得不到保证。二是进口木材的有害生物鉴定能力存在不足。很多木材口岸缺少专业的林木有害生物鉴定专家，实验室硬件条件差，外来有害生物的鉴定技术资料和系统培训相对缺乏，有相当比例的有害生物难以得到准确鉴定。在有害生物的种类上，林木昆虫的鉴定相对容易，林木病害鉴定的难度较大，木材进境口岸普遍存在重昆虫检疫鉴定而轻病害检疫鉴定的情况，口岸林木病害检疫及鉴定能力普遍薄弱。随着进境木材来源国（地区）的扩展和树种的增多，有害生物新种不断出现，出于鉴定资料有限等原因，实验室在拓展有害生物鉴定范围方面存在滞后性，对新种的鉴定能力不足，与业务增长不相符。

4. 检疫处理的有效性有待进一步提高

一是检疫处理单位操作人员配置不齐，有的检疫人员甚至没有接受过培训，不能正确按照规程操作，例如，在熏蒸过程中不按要求对气体浓度进行检测；二是部分口岸检疫处理设施建设不够完善，进口木材检疫处理场地建设不足。部分口岸的木材熏蒸场所和设施不符合检疫监管的要求，有的没有专用的熏蒸处理场地。我国大部分口岸还没有进口木材热处理、辐照处理、微波处理等先进的处理设施设备。已建成大型木材检疫处理设施的有太仓、日照、曹妃甸等几个口岸，其他口岸的检疫处理设施相对落后或基本没有，检疫处理能力明显满足不了旺盛的木材进口需求。此外，我国进境木材口岸众多，进口木材主要采取溴甲烷熏蒸的方式。因为溴甲烷对大气臭氧层有破坏作用，随着世界各国（地区）环境保护意识的逐渐加强，检疫处理方式对环境的影响正逐渐引起社会各界的关注。根据《关于消耗臭氧层物质的蒙特利尔议定书》修正案（哥本哈根修正案），应逐步淘汰溴甲烷的使用，保护人类赖以生存的大气臭氧层，因此，积极开发和应用新型检疫处理技术显得尤为必要和迫切，图1-24为海关研究开发的微波介电检疫处理原木实验舱。

**图1-24　海关研究开发的微波介
电检疫处理原木实验舱**

（二）外来林木有害生物对林业生产及生态环境影响

外来森林有害生物入侵定殖后，适应了入侵地的环境，若没有抑制其繁殖扩散的天敌或人工防除措施，通常会在短时间内暴发，继而向周边地区扩散，为害森林资源，并对其他生物的生存和繁殖造成一定影响，破坏当地的生态平衡，为害严重者会给当地的林业生产及生态环境造成极大损失。松材线虫、松突圆蚧、红脂大小蠹等30余种外来入侵森林有害生物给我国带来的经济和生态损失十分惊人。

1. 外来林木有害生物对林业生产的影响

我国于 1982 年首次在江苏南京中山陵发现松材线虫病。至 2019 年，全国因该病害损失的松树累计达数十亿株，造成的直接经济损失和生态服务价值损失达上千亿元。截至 2019 年，该病害在我国的 18 个省、588 个县级行政区均有发生，发生面积达 649333hm^2。在重点发生区，部分林地因松材线虫病连续为害退化为荒山疫区，相关农副产品和林产品的流通和出口也直接受到影响。国家林业和草原局实施松材线虫病治理工程，累计治理面积 100 多万 hm^2，清理的疫木多达 5000 万株。

红脂大小蠹原产于北美，随木材贸易入侵我国。1998 年首次在我国山西省被发现，2003 年已扩散到河南、河北、陕西、甘肃等省，发生面积 50 万 hm^2，已造成 3516 万株成材松树枯死，造成的森林生态损失约为 81 亿元人民币。

椰心叶甲原产于印度尼西亚、巴布亚新几内亚，1975 年由印度尼西亚传入我国台湾地区。1988 年在我国香港地区发生危害，2002 年在海南发生为害，此后在广东、福建、广西等地相继发现椰心叶甲。椰心叶甲在海南、广东为害最为严重，主要为害棕榈科植物。据统计，椰心叶甲在海南造成的经济损失每年超过 1.5 亿元人民币。我国最早于 1999 年 3 月在佛山南海首次检获椰心叶甲，此后多个口岸多次截获该虫。

美国白蛾于 1979 年传入我国辽宁省丹东地区，截至 2003 年，该虫已扩散到陕西、辽宁、山东、河北、北京、上海和天津。据调查统计，2004 年辽宁省美国白蛾发生面积达 5.86 万 hm^2。

刺桐姬小蜂分布于毛里求斯、留尼汪、新加坡、美国（夏威夷）等国家（地区）。2003 年在我国台湾地区发生严重为害，近年来在深圳、广州、广西等地区发现其发生危害。刺桐姬小蜂主要为害具有重要观赏价值的刺桐属（*Erythrina* spp.）植物，对我国城市绿化和生态景观造成了威胁。

红棕象甲原产于亚洲南部以及太平洋上的美拉尼西亚地区，现已成为一种世界性害虫，分布遍及大洋洲、亚洲、非洲、欧洲（西班牙）和中东。据报道，当前此虫为害 15% 椰树和接近 50% 棕榈植物分布的国家（地区）。在我国广东、广西、海南、云南、福建等地区，油棕、椰子、枣椰、酒瓶椰子等植物遭到红棕象甲的为害十分严重。

2. 外来林木有害生物对生态环境的影响

外来林木有害生物对新栖息地的生态系统产生了不可扭转的破坏，与当地物种竞争生态位，对原有的生态系统造成了巨大的破坏；并且通过压制或排挤本地物种的方式，快速扩张，形成单种优势群落，破坏当地的生物多样性。除此之外，外来生物入侵可以使本地物种陷入灭绝境地，加速生物多样性的丧失和物种的灭绝。

以红火蚁（*Solenopsis invicta*）为例，其拉丁名意指无敌的蚂蚁，因以难以防治而得名。红火蚁分布广泛，为极具破坏力的入侵生物之一（图1-25）。截至2021年3月，据农业农村部门监测，红火蚁已传播至12个省（区、市）435个县级行政区，尤其是近5年来新增红火蚁发生县级行政区191个，较2016年增长了一倍。该蚁在城市公园绿地、农田、林地及其他公共地带都有发生。红火蚁给被入侵地带来严重的生态灾难，是生物多样性保护和农业生产的大敌。红火蚁取食多种作物的种子、根部、果实等，为害幼苗，造成产量下降。它损坏灌溉系统，侵袭牲畜，造成农业上的损失。红火蚁对野生动植物也有严重的影响。它可攻击海龟、蜥蜴、鸟类等动物的卵，对小型哺乳动物的密度和无脊椎动物群落有负面的影响。研究表明，在红火蚁建立蚁群的地区，蚂蚁的多样性较低。

图1-25　红火蚁及其给公园绿地造成的破坏状

外来林木有害生物对人类的生存环境构成了巨大的威胁。随着研究的深入，人类越来越认识到外来物种入侵对生态、环境、经济等方面造成的危害已远远超出了工业污染、空气污染等的影响，并且由于生物的可繁殖性及扩散能力，控制入侵种的难度及成本极大。在农林生产上造成危害的许多物种都是外来物种，每年造成的损失及防治所需的费用非常高。据研究，在美国约有40%的有害生物为外来物种，英国为30%、澳大利亚为36%、南非为45%、印度为30%、巴西为35%。因此，外来林木有害生物对农林业安全生产、全球生态环境和社会可持续发展构成了严重的威胁，已经成为全世界关注的热点之一。

(三) 外来林木有害生物对我国贸易的影响

外来入侵物种问题已受到国际社会的广泛关注，联合国粮食及农业组织、世界卫生组织、生物多样性公约组织等国际组织已达成《国际卫生条例》《国际植物保护公约》《生物多样性公约》《国际动物卫生法典》《联合国海洋法公约》《卡塔赫纳生物安全议定书》等40余个国际公约和协定，来阻止外来生物的传播和扩散。同时，外来森林有害生物的为害已经引起世界各国（地区）的高度重视，为防范外来有害生物入侵，各国（地区）制定了一系列法规及政策措施来阻止外来生物传入本国（地区）。这些措施在一定程度上降低了外来有害生物入侵的风险，但同时也给各国（地区）间的贸易造成了一定的负面影响，致使部分产品的贸易中断，或在一定程度上增加了贸易成本。另外，很多国家（地区）把外来有害生物检疫手段作为一种技术壁垒，限制其他国家（地区）的商品贸易。作为发展中的贸易大国，我国农产品及相关产品的进出口量较大，森林病虫害及其相关的技术壁垒对我国贸易影响巨大，给我国的贸易带来了极大损失。

1996年，作为外来物种的光肩星天牛（*Anoplophora glabripennis*）（图1-26）在美国暴发，严重为害纽约、芝加哥等地的槭树，引起了美国方面的极大关注。据美方统计，该天牛一旦在美国传播开来，会对美国7000万 hm^2 的城市绿化林、槭糖工业及旅游业产生直接威胁，经济损失将达到1380亿美元。由于光肩星天牛在中国分布广泛，尤其在"三北"造成严重为害，美国方面认为此虫是从中国通过木质包装箱传入的，因此针对中国的货物木质包装签署了一项新法令，要求输美货物的木质包装和木质铺垫材料须附有中国官方出具的证书，证明木质包装进入美国前经过热处理、熏蒸处理或防腐剂处理，并提出了处理的具体指标（美国的检疫要求不仅限于光肩星天牛，对星天牛属、蜡天牛属、茸天牛属和墨天牛属的林木害虫也有相应的检疫要求）。据统计，该法令直接影响了我国对美国出口商品量的1/3~1/2，给我国对外贸易带来了巨大损失。加拿大和欧盟也纷纷效仿美国。1998年11月4日，加拿大食品检疫局发布法令，对所有来自中国的货物木质包装实施新的检疫措施，以防光肩星天牛传入。英国林业委员会于1998年12月22日公布法令，英国将对所有来自中国的货物木质包装实施新的检疫标准，具体要求：木质包装不得带有树皮，不能有直径大于3mm的虫蛀洞，或者必须对木质包装进行热处理，使木材含水量低于20%。1999年6月1日，欧盟委员会公布决议（1999/355/EC），要求欧盟实行紧急措施，防止中国货物的木质包装中携带的光肩星天牛传入欧盟。此后，南美、东欧的一些国家（地区）也十分关注光肩星天牛问题。相关决议发布之时，正值亚洲金融危机影响不断加深，我国外贸出口受阻，木质包装法令出台又使我国商品的出口雪上加霜。

图1-26　光肩星天牛幼虫及成虫

2004年12月，美国在从我国香港地区进口的圣诞树上发现杉棕天牛（*Callidium villosulum*）（图1-27）。动植物卫生检疫局（APHIS）调查后发现，由我国香港地区入美的两船货物所出具的热处理证书显示，其热处理没有达到入境美国的要求。由此，美国采取了一系列紧急检疫措施，包括召回两批感染该虫的货物，加强该类货物的检疫，以及深埋或销毁已感染货物。2005年，动植物卫生检疫局从室外花园和苗圃的桩杆中截获竹绿虎天牛（*Chlorophorus annularis*）、竹紫天牛（*Purpuricenus temminckii*）、柚子褐天牛（*Stromatium barbatum*）、虎天牛（*Clytini*）等。为此，美国规定，到达美国港口的用作花园和苗圃桩杆的竹制品将接受强制熏蒸。中国是竹子资源最丰富的国家之一，也是竹子经营集约程度最高的国家之一，全国竹业总产值已超过200亿元人民币。美国采取的措施大大提高了我国竹子及竹制品的贸易成本。

图 1-27　杉棕天牛及其为害状

　　舞毒蛾〔*Lymantria dispar*（L）〕分布于欧亚大陆，是一种以幼虫食叶的林业害虫（图 1-28）。根据生物学习性、寄主范围和主要分布区域的不同，该虫分为欧洲型和亚洲型。欧洲型舞毒蛾于 1869 年由欧洲传入美国。由于舞毒蛾幼虫以树叶为食，大量发生时能够吃光树叶，导致树木成片死亡，给森林和环境造成巨大的破坏。为此，美国对欧洲型舞毒蛾采取了检疫措施，在国内划分了检疫区域，实施官方控制，平均每年用于防治舞毒蛾的费用就达 1100 万美元，但欧洲型舞毒蛾没有得到彻底的根除，其疫区仍在慢慢地扩大。亚洲型舞毒蛾雌成虫具有较强的飞翔能力，可为害植物的种类比欧洲型舞毒蛾多一倍，所以美国认为亚洲型舞毒蛾比欧洲型舞毒蛾对美国的为害更大。亚洲型舞毒蛾是我国森林、园林、蚕业、果树的主要害虫。美国认为中国发生的亚洲型舞毒蛾极易通过国际航行船舶和集装箱等运输工具传入美国，一旦传入将对美国造成极大的为害，因此要求与中国就亚洲型舞毒蛾开展合作监测工作，了解其发生情况和程度，以便美国采取相应的措施防止亚洲型舞毒蛾传入美国。2009 年北美植物保护组织出台了《关于来自亚洲舞毒蛾疫区的船舶及船载货物运行的管理指南》（NAPPO33 号标准）（图 1-29），以防亚洲型舞毒蛾随国际航行运输工具传播。据专家预测，一旦美国就亚洲型舞毒蛾对来自或到过中国港口的船舶和集装箱实施特别检疫措施，将大大增加口岸检验检疫的工作量和工作难度，同时也必将对我国港口业务和对外贸易造成严重影响。

图 1-28　舞毒蛾卵块及成虫

NAPPO Regional Standards for Phytosanitary Measures (RSPM)

RSPM 33
Guidelines for Regulating the Movement of Vessels from Areas Infested
with the Asian Gypsy Moth

图 1-29　北美植物保护组织出台的《关于来
自亚洲舞毒蛾疫区的船舶及船载货物运行的管
理指南》（NAPPO33 号标准）

很多国家（地区）以森林有害生物检疫为由，制定技术性贸易壁垒，对我国贸易造成了极大的经济损失。同时，我国存在某些森林有害生物，造成我国某些农产品无法出口，致使我国的农业生产及产业结构调整受到严重影响。

（四）进境木材检疫所采取的措施

1. 源头管控

2001年2月，国家出入境检验检疫局、海关总署、国家林业局、农业部、对外贸易经济合作部等部委联合发布了2001年2号公告，要求所有进口原木须附有输出国家（地区）检疫部门出具的植物检疫证书，证明不带有中国关注的检疫性有害生物或双边植物检疫协定中规定的有害生物和土壤；进口原木带有树皮的，在输出国家（地区）应进行有效的除害处理，并在植物检疫证书中注明除害处理方法、使用药剂、计量、处理时间和温度；进口原木不带树皮的，在植物检疫证书中作出声明，等等。该公告的发布，提升了向我国输出木材的国家（地区）对出口木材的质量管控，加强了木材的源头管理和除害处理，我国进口木材质量得到显著提升。

2. 现场检疫

我国对进口原木实施批批检疫，每批进口原木经检疫合格或者除害处理合格后方可进口。为确保进口原木现场检疫工作质量，提升一线检疫工作人员业务技能，海关总署制定了进境原木检疫作业程序，规范一线检疫工作。针对进口原木的高风险特点，海关总署对从事进口原木现场检疫的人员实行岗位资质管理，只有考核通过、具备植物检疫专家查验岗资质的人员，可从事进口原木现场检疫工作（图1-30）。

**图1-30　海关检疫人员对进口
原木进行现场查验**

3. 实验室检测

实验室检测是植物检疫行政执法工作的直接技术支撑和保障，同时也是我国对外谈判、制定进出口贸易政策的重要依据，是植物检疫必不可少的组成部分。另外，实验室还承担着收集国内外入侵生物的发生、为害、分布等资料，研究制定针对入侵生物的检疫检测技术、检疫处理方法，开展有害生物风险分析等职责。我国各直属海关均建立了植物检疫实验室，不少隶属海关还建立了现场初筛工作室，从事有害生物的检测与鉴定（图1-31）。

图1-31　海关检疫人员对有害
生物进行实验室鉴定

4. 检疫处理

为有效杀灭木材携带的有害生物，我国制定了《中国进境原木除害处理方法及技术要求》，对经检疫发现检疫性有害生物的原木须作除害处理。规定的处理方法有以下三种：一是熏蒸处理，可在船舱、集装箱、库房或帐幕等具有良好气密性的空间内进行，处理药剂可选用溴甲烷、硫酰氟等熏蒸剂，并明确了不同药剂的处理指标；二是热处理，可采用蒸汽、热水、干燥、微波等方法，并规定了热处理的作用温度和持续时间；三是浸泡处理，有条件的地方，可将原木完全浸泡于水中90d以上，杀灭所携带的有害生物（图1-32，图1-33）。

图1-32　海关检疫人员对进口原木
帐幕熏蒸进行监管

图1-33　进口原木大轮熏蒸现场投药

5. 疫情监测

有害生物监测是发现疫情和掌握疫情动态的有效手段，可以对疫情"早发现、早报告、早阻截、早扑灭"，是进境口岸检验检疫的重要补充和完善。近年来，检疫性实蝇、外来杂草、舞毒蛾等均已开展专项监测工作，并取得了一定的成效。除舞毒蛾外，针对天牛、长蠹、小蠹和白蚁等林木害虫的诱集监测工作也在主要木材进口口岸开展（图1-34）。

**图1-34　海关检疫人员开展
植物疫情监测**

（五）我国进口木材检疫执法把关成效

1. 口岸进口木材截获疫情分析

随着世界经济、贸易一体化进程的加速以及进口木材及木质包装量持续增长，我国在口岸截获的危险性林业有害生物的种类和数量逐年递增。

（1）截获有害生物概况

2012—2017 年，全国口岸累计在进境木材中截获有害生物 4617 种、830289 种次，其中检疫性有害生物 278 种、152581 种次，具体情况见表 1-18。2017 年，我国进口木材共计 9279.2 万 m^3，较 2012 年增长了 58.5%；截获有害生物共计 2190 种 140093 种次，较 2012 年分别增长了 31.0% 和 57.7%；其中截获检疫性有害生物 153 种、35604 种次，较 2012 年分别增长了 50% 和 149.5%。

表 1-18   2012—2017 年全国口岸有害生物截获情况表

年份	有害生物种类数	有害生物种次数	检疫性种类数	检疫性种次数
2012	1672	88858	102	14270
2013	1766	107236	119	18829
2014	2084	152037	150	26449
2015	2346	160431	159	30289
2016	2242	181634	166	27140
2017	2190	140093	153	35604
合计	4617	830289	278	152581

（2）各主要来源国（地区）木材截获有害生物情况

2012—2017 年，在我国主要进口木材来源国（地区）中截获有害生物种类数较多的分别是亚洲 2214 种、美国 1902 种、非洲 1729 种、欧洲（不含俄罗斯）1511 种和拉丁美洲 1453 种；截获数量较多的国家和地区分别是非洲 278205 种次、亚洲 133876 种次、大洋洲 87663 种次、美国 73637 种次、俄罗斯 64256 种次。在检疫性有害生物截获方面，截获种类数较多的国家（地区）是亚洲 132 种、美国 126 种；数量较多的国家（地区）是亚洲 39456 种次、非洲 39260 种次、大洋洲（不含新西兰）19218 种次和俄罗斯 18058 种次（表1-19）。

表1-19 2012—2017年我国进口木材主要来源国（地区）截获有害生物情况

来源国（地区）	有害生物种类数	有害生物种次数	检疫性种类数	检疫性种次数
俄罗斯	755	64256	51	18058
新西兰	661	54412	42	9981
加拿大	1100	44198	84	7173
美国	1902	73637	126	8044
亚洲	2214	133876	132	39456
大洋洲（不含新西兰）	999	87663	68	19218
非洲	1729	278205	85	39260
拉丁美洲	1453	32171	78	3824
欧洲（不含俄罗斯）	1511	56036	84	6173

（3）全国各口岸检疫性有害生物截获情况

2012—2017年，我国各口岸共截获检疫性有害生物278种、152581种次。其中5种有害生物截获在1万次以上：中对长小蠹（*Platypus parallelus*）、云杉八齿小蠹（*Ips typographus*）（双边协定书规定的检疫性种类）、长小蠹属（非中国种）［*Platypus* spp.（non-Chinese）］、材小蠹属（非中国种）［*Xyleborus* spp.（non-Chinese）］、乳白蚁属（非中国种）［*Coptotermes* spp.（non-Chinese）］；143种有害生物截获次数在10次以上，这些有害生物为近年来进境木材截获的常见检疫性有害生物。另外，还有120种有害生物截获次数在5次以下，其中有56种仅截获过1次（表1-20）。这些偶尔截获的有害生物也应予以关注，一方面是关注其同源同种木材的检疫工作，强化该种有害生物检疫截获；另一方面是关注实验室检疫鉴定工作，防止漏检、错检。

表 1-20　2012—2017 年全国口岸截获有害生物频次情况

频次	≥10000 次	≥1000 次	≥100 次	≥50 次	≥10 次	5 次以下	仅 1 次
种类数	5	22	59	83	143	120	56

从表 1-21 可以看出，全国各口岸在进境木材中截获的有害生物仍以长小蠹、小蠹、天牛、吉丁、白蚁等木材钻蛀性害虫为主，但也有个别检疫性仓储害虫如四纹豆象（*Callosobruchus maculatus*）和检疫性杂草如豚草（*Ambrosia artemisiifolia*）被大量截获，这些有害生物多为木材装运工具的携带物，同样应予以关注。

表 1-21　2012—2017 年全国口岸截获的主要检疫性有害生物
（截获 100 次以上）

中文名	拉丁名	次数	中文名	拉丁名	次数
中对长小蠹	*Platypus parallelus*	32815	希氏长小蠹	*Euplatypus hintzi*	445
云杉八齿小蠹	*Ips typographus*	17508	菊长小蠹	*Platypus compositus*	445
长小蠹属（非中国种）	*Platypus* spp.（non-Chinese）	13353	单刻材小蠹	*Xyleborus monographus*	361
材小蠹属（非中国种）	*Xyleborus* spp.（non-Chinese）	13045	大小蠹属（非中国种）	*Dendroctonus* spp.（non-Chinese）	345
乳白蚁属（非中国种）	*Coptotermes* spp.（non-Chinese）	12586	白条天牛属（非中国种）	*Batocera* spp.（non-Chinese）	301
长林小蠹	*Hylurgus ligniperda*	9700	松材线虫	*Bursaphelenchus xylophilus*	275
橡胶材小蠹	*Xyleborus affinis*	7109		*Platypus excedens*	275
双钩异翅长蠹	*Heterobostrychus aequalis*	4020	家具窄吉丁	*Agrilus ornatus*	246
南部松齿小蠹	*Ips grandicollis*	3349	大家白蚁	*Coptotermes curvignathus*	232
红火蚁	*Solenopsis invicta*	2933	外齿异胫长小蠹	*Crossotarsus externedentatus*	227

表1-21 续1

中文名	拉丁名	次数	中文名	拉丁名	次数
黄杉大小蠹	*Dendroctonus pseudotsugae*	2895		*Platypus porcellus*	197
非洲乳白蚁	*Coptotermes sjostedti*	2395	栗粒材小蠹	*Xyleborus volvulus*	191
希氏长小蠹	*Platypus hintzi*	2263	喜马拉雅木蠹象	*Pissodes nemorensis*	191
黑腹尼虎天牛	*Neoclytus acuminatus*	2092	澳刀乳白蚁	*Coptotermes acinaciformis*	189
赤材小蠹	*Xyleborus ferrugineus*	1858	红角双棘长蠹	*Sinoxylon ruficorne*	184
欧桦小蠹	*Scolytus ratzeburgi*	1659	狡诈材小蠹	*Xyleborus fallax*	170
双棘长蠹属（非中国种）	*Sinoxylon* spp.（non-Chinese）	1556	印缅乳白蚁	*Coptotermes gestroi*	162
窄吉丁属（非中国种）	*Agrilus* spp.（non-Chinese）	1492	巨长小蠹	*Platypus magnus*	150
红翅大小蠹	*Dendroctonus rufipennis*	1284	薇甘菊	*Mikania micrantha*	149
美松齿小蠹	*Ips pini*	1165	北美西部松齿小蠹	*Ips latidens*	144
墨天牛属（非中国种）	*Monochamus* spp.（non-Chinese）	1107	非洲大蜗牛	*Achatina fulica*	143
齿小蠹属（非中国种）	*Ips* spp.（non-Chinese）	1068	锡特加云杉齿小蠹	*Ips concinnus*	135
四纹豆象	*Callosobruchus maculatus*	882	三胝双棘长蠹	*Sinoxylon senegalense*	133
异胫长小蠹属（非中国种）	*Crossotarsus* spp.（non-Chinese）	882	豚草	*Ambrosia artemisiifolia*	132
美雕齿小蠹	*Ips calligraphus*	818	横坑切梢小蠹	*Tomicus minor*	118
短体长小蠹	*Platypus cartus*	782	美云大小蠹	*Dendroctonus punctatus*	118

表1-21 续2

中文名	拉丁名	次数	中文名	拉丁名	次数
小杯长小蠹	*Platypus cupulatullus*	736	双齿材小蠹	*Xyleborus bispinatus*	111
粗双棘长蠹	*Sinoxylon crassum*	663	菟丝子属	*Cuscuta* spp.	106
似筒长小蠹	*Platypus pseudocupulatus*	550	似混齿小蠹	*Ips paraconfusus*	102
柱体长小蠹	*Platypus cylindrus*	546			

（4）我国进口木材截获有害生物类别分析

昆虫类有害生物仍是进口木材检疫中截获的最主要的类别。2012—2017年，我国在进口木材检疫中截获昆虫类有害生物3610种、746048种次，分别占比为78.2%和89.9%，较2005—2011年分别下降了1.9%和2.9%；检疫性昆虫248种、151322种次，在检疫性有害生物截获中占比为89.2%和99.2%，比重较2005—2011年增长了1.4%和下降了0.2%。在截获的检疫性有害生物中，昆虫248种，较2005—2011年增长了163.8%；真菌类1种，突破了2005—2011年的零记录，为苹果壳色单隔孢溃疡病菌（*Botryosphaeria stevensii*）13次；线虫类仍为松材线虫（*Bursaphelenchus xylophilus*），截获275次；杂草类21种，较2005—2011年增长了200%，主要为薇甘菊（*Mikania micrantha*）149次、豚草（*Ambrosia artemisiifolia*）132次、菟丝子属（*Cuscuta* spp.）106次；细菌、病毒类尚无检疫性种类检出；其他类别有害生物7种，较2005—2011年增长了75.0%，主要为非洲大蜗牛（*Achatina fulica*）143次、花园葱蜗牛（*Cepaea hortensis*）94次。昆虫类有害生物检出比例下降，说明我国口岸对非昆虫类有害生物的检出有所加强，但非昆虫类有害生物检出的数量仍然较少（表1-22）。

表1-22　2012—2017年我国口岸在进境木材中截获有害生物类别情况

类别	昆虫		线虫		真菌		杂草		细菌		螨类		其他	
检疫性	是	否	是	否	是	否	是	否	是	否	是	否	是	否
种类数	248	3362	1	69	1	158	21	413	0	7	0	39	7	254
种次数	151322	594726	275	8439	13	24712	635	3773	0	11	0	5911	336	40136

（5）进口木材携带有害生物的总体特点

在我国进口木材数量逐年攀升的情况下，进口木材携带的疫情风险呈现出以下特点：外来有害生物的种类和种次数随着木材进口量的增加而明显增加，总体疫情风险较大；进境阔叶材带疫程度及复杂性普遍高于针叶材，具有较高检疫风险；不同来源地的进境木材因出口国家（地区）相关规定、地理位置、植物检疫机构设立状况、监管出口木材除害处理能力及国家信用等状况的差别，疫情风险程度不同；我国口岸木材检疫对昆虫类有害生物的检疫技术及方法较为成熟，昆虫的检出率较高，传入的风险相对降低；病害类有害生物较难检出，潜在的传入风险较大；进行检疫处理的进境木材传带的有害生物状况明显要好于未经过检疫处理的木材。但在实践中发现，已经检疫处理进口木材仍具有一定的传带外来有害生物的风险；从不同国家（地区）进境的不同木材中检出的有害生物的种类差别较大。

例如，从美国进口花旗松、云杉等针叶木中常见的害虫主要是大小蠹属（*Dendroctonus* spp.），包括黄杉大小蠹（*D. pseudotsugae*）、红翅大小蠹（*D. fipennis*）、红脂大小蠹（*D. valens*）等，另外还有波纹重齿小蠹（*Ips pini*）、肤小蠹（*Phloeosinus* spp.）、断眼天牛（*Tetropium* spp.）、墨天牛（*Monochamus* spp.）和松材线虫（*Bursaphelenchus xylophilus*）等；从美国进口红橡木中检出的有害生物种类达 100 种，如断纹尼虎天牛（*Neoclytus caprea*）、宽斑脊虎天牛（*Xylotrechus colonus*）、窄吉丁（*Agrilus* spp.）、栗疫病（*Cryphonectria parasitica*）等；从新西兰、智利进口的辐射松和花旗松中检出的主要害虫有长林小蠹（*Hylurgus ligniperda*）、欧洲根小蠹（*Hylastes ater*）、松窃蠹（*Ernobius mollis*）、南部松齿小蠹（*Ips grandicollis*）、松瘤小蠹（*Orthotomicus erosus*）、云杉树蜂（*Sirex noctilio*）、纵大树蜂（*Urocerus gigas*）、长小蠹（*Platypus* spp.）和木白蚁（*Kalotermes* spp.）等。东南亚进境的木材中携带疫情较多的是柳桉等，主要害虫有双钩异翅长蠹（*Heterobostrychus aequalis*）、乳白蚁（*Coptotermes* spp.）、刺角沟额天牛（*Hoplocerambyx spinicornis*）、黑盾阔嘴天牛（*Euryphagus lundi*）、叉脊虎天牛（*Xylotrechus buqueti*）、白条天牛（*Batncera* spp.）、材小蠹（*Xyleborus* spp.）、长小蠹（*Plytypus* spp.）等。俄罗斯的红杉、落叶松、白松等木材

中的主要害虫有落叶松八齿小蠹（*Ips subelongatus*）、云杉八齿小蠹（*Ips typographus*）、墨天牛（*Monochamus* spp.）、长角天牛（*Acanthocinus* spp）、白毛树皮象（*Hylobius albosparsus*）等。从西非进口的木材以加蓬木为主，主要害虫有皱胸天牛（*Plocaederus* spp.），白条天牛（*Batocera* spp.）、双钩异翅长蠹（*Heterobostrychus aequalis*）等。

在我国主要进口木材来源国（地区）中截获有害生物种类数较多的分别是亚洲、美国、非洲、欧洲（不含俄罗斯）和拉丁美洲；截获种次数量较多的国家（地区）分别是非洲、亚洲、大洋洲、美国、俄罗斯。在检疫性有害生物截获方面，截获种类数较多的国家（地区）是亚洲、美国；数量种次上依次为亚洲、非洲、大洋洲（不含新西兰）和俄罗斯。总体而言，由于输出国（地区）环境条件、处理技术、管理水平等因素存在不同，我国进口的木材普遍携带各类有害生物，携带有害生物的概率从大到小依次为带皮原木、去皮原木、粗锯木方、规整锯材、人造板等。

木材是我国大宗进口的重要资源性产品，在当前经济发展形势下，我国大宗进口木材的境况短期内难有变化，因此加强木材检疫仍是我国口岸检疫部门应予以重视的工作。我国口岸在木材检疫现场截获和实验室检测方面较前期工作均有了明显进步，但是面对当前进口数量高居不下、来源复杂的情况，我们仍有大量工作需要及时开展，以维护国门生物安全。一是应进一步加强风险管理，充分认识不同类型进口木材风险，结合当前口岸通关便利化的要求，加强行业引导，调整木材来源结构，鼓励低风险、低污染木材进口；二是进一步加强木材检疫技术支撑能力建设，包括产品和有害生物风险评估工作、有害生物检疫鉴定工作，以及信息化执法支持和技术支持工作，及时引进新技术和组织必要的科技攻关；三是进一步加强境外预检和调查工作，及时掌握木材来源地有害生物发生情况，同时加强与本地农林部门联防联控和林木病虫害监测工作，构建完整的国门生物安全防御体系。

2. 口岸截获典型案例介绍

2011 年 3 月 1 日，江苏太仓港进口 706 m³ 美国火炬松原木，该批原木由 25 个 40 尺海运集装箱装运。检疫人员开箱查验时，发现该批火炬松原木虽然申报为已经去皮，但部分原木实际上带有不少树皮，而且有大量的活体小蠹类有害生物。为防止有害生物逃逸扩散，检疫人员监督检疫处理单位对原木实施了预防性处理。处理结束后，再次开箱查验，发现了扁齿长小蠹、材小蠹属（非中国种）、南部松齿小蠹、赤材小蠹和美雕齿小蠹五种检疫性有害生物（其中扁齿长小蠹被确认为全国口岸首次截获）。此外，部分火炬松原木有天牛为害的痕迹，横截面有蓝变现象。经取样到实验室进行线虫分离，发现松材线虫、拟松材线虫和滑刃线虫。

松材线虫被称为"松树癌症"，又被称为"无烟火灾"，因其对针叶材为害严重，一直是国际上高度关注的林木病害之一。溴甲烷熏蒸对木质包装的线虫有一定的杀灭效果，但当木材超过一定的厚度时，熏蒸效果不理想，对原木携带线虫的熏蒸效果更差。经研究并与进口商协调，对该批原木在指定的加工厂加工成锯板后再实施热处理，同时对下脚料实施焚烧处理。该批原木历时40多天才全部处理结束。

因连续多次从美国输华原木中截获松材线虫，海关总署将上述截获情况通报美国农业部，要求调查原因并采取改进措施。2011年4月2日，我国发布警示通报，暂停美国弗吉尼亚州和南卡罗来纳州的原木进口，同时也要求各口岸加强对来自美国其他州原木的检验检疫，如发现检疫性有害生物且无有效检疫处理方法，即采取退运、销毁措施。中央电视台新闻频道的"新闻直播间"栏目以及中央电视台2套、中央电视台4套、江苏卫视、《苏州日报》、《中国国门时报》等媒体相继报道了该事件，引起了国内外有关部门的关注。

中国是美国木材第二大出口市场，美国有近25%的林产品出口到中国。2011年，美国林业产品出口额超过77亿美元，提供了超过65000个就业机会，其中弗吉尼亚州和南卡罗来纳州出口木材5亿美元以上。在中国宣布暂停美国两个州的原木出口之后，动植物卫生检疫局（APHIS）主动与中方进行技术讨论，并采取了改进措施，包括改进松材线虫的检疫方法、提高熏蒸处理效果、完善检疫监管体系等。美方还邀请中国植物检疫官员现场查看了弗吉尼亚州和南卡罗来纳州的原木生产、检验、检疫、运输及熏蒸的过程和相关场所。为降低检疫措施对贸易的影响，根据中国专家实地考察和评估的情况，中方同意在2012年6月1日至12月1日期间对弗吉尼亚州和南卡罗来纳州的原木试进口，试进口口岸仅为上海外高桥、洋山和江苏太仓港，其他口岸暂不允许进口。在试进口期间，对于软木类原木，无论是否带树皮，均须在出口前进行熏蒸处理，并在动植物卫生检疫局出具的植物检疫证书附加信息中注明实施熏蒸处理的企业名称，在植物检疫证书附加声明中注明"The shipment has been tested and found free of *Bursaphelenchus xylophilus*"（该批木材经检测不带松材线虫）。对于带树皮的硬木类原木，须在出口前进行熏蒸处理，并在植物检疫证书附加信息中注明实施熏蒸处理的企业名称。试进口期结束后，原国家质量监督检验检疫总局组织专家对试进口原木检验检疫情况进行评估，并根据评估结果决定是否正式允许美国弗吉尼亚州和南卡罗来纳州原木进口。

2012年6月1日—12月1日期间，中国从美国输华针叶原木中仍多次截获松材线虫。试进口期结束后，中国解除对美国弗吉尼亚州和南卡罗来纳州输华阔叶原木禁令，继续禁止针叶原木输华。

三、我国木材有害生物发生、防治案例

（一）我国林业有害生物发生概况

过度砍伐、森林火灾和森林有害生物是对森林资源为害最大的三个因素，在政府和相关部门的高度关注下，过度砍伐和森林火灾得到了较好的控制，但森林有害生物为害仍在逐年加重。据林业部门统计，森林有害生物已成为我国林业自然灾害之首，其造成的年均经济损失约为880亿元人民币。我国森林有害生物具有种类多、为害面积大和外来种为害严重等特点。

1. 我国森林有害生物种类繁多

据国家林业局2005年林业有害生物普查工作报告显示，全国发生的森林有害生物种类有8000余种，其中经常造成严重危害的本土林业有害生物267种。近20年来，几乎每年都有3~5种过去多为零星发生的有害生物大面积暴发成灾，致使造成重大危害的病虫种类不断增多。例如，自1982年以来，松材线虫在我国已累计致死的松树超过5亿株（图1-35），红脂大小蠹已致死成材油松高达600万株，椰心叶甲在海南已致死棕榈科植物多达几十万株。

图 1-35　松材线虫病造成松树大面积成灾死亡

2. 我国森林有害生物发生面积逐年递增

据不完全统计，20 世纪 50 年代我国森林有害生物的发生面积为 100 万 hm²，20 世纪 60 年代为 140 万 hm²，到 20 世纪 90 年代上升至 1100 万 hm²。2007 年是林业有害生物偏重发生年份，全年发生面积 1258 万 hm²，较 2006 年增加 14%，其中，虫害面积 900 万 hm²，病害面积 104 万 hm²，鼠（兔）害面积 220 万 hm²，有害植物面积 34 万 hm²。

3. 外来森林有害生物为害严重

我国地域广阔，气候多样，加之人工林面积大，幼龄林比例高，生态系统较为脆弱，外来有害生物的天敌相对缺失，适生空间较大。因此，我国是世界上受外来森林有害生物为害最严重的国家之一。侵入并造成严重危害的外来森林有害生物种类已有 30 多种，年均发生面积达 130 万 hm²，造成年均经济损失达 560 亿元人民币，占我国林业有害生物灾害总经济损失的 70% 以上。美国白蛾、红脂大小蠹、松材线虫等境外传入的有害生物已经在我国局部地区蔓延扩散，造成的损失较很多本土林业害虫更加严重。

我国林业资源横跨热带、亚热带和温带，森林资源面积广阔，植物类型多样化优势显著，是我国社会经济持续健康发展的重要资源基础。林业生物危害是林业生态安全与生物多样性的首要威胁因素，直接决定着我国林业生产，在很大程度上影响着我国生物多样性和生态安全发展。

（二）我国外来林业有害生物发生的特点

1. 传播速度快

一些外来有害生物不仅在侵入点附近传播，还可能跳跃式地跨省区传播，比如著名的美国白蛾就是一种传播能力极强、传播速度极快的外来林业害虫，其食性杂、食量大、寄主广。美国白蛾于 1979 年由朝鲜半岛传入我国辽宁丹东，并于 1981 年由辽宁传入山东荣成县，在山东蔓延；北京、天津、辽宁、山东、河北、河南、吉林、陕西、安徽、上海、江苏等地 559 个县级行政区都已发现该虫为害。

2. 入侵频率逐渐加大

20 世纪 80 年代以前，仅有 12 种林业有害生物入侵我国，在之后的 30 年时间里，这个数字急剧增加到 31 种。可见林业有害生物入侵的步伐进一步加快。一方面，随着物质文化生活水平的提高，人为引进观赏性植物，例如加拿大一枝黄花等。另一方面，随着我国植树造林的快速发展，引苗造林的同时，客观上加速了有害生物的传播扩散，例如松突圆蚧，造成广东的马尾松大面积死亡；薇甘菊能快速攀缘覆盖树木，以致受害林木难以进行光合作用而死亡。

3. 原产地的次要害虫侵入后为害严重

一些在原产地为害并不严重的生物，由于环境条件的改变，缺乏自然天敌的约束，传入我国以后为害严重，比较有代表性的是红脂大小蠹。红脂大小蠹是一种源自美国的外来林业入侵害虫，自 1999 年在我国山西省被发现后，又陆续在河北、河南、陕西等省被发现，致死健康松树 1000 余万株，个别地区油松死亡率高达 30%。至 2005 年年底，全国发生面积超过 16 万 hm^2，对发生地的生态环境、经济发展和造林绿化造成了巨大损失。

4. 造成的经济损失巨大

外来林木有害生物对我国林业造成的危害主要表现在生产和生态两方面，其通过降低森林物种的多样性、破坏树木生产、改变自然生态系统等方式，危害当地的社会生态文化甚至影响人类的健康生活。在防治上，我国每年不仅会耗费大量的财力，而且也耗费了大量的人力物力。如已传入我国并快速蔓延的红脂大小蠹、美国白蛾，给我国林业造成了巨大的生态、经济损失，仅经济损失迄今已超千亿元人民币。

（三）重要林木有害生物发生防治现状

1. 松材线虫

松材线虫是全球十分关注的检疫性有害生物，也是我国国内林木业有害生物中的"头号杀手"。松材线虫主要通过松墨天牛等媒介昆虫在松树体内传播，引发松树病害。被松材线虫感染后的松树，针叶黄褐色或红褐色，萎蔫下垂，树脂分泌停止，树干可观察到天牛侵入孔或产卵痕迹，病树整株干枯死亡，最终腐烂。

根据国家林业和草原局 2021 年发布的公告，全国已有 18 个省、726 个县级行政区相继染疫，西达四川省凉山州，北至辽宁省抚顺市，还包括黄山、泰山、庐山、张家界、三峡库区和秦巴山区等重点生态区位。对我国的松林资源、自然景观和生态环境造成严重破坏，严重威胁到我国松林林区和相关林业经济的发展。

我国高度重视松材线虫病防治工作。国务院办公厅早在 2002 年就专门印发《关于进一步加强松材线虫病预防和除治工作的通知》。2014 年，在国务院办公厅印发的《关于进一步加强林业有害生物防治工作的意见》中，将松材线虫列为国家级重大有害生物，并强调加强松材线虫病防治。各地积极采取有力措施开展疫情防控，取得了一定成效（图 1-36、图 1-37 和图 1-38）。多年来，国家林业和草原局采取了以"加强防治责任落实、强化疫区疫木管理、加大疫情除治力度、提高疫情监测水平、严格检疫执法"等为重点的一系列防治措施，并出台了一系列规章制度。针对当前松材线虫病防治工作中存在的问题，2018 年 11 月，国家林业和草原局对 2010 年出台的《松材线虫病防治技术方案》和 2014 年出台的《松材线虫病疫区和疫木管理办法》进行修订，出台了新版《松材线虫病防治技术方案》，确定了当前和今后一个时期的主要防治思路：以疫木清理为核心、以疫木源头管理为根本，实施更加科学、严格、管用的防治措施，遏制松材线虫病快速扩散危害的严峻态势。2021 年，有关部门下发《全国绿化委员会、国家林业和草原局、工业和信息化部、公安部、住房和城乡建设部、交通运输部、水利部、海关总署、国家能源局、国家铁路局、国家邮政局、中央军委后勤保障部、中国国家铁路集团有限公司关于进一步加强松材线虫病疫情防控工作的通知》（林生发〔2021〕58 号），形成各司其职、各负其责、齐抓共管的防控格局，着力加强电力、通信、水利、公路铁路等行业建设项目使用松木及包装材料的管控，严防疫情扩散。

图 1-36　喷药防治松材线虫病　　图 1-37　打孔注射药物
防治松材线虫病

图 1-38　松材线虫病疫木焚烧处置

松材线虫病疫情防治主要采取以清理病死松树为核心措施，以媒介昆虫药剂防治、诱捕器诱杀、打孔注药等为辅助措施的综合防治策略，坚持科学、严格、管用的治理思路，科学制订疫情防治方案，落实防治目标任务；按照保成效、低风险和控成本的原则，精准选用相关辅助防治技术；强检疫执法和检疫封锁，严查违法违规行为；严格疫木源头管理，实施采伐疫木就地粉碎（削片）或者烧毁措施，做到严格监管和及时处置，严防疫木流失、疫情扩散，确保防治成效。

2. 松突圆蚧

松突圆蚧（*Hemiberlesia pitysophila*）自 20 世纪 80 年代早期传入我国广东省以来，已在我国南方地区广泛分布，对我国的松林资源造成了严重的经济损失，成为我国具有极大危害性的森林检疫有害生物。

1969 年，在我国台湾地区首次发现的松突圆蚧被当作新种发表，冲绳诸岛和先岛诸岛于 1980 年确定了该虫分布。1982 年，发现该蚧虫危害松树致死。在 1983 年的疫区调查中发现，我国广东省共有 9 县（市）有该虫分布，受害松树林面积为 11.43 万 hm^2。到 1987 年，分布地区达到 21 个县（市），受害面积为 45 万 hm^2。2009 年年底，该虫分布于我国广东省、江西省、广西壮族自治区和福建省 100 多个县（市）的松林，发生面积达 155 万 hm^2。到 2013 年，我国共有 100 多个分布点，松林枯死面积超过 18 万 hm^2，造成经济损失 20 亿元人民币以上。

松突圆蚧主要的危害方式是雌虫寄生于较老松针叶梢基部并取食，导致危害处变色、缢缩、腐烂，从而使针叶枯黄或脱落，危害严重时阻碍树木正常生长，造成死亡。此外，新发松针和球果的柔软组织、嫩梢基部也是该虫能够寄生的部位。松突圆蚧的扩散传播主要依靠若虫爬行和以气流为媒介的自然传播，传播水平距离最远达 8000m，垂直距离最高至 200m。由于松突圆蚧有介壳覆盖，且常藏于松针叶基部，虫体小，隐蔽性强，难以被人们发现，近年来呈现出不断蔓延的趋势。据统计，其潜在分布区域占我国国土总面积的 40% 以上，占我国松树分布面积的 90% 以上。同时松突圆蚧的繁殖能力强，全年均能发生，世代重叠明显，不同松树、树龄、林分均受其危害。这些都给防治带来很大困难，因此松突圆蚧的潜在危险性极大。

对于松突圆蚧的防治主要采用综合治理措施，主要有预测预报、检疫管理、林业改造、化学和生物防治。做到预防为主，综合治理；无公害的生物防治为主要方式，化学防治为辅助性措施；因地制宜，根据不同情况来制定不同的防治策略；防治时应最先考虑人类、天敌以及植物等的安全。

3. 红脂大小蠹

红脂大小蠹（*Dendroctonus valens*）又名强大小蠹，属鞘翅目、小蠹科、小蠹亚科、大小蠹属。红脂大小蠹原产于北美地区，20 世纪 80 年代经由美国进境原木传入我国山西省，是一种危害林业生产的重要外来入侵有害生物。

红脂大小蠹属钻蛀性害虫，主要为害 20 年以上或胸径 10 cm 以上的油松、樟子松、白皮松、华山松、华北落叶松和白扦等松科植物，能寄生于松属、云杉属、黄杉属、冷杉属和落叶松属的 40 多种树木，通常以成虫和幼虫在干基和根部蛀食树木韧皮部，树干基部和树根的韧皮组织被蛀食一空，形成环剥，危害树木生长，严重的能完全切断树木输导组织，导致树木死亡。寄主植物的抚育、采伐、火灾、移栽、衰老、采脂等因素是导致其暴发成灾的重要途径。该虫飞行能力强，飞行距离为 20 km，高度可达 10 m 以上，但远距离主要随寄主木材及包装材料进行传播。同时该虫繁殖较快，自春到秋世代重叠发生。有研究报道，一对红脂大小蠹入侵松树，即能产下 106 枚卵，具有较强的繁殖性、传播性、成灾性、致死性特点（图 1-39）。

图 1-39　红脂大小蠹诱捕监测

红脂大小蠹已扩散到我国陕西、河北、河南、北京、内蒙古和辽宁等省（区、市），为害 50 多万 hm² 的油松和其他林业物种，导致 600 多万棵林木死亡，给我国林业生态安全健康发展造成严重的损失，且为害范围还呈不断扩大的趋势。

红脂大小蠹具备较强的隐匿性，幼虫生活于树皮下，成虫寄生于林木主干基部。因此，红脂大小蠹的防控通常以预防为主、监测为辅，采用检疫、物理、化学和生物防治相结合的综合措施进行防治（图 1-40）。

图 1-40　喷药防治红脂大小蠹疫情

4. 椰心叶甲

椰心叶甲（*Brontispa longissima*）又称椰长叶甲、椰棕扁叶甲，属鞘翅目、铁甲科，是棕榈科植物上的一种世界性入侵害虫，被很多国家（地区）列为检疫性有害生物。

椰心叶甲原产于印度尼西亚和巴布亚新几内亚，现分布于东南亚、澳大利亚、所罗门群岛等热带及亚热带的棕榈科植物种植区。1975 年，椰心叶甲传入我国台湾地区，1991 年传入我国香港地区，1994 年 3 月首次在海南省截获椰心叶甲。此后，原广东省南海动植物检疫局从我国台湾地区进口的华盛顿椰子和光叶加州蒲葵中，多次截获椰心叶甲。2002 年，椰心叶甲首次在海南省海口市被发现，逐步蔓延扩散，对我国椰子、槟榔及整个棕榈产业的健康发展构成了严重的危害，同时也对我国海南等热带、亚热带地区的绿色生态安全和景观构成巨大威胁。椰心叶甲已经广泛分布于我国华南沿海地区。据统计，近年来椰心叶甲危害了超过 30 多万株棕榈科植物，导致 20 多万株棕榈科植物濒于死亡，直接经济损失约 1.5 亿元人民币，对分布区域的经济、社会及生态环境等造成了巨大危害。

椰心叶甲一般危害 3~6 年生的棕榈科植物，其寄主植物涵盖 26 属、36 种，包括椰子、槟榔、鱼尾葵、省藤、大王椰子、假槟榔、华盛顿椰子和蒲葵等，椰子是椰心叶甲最主要的寄主植物。椰心叶甲通常以成虫和幼虫取食危害棕榈科植物的心叶部，取食后在心叶部形成狭长的褐色条纹，导致棕榈植物的生长点遭到破坏，影响植物的光合作用，危害严重时树势衰败，导致棕榈科植物植株死亡。椰心叶甲的成虫具有一定的飞行能力，再加上成虫期较长，在一定程度上加剧了扩散与传播，因此成虫对寄主植物的危害性远远超过幼虫。椰心叶甲采取的防治方法主要有检疫、化学、生物防治。

5. 美国白蛾

美国白蛾（*Hyphantria cunea*）又称美国灯蛾、秋幕毛虫，属鳞翅目、灯蛾科、白蛾属，是一种重要的世界性检疫害虫，也是我国重大外来入侵生物。该虫原产于北美（墨西哥、美国和加拿大），主要分布于北纬19°~55°，第二次世界大战期间先后传入欧洲和亚洲。美国白蛾食性极其复杂，寄主植物范围十分广泛，可取食超过400种植物，可对林木、观赏植物以及农作物产生严重危害，给农林生产造成巨大的经济损失，对生态环境具有极大影响，并严重威胁国民经济发展和生态安全。

1979年，在我国辽宁丹东首次发现该虫入侵，随后蔓延至辽宁的9个市县。近40多年来，该虫先后传入山东、陕西、河北、上海、天津、北京、河南、吉林、江苏、安徽、内蒙古、湖北等省（市、区），从沿海地区逐步向内陆地区扩散，传播速度呈现明显的上升趋势，截至2020年，传播扩散到13个省（区、市）的598个县级行政区，危害发生面积达到76.89万 hm^2。

作为外来入侵有害生物，美国白蛾具有极强的环境适应能力和扩散性，危害期主要在幼虫阶段。通常幼虫聚集在寄主的叶子上面吐丝并结网幕，聚集于叶片背部取食寄主植物的叶肉，导致叶片呈现出白色的薄膜状，造成叶片枯死，危害严重时可将树叶全部取食，再加上受害后寄主植物抵抗力下降，更易遭受植物病原菌或其他虫害的侵染，最终导致树木死亡。同时该虫具有较强的繁殖能力和取食能力，每头雌性白蛾平均产卵500~800粒，最多可产卵2000粒，孵化率在90%以上，孵化成为幼虫后每头可取食10~15片树叶。

自美国白蛾传入我国以来，我国相关政府部门高度重视防控工作。国家林业和草原局先后4次将该虫列入全国林业植物检疫性有害生物名单，并作为重大林业有害生物在全国范围内组织开展防治工作，积累了许多好的技术和管理经验，成效显著。美国白蛾的防治措施主要包括监测检疫、物理防治、化学防治和生物防治。

6. 刺桐姬小蜂

刺桐姬小蜂（*Quadrastichu erythrinae*）属膜翅目、姬小蜂科、胯姬小蜂属，是我国进境植物检疫性和林业检疫性有害生物。2003 年，刺桐姬小蜂在我国台湾地区南部首次被发现。2004 年，由澳大利亚联邦科学研究院 Kim 等专家将其命名并定为新发现种。随后，该虫迅速传播扩散，严重侵染危害刺桐属植物，对部分地区的林业经济造成了巨大损失。2005 年，在我国深圳市首次发现刺桐姬小蜂，次年刺桐姬小蜂已在深圳地区普遍发生危害，受害寄主植物超过 1 万株。2007 年对海南省 8 个市县的调查发现，危害刺桐属植物达 11500 株。

刺桐姬小蜂在中国主要分布于广东、广西、海南、福建、香港、澳门、台湾等地。

刺桐姬小蜂主要危害蝶形花科、刺桐属植物，包括刺桐、杂色刺桐、珊瑚刺桐、鸡冠刺桐、毛刺桐等植物。刺桐姬小蜂世代历期短，世代重叠严重，因而生活周期短、繁殖能力强，卵、幼虫和蛹均生活在虫瘿内，可随寄主植物进行传播，该虫传播扩散后，能够很快定殖。刺桐姬小蜂一般是幼虫取食叶肉、嫩茎组织后引起受害部位逐渐膨大，刺桐属植物常表现出枝叶畸形、肿大等症状，光合作用受到抑制，严重时会引起植株大量落叶，影响寄主植物的观赏价值，甚至导致寄主植物死亡，造成直接经济损失。

针对刺桐姬小蜂的生物学特性、发生与危害特点，可采取严格检疫、营林防治、物理防治、化学防治等措施进行综合治理。

7. 红棕象甲

红棕象甲（*Rhynchophorus ferrugineus*）又名锈色棕榈象、椰子隐喙象、亚洲棕榈象甲、椰棕象虫、印度红棕象甲，属鞘翅目、象虫科、隐颏象亚科、棕榈象属，是我国主要的林业检疫害虫，也是国际上公认的重要检疫性有害生物。该虫原产于印度，随国际贸易与交流活动，近几十年内已快速传播扩散到全球多个国家（地区）。已广泛分布于东南亚、中东、北非和地中海地区、欧洲部分国家（地区）、所罗门群岛、新喀里多尼亚、巴布亚新几内亚和澳大利亚部分地区。

1997 年，红棕象甲首次在我国广东中山地区被发现，此后不断向其他省（市、区）扩散，并呈现出向北扩散的趋势，构成重大的疫情威胁。

2004 年，原国家林业局将红棕象甲列入 19 种林业检疫性有害生物名单，对其加大防控力度。截至 2017 年，红棕象甲在我国的分布入侵区域已扩大到海南、广西、广东、云南、西藏、福建、江西、湖南、贵州、四川、重庆、上海、浙江等地。

红棕象甲主要危害棕榈科植物，寄主达 20 多种，包括椰子、油棕、椰枣、槟榔、老人葵、银海枣等。一般通过成虫产卵于株干受损处或叶柄深处，卵孵化为幼虫后，幼虫钻蛀茎秆内部及生长点取食柔软组织为害，造成隧道，导致受害组织腐烂坏死，影响养分和水分输送，造成流胶，危害严重时致使树干成残留破碎纤维的空壳，茎秆顶端渐次变细，寄主植物受害初期表现为树冠周围叶片黄萎，后扩展至中部叶片枯黄。植株一旦遭受红棕象甲侵害，轻则树势衰弱，重则整株死亡。例如，红棕象甲已遍布海南全岛，对岛内椰树等寄主植物的危害率高达 84%，虫害发生面积 1 万 hm^2，近两万株椰树死亡，给当地林业经济造成重大损失。同时该虫又喜食加拿利海枣、华盛顿棕等观赏性棕榈科树种，对我国南方沿海热带省份城市绿化构成严重威胁。

当前，由于红棕象甲在我国传播扩散范围不断加大，以及对分布区域具有严重经济危害性，国内对红棕象甲的防控力度和防治工作也在不断地加大。主要采取加强检疫，采用物理方法和化学方法进行防治。

8. 湿地松粉蚧

湿地松粉蚧（*Oracella acuta*）又称火炬松粉蚧，属同翅目、蚧总科、粉蚧科，是一种繁殖速度快，对寄主植物危害大，且防治困难的外来入侵有害生物，也是我国进境植物检疫性害虫。

湿地松粉蚧原产于美国，主要分布在美国东南部，从得克萨斯州到大西洋沿岸各州均有发生。1988 年，湿地松粉蚧随美国进境的一批湿地松穗条侵入我国，已传播扩散至我国广东、广西、台湾、海南、云南、贵州、四川、重庆、湖北、江西、浙江、安徽、江苏、上海、河南、陕西和山东等省（市、区），对当地林业的松属植物资源和自然生态环境造成了严重破坏。

该粉蚧主要为害马尾松、湿地松、火炬松等松属植物。害虫主要集中在枝梢端部，吸取松梢汁液，导致新梢难以抽出、针叶难以延伸、老针叶提前枯黄脱落 70%~80%，同时湿地松粉蚧的危害加剧了煤污病的发生，对松树生长造成严重影响。该虫产卵数量大，对温度条件要求不严格，可忍受一定的低温。该虫的若虫和雌成虫刺吸松梢汁液为害，在侵入林分的当年为害较轻，第二年为害最重，随后疫区内林分受害程度又逐渐降低。该粉蚧为害严重时，林木的高度、胸径、针叶量和材积生长明显降低。近30年来，中国自美洲引入的松树优良种为湿地松粉蚧的扩散提供了条件。1988—1994年，该虫迅速扩散蔓延至广东省多个县市，破坏了27.7万hm^2的松林。如果湿地松粉蚧继续向北扩散，会对马尾松、湿地松和火炬松等松属植物的规模发展造成严重威胁。

第二章
进出境木材检疫要求

CHAPTER 2

第一节
中国进境木材检疫要求

◇————————

一、概述

木材是我国需要长期大量进口的大宗资源性产品，也是一种疫情风险相对较高的植物产品，尤其是原木可能携带的有害生物种类广、数量多，且不乏大量检疫性有害生物。我国作为世界上进口木材最多的国家，多年来木材进口量一直呈现出快速增长趋势，从 1998 年不足 600 万 m³，迅速增长至 2019 年的 9694 万 m³。2020 年，木材进口量虽然受到经济大环境影响，但仍然维持在 9374 万 m³ 的高位。伴随着木材进口量的快速增长，进境木材检疫工作的重要性也越发突出。进境木材总量的快速增长，增加了外来林木有害生物的入侵途径和风险，对国门生物安全造成威胁。外来林木有害生物一旦传入境内，将对我国森林、生态环境、经济生产和旅游资源产生严重危害。为了应对进境木材快速增长形势下的疫情防控压力，针对木材检疫工作的规章文件先后出台，我国的进境木材检疫防控体系逐步成熟。

（一）木材入境前检疫要求

根据《实施卫生与植物卫生措施协定》（SPS 协定），我国基于科学、非歧视等原则，设定进境木材入境前检疫要求。总体而言，木材必须在境外经过熏蒸、热处理、去皮等检疫处理措施，并取得植物检疫证书，否则不准入境。进境木材不应携带枝叶、树根、土壤等禁止进境物，不应携带活体有害生物尤其是检疫性活体有害生物；去皮原木携带树皮量应在限定的范围内，即总体带皮量不超过 2%，单根带皮量不超过 5%。此外，根据相关双边协定，少数特定来源（俄罗斯、美国阿拉斯加、加拿大不列颠哥伦比亚省）的未处理原木，可在我国 A 类原木指定监管场地检疫处理合格后进境；针对该类原木的入境时间、种类、来源地等，我国均根据相关协定实施了限制。来自特定疫区的木材不得入境，如美国南卡罗来纳州和弗吉尼亚州针叶原木不得入境，白蜡树枯梢病疫区未按我国特定要求加工的木材不得入境。

（二）木材入境时检疫要求

在木材入境时，散装木材需要经过海关检疫人员实施卸货前检疫，包括表层检疫、中层检疫、下层检疫，以及货物卸到码头堆场后的堆场检疫。其中，表层检疫是木材运输船舶入境后的第一个木材检疫环节，其意义是第一时间对进口木材携带活体有害生物的情况进行检查，一旦发现疫情或其他违规情况，能够第一时间予以处置。根据我国木材检疫要求，表层检疫完成后，得到海关许可，木材才能开始卸货。如表层检疫发现疫情，则采取应急处置措施。如未发现重大疫情，则卸入码头堆存场地。散装木材中、下层检疫分别在木材卸至 1/3、2/3 时进行，由于进入船舱存在不便及安全隐患，中、下层检疫也可以通过中、下层木材"边卸边检"的方式进行，在相应位置的木材卸至场地后的第一时间实施检疫。在木材全部卸毕并运至堆存场地后，需要再对全部堆垛的木材实施一次检疫，也就是木材场地检疫。散装木材风险相对较高，如存在疫情，则扩散风险相对较高，因此检疫程序相对复杂，而集装箱木材无此程序，入境后按照集装箱货物管理方法，直接运至集装箱木材指定堆存场地，开箱查验比例每批不低于总箱量的 30%，检查根数不得低于总根数的 10%。在木材检疫过程中，如发现疫情且符合相关检疫处理指征，即"发现活体检疫性有害生物"或是"其他具有检疫风险的活体有害生物，且可能造成扩散的"，则予以检疫处理，由海关检疫人员对检疫处理过程进行监管，确保检疫处理效果达到要求。

在木材入境阶段的检疫工作完成以后，还需要对口岸的木材堆存场地及周边重要木材加工区进行林木害虫疫情监测。在进境口岸实施林木害虫监测，目的是实时掌握木材口岸活体害虫的存活情况，因为受客观条件限制，无论是木材检疫查验还是检疫处理，都不能 100% 地防除可能存在的活体林木有害生物。林木害虫疫情监测也被广泛认为是进境木材检疫防控的最后一道防线。

二、中国进境木材检疫法律法规概述

进口木材检疫法律法规是防止外来林木有害生物传入，保护我国森林、生态环境、经济生产和旅游资源安全的根本保障。我国进口木材检疫法律法规随着经济社会的发展而不断完善。在进境木材检疫依据的法律法规体系中，《中华人民共和国生物安全法》《中华人民共和国进出境动植物检疫法》及其实施条例是基石。此外，我国发布的木材检疫相关公告，与部分木材输出国家（地区）检验检疫部门签订的协议（含双边协定、议定书、备忘录等），有关木材检疫的国家标准、行业标准等，都是开展木材检疫工作的重要依据。多年来，结合进境木材携带林木有害生物的风险特点，我国已形成系统完善、科学有效的进境木材检疫配套规章文件体系，全面规范了进境申报、单证审核、口岸检疫、检疫处理、签证放行等进境木材检疫工作的全过程。我国木材检疫的法律法规体系为我国木材大量进口情况下的疫情有效防控，起到了极为关键的作用，大大减少了外来有害生物传入可能造成的重大经济和生态损失，维护了国门生物安全。

（一）进境木材检疫行政规章及规范性文件

为了加强进境木材检疫监督管理工作，防止植物疫情传入，保护生物安全，2001 年，国家出入境检验检疫局、海关总署、林业局、农业部、对外经济贸易部发布 2001 年第 2 号公告（简称"2 号公告"）。此后发布的相关规章、制度均以 2 号公告为核心。

（二）进境木材检疫双边协定、备忘录、议定书

在《实施卫生与植物卫生措施协定》（SPS 协定）规则下，双方签订的植物检疫和植物保护双边协定、备忘录等，是国内法律法规的国际延伸，双方将根据这些协议和条款，在友好平等、互惠互利的基础上开展合作。如《中俄代表团就俄罗斯原木出口中国植物检疫会谈的谅解备忘录》，就基于我国东北和俄罗斯陆地接壤的实际，确定了俄罗斯原木输往中国的特定检疫要求，《关于美国阿拉斯加州原木输往中华人民共和国植物卫生要求的议定书》《关于加拿大不列颠哥伦比亚省原木输往中华人民共和国植物卫生要求的议定书》也分别就美国阿拉斯加州、加拿大不列颠哥伦比亚省原木输往中国的检疫要求进行了特别约定。

为了打击木材的非法采伐和贸易链条，我国采取了积极的措施进行遏制，与很多国家（地区）签署了打击非法采伐和贸易的合作协议。如2005年9月《中欧峰会联合宣言》，承诺共同合作打击亚洲地区的非法采伐问题；2005年11月《中俄联合公报》，决定进一步加强森林资源开发利用，加大对非法采伐木材和贸易的打击力度；2008年5月中国和美国签订《中华人民共和国政府和美利坚合众国政府关于打击非法采伐和相关贸易的谅解备忘录》。中国不仅对本国木材采伐有严格的法律规定和执法体系，而且对进口木材和林产品也有严格的监管程序，由商务部、海关总署、国家林业局等部门共同对林产品进口实施监管、打击不法行为。2008年国家林业局出版《中国企业境外可持续森林培育指南》，这是世界上第一个专门针对本国企业境外从事森林培育活动的管理和技术规范。

（三）进境木材检疫标准

进境木材检疫的主要目的是防范有害生物传入国境，保护农林业生产安全、人类健康和生态安全。《中华人民共和国进出境动植物检疫法实施条例》第二十六条明确规定，进境木材按照中国的国家标准、行业标准以及国家动植物检疫局的有关规定实施检疫。随着中国加入一系列国际组织，承担相关的履约责任，对应的国际标准也成了进境木材检疫的准则之一。

1. 木材检疫相关国际标准

《国际植物保护公约》针对木材特别是原木携带疫情风险制定了专门的标准，包括第28号国际植物检疫措施标准（ISPM28）和第39号国际植物检疫措施标准（ISPM39）。其中ISPM28限定有害生物植物检疫处理是系列标准，与木材检疫相关的是其中第22和23节（PT 22，PT 23）。

第28号国际植物检疫措施标准《限定有害生物植物检疫处理第22节（PT 22）：针对昆虫的去皮木材硫酰氟熏蒸》于2017年通过、2018年出台。此标准主要描述了使用硫酰氟对去皮木材进行熏蒸，以减少昆虫类有害生物的传入和扩散风险，包括随木材传播发育阶段的光肩星天牛［*Anoplophora labripennis*（Motschulsky，1853）］、家具窃蠹［*Anobium punctatum*（De Geer，1774）］和暗梗天牛［*Arhopalus tristis*（Fabricius，1787）（鞘翅目，天牛科）］。处理的木材必须去皮，且满足横截面最小尺寸不超过20cm、含水率为75%（干基）的条件。

第 28 号国际植物检疫措施标准《限定有害生物植物检疫处理第 23 节（PT 23）：针对线虫和昆虫的去皮木材硫酰氟熏蒸》于 2017 年通过、2018 年出台。此标准主要描述了使用硫酰氟对去皮木材进行熏蒸，以减少松材线虫和昆虫类有害生物的传入和扩散风险，包括松材线虫以及随木材传播的发育阶段的光肩星天牛、家具窃蠹和暗梗天牛。处理的木材必须去皮且满足横截面最小尺寸不超过 20cm 且含水率为 75%（干基）的条件。

第 39 号国际植物检疫措施标准《木材国际运输》（ISPM39）于 2017 年通过、2018 年出台，规定了为确保国际运输并用于特定的原定用途的木材不会由于生长期间受侵染而携带有害生物（包括在树皮上产卵的昆虫、树皮甲虫、树蜂、蛀木害虫、木栖线虫，以及具有可随木材运输的传播阶段的某些真菌等）进而侵染目的地国家（地区）的树木而酌情采用的植物检疫措施（包括去皮、处理、削片和检验），并提供了被证实有效的处理方法，包括烟熏、化学加压浸透、热处理、窑内烘干、空气干燥、辐射、气调处理等。

2. 进境木材检疫国家标准

进境木材检疫相关的国家标准主要包含有害生物鉴定方法类，如GB/T 29588—2013《松针褐斑病菌检疫鉴定方法》、GB/T 33034—2016《八点楔天牛检疫鉴定方法》等；规程类，如 GB/T 26420—2010《林业检疫性害虫除害处理技术规程》；检疫处理类，如 GB/T 23477—2009《松材线虫病疫木处理技术规范》、GB/T 28838—2012《木质包装热处理作业规范》、GB/T 31752—2015《溴甲烷检疫熏蒸库技术规范》、GB/T 36827—2018《进境木材检疫处理区建设规范》、GB/T 36826—2018《熏蒸剂溴甲烷循环再利用检疫技术要求》等。

3. 进境木材检疫行业标准

进境木材检疫的行业标准按照内容可分为检疫规程类，如《进出境木材检疫规程》（SN/T 1126—2002）；有害生物鉴定方法类，如《辐射松幽天牛检疫鉴定方法》（SN/T 2637—2010）；检疫处理类，如《集装箱熏蒸规程》（SN/T 1124—2002）、《进境原木火车熏蒸操作规程》（SN/T 1484—2004）、《进境原木船舶熏蒸操作规程》（SN/T 2771—2011）。这些标准作为技术执法的主要依据，为口岸执法起到了技术支撑作用。

三、进境木材的一般性检疫管控要求

对于进境木材检疫工作，海关总署在风险分析的基础上采取相应的管控措施，包括风险分级、检疫准入、注册登记、设定木材检疫海关监管作业场所（简称"监管作业场所"）和进境原木指定监管场地（简称"指定监管场地"）、风险预警、境外预检等。

（一）进境木材风险分级

海关总署根据进境木材有害生物截获情况，进境木材的来源、树种、加工程度，产地病虫害发生情况，运输方式以及境外检疫处理方式等情况，组织开展进境木材风险分析。根据风险分析结果，对进境木材的准入条件、布控比例、查验方式等实施动态调整。当前，针对原木检疫仍实施100%批次查验，因此该项风险动态防控措施主要针对板材检疫。

（二）进境木材检疫准入

海关总署对高风险的进境木材实施检疫准入管理。当前实施检疫准入管理的境外原木，有美国南卡罗来纳州和弗吉尼亚州针叶原木，以及白蜡树枯梢病疫区的易感种类木材。而之所以实施准入，是因为两种高风险的毁灭性检疫性病害，即松材线虫病、白蜡树枯梢病。此外，部分禁止准入的国家（地区）木材，请关注海关总署公告动态更新（如2020年暂停澳大利亚原木进口，2022年暂停立陶宛原木进口）。

1. 松材线虫疫区木材的检疫准入

2008年9月3日，《关于加强进境木材检验检疫监管工作的意见》规定，来自松材线虫疫区（美国、加拿大、墨西哥、葡萄牙、日本、韩国）的针叶木材，进境后进行有效的热处理方可调运、销售、使用，以防松材线虫的传播。对进口量大的国家（地区），要逐步开展境外预检、疫情调查等工作，降低有害生物传入的风险，提高进境木材的检疫质量。

2011年4月2日，根据《关于暂停进口美国南卡罗来纳州和弗吉尼亚州原木的警示通报》，因截获松材线虫，全面禁止2011年4月2日之后起运的美国南卡罗来纳州和弗吉尼亚州两州原木进境。

2012年6月14日，根据《关于同意美国南卡罗来纳州和弗吉尼亚州原木试进口的函》，经风险分析，同意2012年6月1日起至12月1日，试进口 6 个月美国南卡罗来纳州和弗吉尼亚州起运的所有原木；试进口期间，仅允许从上海外高桥、洋山和江苏太仓这 3 个口岸申报入境美国上述两州的所有原木；软木类原木无论是否带树皮，均须在出口前进行熏蒸处理，并在动植物卫生检疫局出具的植物检疫证书附加信息中注明实施熏蒸处理的企业名称，在植物检疫证书附加声明中注明 "The shipment has been tested and found free of *Bursaphelenchus xylophilus*"（该批木材经检测不带松材线虫）；对于带树皮的硬木类原木，须在出口前进行熏蒸处理，并在植物检疫证书附加信息中注明实施熏蒸处理的企业名称。

2013 年 9 月 9 日，根据《关于恢复进口美国弗吉尼亚州和南卡罗来纳州阔叶树原木的函》，接受 2013 年 9 月 15 日后从美国起运的上述两州阔叶树原木的报检，且取消对进口美国上述两州阔叶树原木入境口岸的限制；来自两州带树皮的阔叶树原木，须在出口前进行溴甲烷熏蒸处理，并在植物检疫证书上注明实施熏蒸处理的企业名称，但仍然禁止针叶树原木进境。

2021 年 12 月，经风险评估，海关总署发布第 110 号公告《关于进口松材线虫发生国家松木植物检疫要求的公告》，提出对进口松材线虫发生国家（地区）松木的植物检疫要求。管控对象为来自加拿大、日本、韩国、墨西哥、葡萄牙、西班牙、美国的松木（学名为 *Pinus* spp.，英文名为 pine wood），包括原木和锯材。原木出口前，输出国（地区）植物检疫主管部门应对每批输华原木取样并进行松材线虫实验室检测。如检出松材线虫，该批原木不得向中国出口。未检出松材线虫的，应在出口前对每批原木使用溴甲烷、硫酰氟实施熏蒸处理，确保杀死天牛等林木有害生物。锯材出口前，输出国（地区）植物检疫主管部门应对每批出口的锯材实施热处理，以杀死松材线虫、天牛等林木有害生物。未实施热处理的，取样进行松材线虫实验室检测和熏蒸处理。对检疫合格的原木或锯材，输出国（地区）植物检疫主管部门出具植物检疫证书，注明熏蒸剂种类、持续时间、环境温度和剂量，并在附加声明中标注 "This consignment of pine wood has been sampled and tested in laboratory, and *Bursaphelenchus xylophilus* was not detected"（该批松木已取样进行实验室检测，未检出松材线虫）。实施热处理的锯材，植物检疫证书上应注明热处理的锯材中心温度和持续时间。上述木材需从指定的口岸入境，中国海关将对其符合性进行检查，如检出松材线虫或天牛等活的林木有害生物，将对该批松木作退回或销毁处理。海关总署将及时向输出国（地区）植物检疫主管部门进行通报，并视情况暂停相关企业、产区的松木进口。指定入境口岸包括江苏省：连云港（赣榆港、燕尾港、新东方码头）、南京（龙潭码头、新生圩港）；浙江省：宁波北仑港、舟山港、温州港、台州港；福建省：福州港（马尾、江阴）；山东省：黄岛港、日照港、日照岚山港、董家口港；广东省：佛山南海三山港、肇庆新港、黄埔港、东莞港、珠海湾仔港、汕头广澳港。

2. 白蜡树枯梢病疫区木材的检疫准入

2013 年 3 月 6 日，根据《关于将白蜡鞘孢菌列入中华人民共和国进境植物检疫性有害生物名录的公告》（农业部、国家质检总局公告 2013 年第 1902 号），决定暂停从白蜡树枯梢病疫情发生国家（地区）引入种子和苗木，加强对白蜡原木和板材的进境检疫。

2013 年 11 月 19 日，根据《关于防止白蜡树枯梢病传入我国的公告》（国家质检总局、国家林业局联合公告 2013 年第 156 号），决定禁止从白蜡树枯梢病发生国家（地区）进口白蜡属原木和锯材。

2015 年 1 月 27 日，根据《关于加强进口欧洲木材检疫监管的通知》（质检动函〔2015〕20 号），进一步加强了对白蜡树枯梢病菌的管控力度，规定对来自欧洲未被列为暂停进口国家（地区）的木材，特别是白蜡属木材，严格核查产地证、植物检疫证书、贸易合同等相关文件，必要时通过动植物检疫司对外核查证书真伪。相关部门应加强现场检疫，取样送检期间货物不得放行。

2015 年 7 月 23 日，《关于明确经加工来自白蜡木枯梢病疫区白蜡木属板材及木制品进口检疫要求的函》要求，根据风险评估，经过高温长时间处理的板材及木制品携带活性白蜡枯梢病菌的风险较低，允许进口来自白蜡树枯梢病疫区经过长时间高温加工处理的白蜡属板材和木制品。加工指标为：板材或木制品去皮，厚度不超过30mm，66℃以上持续处理24h，处理后含水率低于20%。相关产品须附输出国（地区）植物检疫证书，在证书中注明热处理的时间和温度。非疫区的板材须附原产地证书，所有相关货物在口岸查验，并对疑似症状取样送实验室鉴定，在结果出来前，货物不得放行。如检出该病菌，货物作退运或销毁处理。

白蜡树枯梢病菌发生国家（地区）有波兰、立陶宛、拉脱维亚、瑞典、捷克、德国、丹麦、爱沙尼亚、白俄罗斯、斯洛伐克、罗马尼亚、奥地利、挪威、俄罗斯、斯洛文尼亚、瑞士、芬兰、法国、匈牙利、意大利、克罗地亚、比利时、荷兰、英国、爱尔兰、乌克兰等。

(三) 进境原木指定监管场地

根据进境木材的加工程度、是否带有树皮、是否实施境外检疫处理等因素，海关总署确定木材从具备相应监管作业场所或指定监管场地的口岸入境，指定监管场地名单由海关总署公布。

未实施境外检疫处理的带皮原木禁止入境。对和我国签订有双边协定的国家或地区的在国外未经过检疫处理的原木，须在进境原木海关指定监管 A 类场地完成进境检疫。如境外未实施除害处理的俄罗斯原木、美国阿拉斯加原木和加拿大不列颠哥伦比亚省的部分原木必须从 A 类指定监管场地（原指定口岸）进境，并实施检疫除害处理。对已实施境外检疫处理并随附植物检疫证书的进境原木可在进境原木海关指定监管 B 类场地完成进境检疫。A 类指定监管场地可开展 B 类场地的业务。海关总署在其官网公布场地名单并动态调整。根据 2022 年 12 月 30 日，中国海关总署网站公布的《进境原木指定监管场地名单》涉及进境原木指定监管场地名单（A类）的除害处理区有 6 个隶属关 7 个场地，检疫加工区有 8 个口岸 11 个场地；涉及进境原木指定监管场地名单（B类）的有 46 个隶属关 82 个场地。

表 2-1 进境原木指定监管场地（A 类）一览表

序号	直属海关	主管海关（隶属关）	功能区	指定监管场地名称	来源国（地区）	备注
1	石家庄海关	曹妃甸海关	除害处理区	唐山曹妃甸文丰码头有限公司件杂货码头水路运输类海关监管作业场所	美国、加拿大、俄罗斯	美国阿拉斯加州、加拿大不列颠哥伦比亚省、俄罗斯原木
2	大连海关	大连长兴岛海关	除害处理区	辽宁长兴岛进境原木指定监管场地	美国、加拿大、俄罗斯	美国阿拉斯加州、加拿大不列颠哥伦比亚省、俄罗斯原木

表2-1 续1

序号	直属海关	主管海关（隶属关）	功能区	指定监管场地名称	来源国（地区）	备注
3	南京海关	太仓海关	除害处理区	太仓港太仓国际码头进境原木指定监管场地	美国、加拿大、俄罗斯	美国阿拉斯加州、加拿大不列颠哥伦比亚省、俄罗斯原木
4	南京海关	大丰海关	除害处理区	大丰港通用码头进境原木指定监管场地	美国、加拿大、俄罗斯	美国阿拉斯加州、加拿大不列颠哥伦比亚省、俄罗斯原木
5	福州海关	莆田海关	除害处理区	福建省莆田港口岸秀屿港区进境原木指定监管场地	美国、加拿大、俄罗斯	美国阿拉斯加州、加拿大不列颠哥伦比亚省、俄罗斯原木
6	青岛海关	日照海关	除害处理区	山东岚山进境原木检疫处理区	美国、加拿大、俄罗斯	美国阿拉斯加州、加拿大不列颠哥伦比亚省、俄罗斯原木
7	青岛海关	日照海关	除害处理区	山东日照岚桥港进境原木检疫处理区	美国、加拿大、俄罗斯	美国阿拉斯加州、加拿大不列颠哥伦比亚省、俄罗斯原木
8	呼和浩特海关	二连海关	检疫加工区	恒利达货场（828830宽轨线）	俄罗斯	俄罗斯原木
9	满洲里海关	满洲里车站海关	检疫加工区	中国铁路哈尔滨局集团有限公司满洲里站进境原木指定监管场地（第二机械换装货场）	俄罗斯	俄罗斯原木

表2-1 续2

序号	直属海关	主管海关 （隶属关）	功能区	指定监管场地名称	来源国 （地区）	备注
10	满洲里海关	满洲里车站海关	检疫加工区	中国铁路哈尔滨局集团有限公司满洲里站进境原木指定监管场地（第三机械换装货场）	俄罗斯	俄罗斯原木
11	满洲里海关	满洲里车站海关	检疫加工区	满洲里四方运输有限责任公司进境原木指定监管场地	俄罗斯	俄罗斯原木
12	满洲里海关	满洲里车站海关	检疫加工区	满洲里铁福经济发展有限责任公司进境原木指定监管场地	俄罗斯	俄罗斯原木
13	哈尔滨海关	抚远海关	检疫加工区	抚远口岸进境原木指定监管场地	俄罗斯	俄罗斯原木
14	哈尔滨海关	饶河海关	检疫加工区	饶河口岸进境原木指定监管场地	俄罗斯	俄罗斯原木
15	哈尔滨海关	绥芬河海关	检疫加工区	绥芬河口岸进境原木指定监管场地	俄罗斯	俄罗斯原木
16	哈尔滨海关	同江海关	检疫加工区	同江口岸进境原木指定监管场地	俄罗斯	俄罗斯原木
17	哈尔滨海关	萝北海关	检疫加工区	萝北口岸进境原木指定监管场地	俄罗斯	俄罗斯原木
18	乌鲁木齐海关	阿拉山口海关	检疫加工区	阿拉山口口岸进境原木指定监管场地	俄罗斯	俄罗斯原木

　　《海关监管作业场所（场地）设置规范》（2019年第68号）中《附件2 海关监管作业场所（场地）查验作业区设置规范》要求，进境木材（主要包括已经境外检疫处理的原木、板材等）查验区应当设立在口岸监管区范围内。除查验场地、设施要求外，还要求配套与木材进口量相适应的熏

蒸处理、热处理或者其他检疫处理方式的设施设备。

《海关监管作业场所（场地）设置规范》（2019 年第 68 号）中《附件 3 海关监管作业场所（场地）检疫处理区设置规范》要求，进境木材检疫处理分为进境原木检疫处理区和进境原木检疫加工区两类。其中进境原木检疫处理区主要指标来源于《关于印发〈海运进口木材检疫处理区要求（试行）〉的函》，并参照《进境木材检疫处理区建设规范》（GB/T 36827—2018）制定。进境原木检疫加工区的主要指标参照《进境木材检疫处理区建设规范》（GB/T 36827—2018）制定。

海关总署公告 2021 年第 4 号，在 2019 年第 68 号公告的基础上对《海关监管作业场所（场地）设置规范》进行了修订，进一步完善了相关要求。

根据《海关总署关于〈执行海关指定监管场地管理规范〉有关问题的通知》（2021 年第 115 号），进境原木指定监管场地分为 A 类和 B 类，其中 A 类可以开展来自俄罗斯、美国阿拉斯加州、加拿大不列颠哥伦比亚省未经检疫处理的原木检疫业务；B 类场地仅可开展在境外已经去皮或已检疫处理的原木检疫业务，进一步规范了不同类别进境木材指定监管场地的功能属性。

1. 河北曹妃甸

曹妃甸进境原木指定监管场地位于曹妃甸工业区文丰码头，2012 年开工建设，2015 年 8 月通过验收并投入运营。指定监管场地由木材接卸区、木材待检区、核心处理区、检疫合格堆场等区域组成。核心处理区主要用于进口木材熏蒸处理，由 3 组共 22 个木材熏蒸单体库和 2 个树皮专用熏蒸库组成。每组木材熏蒸库设置设备间和控制室。设备间配置投药系统、循环系统和回收吸附系统，控制室配有自动、手动操作两套系统，互为补充，自动操作系统可以通过网络实现远程控制。单体库采用钢筋混凝土框架结构，钢筋混凝土厚度不低于 200 mm，墙体及屋顶涂刷环氧树脂漆，对穿墙管洞等潜在渗漏点进行封堵处理；大门采用双层 PC 板结构门，大门四周采用压力自动检测充气密封胶条进行密封；定制专用楔形橡胶塞，安装在原木进出库轨道和大门门槛的空当处，减少轨道和大门结合部位空隙处溴甲烷的渗漏。熏蒸库内，在库门侧顶部设置投药口，在其空间对角位置设置排放口，两口处分别设置一组浓度、温度检测点，能够实时、准确监测数据，同时配有循环风扇，保证熏蒸剂均匀分布；配备采暖设备，满足冬季低温情况下的作业要求；设置两条轨道连通熏蒸库内外，供装载木材轨道车出入。库顶设置倒库循环口，使同组库的单体库彼此联通，可以实现任意两库间倒药。熏蒸库与其他系统水、电、气路等相连接部分均采用金属法兰连接，并以将金属法兰埋入混凝土内的形式密封。处理区配备2个树皮专用熏蒸处理库。单个树皮专用熏蒸处理库容积 600 m³，树皮装载率达 85% 以上；2 个树皮专用熏蒸处理库可完成一艘进口原木船舶产生的树皮熏蒸处理量要求。树皮专用熏蒸处理库采用移动式双层 PC 板作为库顶和库门，采用压力自动检测充气密封胶条进行密封（图 2-1）。

图 2-1　曹妃甸进境原木指定监管场地（A 类）

符合检疫处理指征的进境木材在履行完相关手续后，在码头通过专用通道运送到核心处理区，并转卸到轨道车上，由装载机械将轨道车推入熏蒸库，关闭库门，对密封胶条充气，在轨道与门框交叉处放置密封胶块密闭库门后投药熏蒸；熏蒸结束后，对库内熏蒸剂做倒库、回收操作后，开启库门，利用装载机械将轨道车拖出熏蒸库，关闭库门，待木材携带溴甲烷散至安全浓度以内，转卸至专用运输车，运到检疫合格堆场。处理区单库熏蒸木材量在 300m³ 左右，作业周期 19~27h（环境温度 15℃以上时熏蒸 16h，不足 15℃时熏蒸 24h），整个处理区年可处理进境木材 200 万 m³。

2. 长兴岛

大连长兴岛进境原木指定监管场地位于长兴岛经济技术开发区南岸港址，依托长兴岛公共港区 0# 通用泊位。2013 年 9 月开工建设，2014 年 11 月通过验收并投入运营。年处理原木能力为 220 万 m³，原木熏蒸仓 3 组，共计 24 个熏蒸仓。分两期建设，其中一期已建成 8 座，年处理原木能力为 70 万 m³。每组熏蒸仓设置一套投药、循环、加热、回收、活性炭纤维吸附及解析、溴甲烷尾气排放系统。指定监管场地设置进口木材检疫除害专用泊位——0#泊位，且紧邻处理区布置，以加强检疫管理。木材装卸选用曲臂吊进行装卸，熏蒸操作效率高，熏蒸仓维护、清理方便。熏蒸仓盖选用顶升侧移式控制盖板，盖板与仓盖间密封选用迷宫密封方案，利用仓盖自压和氟橡胶变形方式保证仓盖的密封。

符合检疫处理指征的进境木材在履行完相关手续后，在码头专用利用装载机、平板车送至核心处理区熏蒸仓处，经曲臂吊装入熏蒸仓内。装卸完成后，关闭熏蒸仓密封盖，并关闭熏蒸仓出入口阀门。开始投药、循环、加热（依据仓内温度是否满足5℃）、倒仓、回收、排空等流程。环境温度在5℃~15℃时，溴甲烷的剂量起始浓度达到120g/m³，密闭时间至少16h。环境温度在15℃以上时，溴甲烷的剂量起始浓度达到80g/m³，密闭时间至少16h。熏蒸处理完成后，打开熏蒸仓密封盖，利用曲臂吊将木材取出并经平板车送至处理后原木堆场。

3. 山东岚山

山东岚山口岸进境原木指定监管场地位于山东省日照市岚山区，共建有36个熏蒸库，设计年熏蒸能力为170万m³。指定监管场地包括两个作业区，分别位于日照港股份有限公司岚山港港区和日照岚桥港务有限公司港区。

指定监管场地熏蒸库设计方案采用涡轮蜗杆升降硬顶技术。该设计方案具有装卸方便，密封、保温性好的优点，检疫处理高效、环保、快速、经济、安全。一是国内首创涡轮蜗杆升降硬顶式熏蒸库，采用涡轮蜗杆传动轴同步升降技术，钢结构式顶棚及门落下时依靠自重压实密封条，实现对熏蒸库的密闭处理，顶棚底部设置保温层及密封板，使熏蒸库具有良好的保温效果和气密性。二是处理效率高，熏蒸库顶、门完全升起后距离地面7.5m，极大方便了木材装载作业，装载效率高、容积率大。三是控制方式自动化、智能化，涵盖涡轮蜗杆自动升降系统、自动投药汽化系统、气体环流平衡置换系统、置换回收再利用系统、熏蒸气体浓度检测系统、中央集成控制系统、视频监控及信息显示八大自动化系统，减轻了人员劳动强度，同时大大提高了作业安全。各子控制系统为网络化架构，可以实现远程升级、远程故障诊断、异常信息报警、数据汇总上报等功能，实现了熏蒸处理数字化管理。

（四）进境木材风险预警

根据进境木材检疫结果以及国内外疫情动态，海关总署对进境木材实施风险预警。木材输出国（地区）发生重大植物疫情或截获重要有害生物，海关总署依照相关规定，启动应急处置预案，并在海关系统内发布警示通报。《违规和紧急行动通知准则》（ISPM 13）和《出入境检验检疫风险预警及快速反应管理规定》（原国家质检总局令第 1 号，海关总署令 2018 年第 238 号修订）规定，根据确定的风险类型和程度，海关总署可对出入境的货物、物品采取风险预警措施。包括向各地海关发布风险警示通报，海关对特定出入境货物、物品有针对性地加强检验检疫和监测；向国内外生产厂商或相关部门发布风险警示通告，提醒其及时采取适当的措施，主动消除或降低出入境货物、物品的风险；向消费者发布风险警示通告，提醒消费者注意某种出入境货物、物品的风险。

截获活体检疫性有害生物的，海关总署向输出国家（地区）植物检疫机构发布违规通报。例如，2020 年 6 月从加拿大进境的原木当中截获天牛、小蠹等活体检疫性林木害虫，在按照中国相关检疫法律法规进行除害处理的同时，海关总署根据国际规则向加拿大通报截获情况，希望加方调查原因，采取有效改进措施。

对于多次截获活体检疫性有害生物的，可暂停输出国家（地区）的木材进口，经整改措施评估有效后，方可恢复其木材进口。例如，2020 年 10 月起，因多次截获检疫性有害生物，海关总署发布警示通报，相继暂停澳大利亚昆士兰州、维多利亚州、塔斯马尼亚州、南澳大利亚州、新南威尔士州、西澳大利亚州原木输华。

近年来我国发布的进境木材检疫警示通报如表 2-2 所示：

表 2-2　2010 年以来我国发布进境木材检疫警示通报统计表

序号	标题	日期	国家 （地区）	主要措施	状态
1	关于美国南方松原木中截获松材线虫的警示通报	2010. 12. 9	美国	对进口美国特别是来自原产地为南卡罗来纳州（SC）、北卡罗来纳州（NC）和弗吉尼亚州（VA）的针叶类原木重点检查松材线虫	到期
2	关于暂停进口美国南卡罗来纳州和弗吉尼亚州原木的警示通报	2011. 4. 2	美国	暂停受理 2011 年 4 月 2 日起从美国南卡罗来纳州和弗吉尼亚州起运原木的报检	解除
3	关于加强对进口比利时原木随附植物检疫证书核查的警示通报	2012. 6. 13	比利时等欧盟国家	加强对进口比利时等欧盟国家，特别是对发货人为 I. T. S SA 公司的原木随附植物检疫证书的核查	解除
4	关于同意美国弗吉尼亚州和南卡罗来纳州原木试进口的函	2012. 6. 14	美国弗吉尼亚州和南卡罗来纳州	对来自美国弗吉尼亚州和南卡罗来纳州的原木，仅允许自 2012 年 6 月 1 日至 12 月 1 日期间到达，从上海外高桥、洋山口岸、江苏太仓口岸入境	到期
5	关于加强进口阿根廷原木检验检疫的警示通报	2012. 12. 28	阿根廷	加强对进口北美、非洲国家（地区）锯材的检验检疫	到期
6	关于从进口美国、德国、智利等国原木中截获检疫性有害生物的警示通报	2014. 5. 13	美国、德国和智利	加强对进口上述国家（地区）原木的检验检疫	到期

表2-2 续1

序号	标题	日期	国家（地区）	主要措施	状态
7	关于在加拿大原木中截获斜斑克氏天牛、在进口卢森堡原木中截获苹果壳色单隔孢溃疡病菌的警示通报	2014.9.26	加拿大、卢森堡	加大对来自加拿大、卢森堡木材的检疫力度	到期
8	关于加强对进口美国木材检疫查验的警示通报	2015.3.4	美国加州	加强对美国输华木材的检验检疫	到期
9	关于加强对美国弗吉尼亚州桧木检验检疫工作的警示通报	2015.6.29	美国	加大对进境美国弗吉尼亚桧、落羽杉木材以及引种的弗吉尼亚桧、落羽杉苗木检验检疫力度	到期
10	关于进口圭亚那和美国原木传带检疫性有害生物的警示通报	2015.7.1	圭亚那、美国	加强对进口北美和南美国家（地区）阔叶木的检验检疫	到期
11	关于加强进口欧洲和南美洲原木检疫监管的警示通报	2015.12.31	罗马尼亚、德国、俄罗斯、圭亚那	加强对进口欧洲和南美洲原木的检验检疫	到期
12	关于加强进口大洋洲、美洲原木和板材检疫监管的警示通报	2015.12.31	澳大利亚、加拿大、美国、巴西	加强对进口大洋洲、美洲原木和板材的检验检疫	到期
13	关于加强对进口美国原木检验检疫工作的警示通报	2016.12.7	美国	加大对进境美国原木的检验检疫	到期

表2-2　续2

序号	标题	日期	国家（地区）	主要措施	状态
14	关于加强进境木材检疫监管的警示通报	2016.11.21	美国、法国、比利时、加拿大、厄瓜多尔、加纳、莫桑比克、尼日利亚	加强进境木材的检验检疫	到期
15	关于加强对塞尔维亚原木检疫监管的警示通报	2017.11.28	塞尔维亚	高度重视塞尔维亚输华原木的检验检疫	到期
16	关于加强对进口美国苹果和原木检验检疫的警示通报	2018.5.7	美国	加强对进口美国苹果、原木的现场查验	有效
17	关于加强进口澳大利亚原木大麦检疫的警示通报	2020.10.31	澳大利亚	暂停受理2020年10月31日（含）后起运的澳大利亚昆士兰州原木报关	有效
18	关于进一步加强进口澳大利亚原木检疫的警示通报	2020.11.11	澳大利亚	暂停受理2020年11月11日（含）后起运的澳大利亚维多利亚州原木报关	有效
19	关于暂停进口澳大利亚塔斯马尼亚州、南澳大利亚州原木的通知	2020.12.3	澳大利亚	暂停受理2020年12月3日（含）后起运的澳大利亚塔斯马尼亚州、南澳大利亚州原木报关	有效
20	关于暂停进口澳大利亚新南威尔士州和西澳大利亚州原木的通知	2020.12.22	澳大利亚	海关暂停受理2020年12月22日（含）后起运的澳大利亚新南威尔士州、西澳大利亚州原木报关	有效
21	关于暂停进口立陶宛原木的通知	2022.2.25	立陶宛	2022年2月26日起暂停受理立陶宛原木报关	有效

（五）进境木材境外预检

海关总署商输出国家（地区）植物检疫机构同意，可以派员对进境木材实施预检、监装或者产地疫情调查。例如，对冬季进境俄罗斯原木开展境外预检，对进境加拿大不列颠哥伦比亚省原木开展产地疫情调查等。

（六）进境木材检疫处理

通常，木材检疫处理方法包括化学处理和物理处理两大类。化学处理可分为熏蒸处理和非熏蒸化学药剂处理，熏蒸剂主要为溴甲烷和硫酰氟，非熏蒸化学药剂主要包括各类杀虫剂、杀菌剂等；物理处理包括冷处理、热处理、真空处理、加压处理、气调处理、辐照处理、浸泡处理等。进境木材检疫工作中，实施检疫处理的指征为"发现活体检疫性有害生物或是其他具有检疫风险的活体有害生物，且可能造成扩散的"，采用较多的处理方法为溴甲烷熏蒸处理，因为在检疫中发现活体昆虫的情况相对较多，如检疫人员在木材检疫过程中发现松材线虫或是其他检疫性真菌病害，一般采用热处理的检疫处理方式，对于原木还需要先锯成板材，后实施热处理，以保障木心温度达到技术要求。此外，对"来自俄罗斯、美国阿拉斯加州、加拿大不列颠哥伦比亚省的未经检疫处理的带皮原木"需要实施检疫处理，且只能在具有 A 类监管场地资质的口岸进境并实施熏蒸处理。

四、进境未处理原木的特殊检疫要求

多数情况下我国的进口原木都在境外实施过检疫处理，但有 3 个来源地的带皮原木可以在我国 A 类原木指定监管场地进行熏蒸处理，这 3 个来源地就是俄罗斯、加拿大不列颠哥伦比亚省、美国阿拉斯加。我国通过相关双边备忘录、双边协定或议定书，对该类原木的进口及检疫工作进行了规范。

（一）进境俄罗斯原木的特殊检疫要求

1.《2 号公告》过渡期的特殊检疫要求

《2 号公告》颁布后，考虑到俄罗斯与我国陆地接壤，且冬季由于气温问题无法熏蒸处理，经双方代表团协商，国家质量监督检验检疫总局于 2001 年 7 月 10 日发布了《关于印发〈中俄代表团就俄罗斯原木出口中国植物检疫会谈的谅解备忘录〉的通知》（国质检函〔2001〕221号），规定对俄罗斯执行2号公告给予一年的过渡期，在过渡期内，俄罗斯将进行必要的准备工作，以确保俄方原木符合中方检疫要求；在俄方境内进行过除害处理的原木，必须在植物检疫证书上注明除害处理的方法，使用的化学药剂名称、剂量及处理条件，无法进行除害处理的，在植物检疫证书上须注明未作处理；授权边境地区检验检疫机构就经过或未经过除害处理的带树皮原木的发运和接收等问题进行磋商，并作出决定；俄方采用的除害处理方法要确保杀灭有害生物的处理效果。

2. 《2号公告》过渡期后陆运（含江运）的特殊检疫要求

考虑到俄罗斯与我国陆地接壤，且冬季由于气温问题无法进行熏蒸处理，过渡期结束后，经俄方申请，2002年7月12日发布了《国家质检总局关于进口俄罗斯原木检验检疫有关问题的紧急通知》（国质检动函〔2002〕461号），要求自2002年8月1日起，凡以海运方式离开俄罗斯已作除害处理的带树皮原木，以及在航行途中或锚地进行了有效除害处理的，可以接受报检。即海运原木按照《2号公告》的要求执行，但2002年7月6日过渡期结束后，从边境口岸以陆运、江运方式输往中国的俄罗斯带树皮原木暂维持谅解备忘录中商定的做法。具体要求根据季节采用不同的特殊检疫措施。

（1）冬季进境原木检疫要求

每年10月至翌年4月实施境外预检，对进口木材企业实行登记备案制度，凭（企业）申请受理进口原木境外预检；根据企业的申请，安排业务人员赴境外执行预检任务。实施境外预检时，必须有发货人在场并予以协助。境外预检的重点：一是我国关注的林木检疫性有害生物；二是陈旧的、非本季节采伐的原木；三是原木带土情况。境外预检数量按该批货物总根数的1%~10%进行抽样检查。

未发现我国关注的林木检疫性有害生物，符合进境植物检疫要求的，签发《境外预检通知单》，准许输往我国。发现下列情况之一的不得签发《境外预检通知单》：发现我国关注的林木检疫性有害生物的；林木害虫为害严重的；陈旧的、非本季节采伐的；原木带土情况严重的；其他不符合检疫要求的原木。境外预检有效期为35d。

经境外预检的原木以入境口岸检验检疫结果为准。进境原木必须先检后卸，需在卸货前和卸货后各检查一次。现场检疫未发现检疫性有害生物的，予以放行。发现检疫性有害生物或不能出示《境外预检通知单》的，应在指定的木材加工区或木材检验检疫区进行初加工、深加工或进行除害处理。如需进入木材加工区或木材检验检疫区，企业应提交申请单。

（2）夏季进境原木的特殊检疫要求

每年4~10月进境的未经除害处理的带皮原木，根据货主或其代理人的申请，允许进入木材加工区或木材检验检疫区进行初加工、深加工或除害处理。火车运输进境的原木根据货主的申请，在现场工作人员的监管下，允许加工的原木运往木材加工区落地加工，需做除害处理的原木换装到中国车厢后运往木材检验检疫区进行熏蒸处理。汽车运输进境的原木受理报检后登车作表层检疫。允许加工的原木运往木材加工区落地加工，需做除害处理的原木运往木材检验检疫区进行熏蒸处理。船舶运输进境原木在入境口岸锚地实施检疫。随原运输船舶（包括驳船和自动驳，下同）到达指运地的原木，根据货主的申请，允许原木进入木材加工区或木材检验检疫区落地加工或进行检疫除害处理。不随原运输船舶到达指运地的原木，分驳前，须在原运输船舶上进行检疫除害处理。集装箱运输进境的原木根据货主的申请，允许原木进入木材加工区或木材检验检疫区落地加工或进行检疫除害处理。

（3）俄罗斯原木加工监管要求

木材加工区或木材检验检疫区须经海关总署批准。海关对进境原木的装卸、运输、储存场所，木材加工区和木材检验检疫区实施监督管理，并对上述场区进行疫情监测，发现疫情立即采取防疫措施。

（二）进境美国阿拉斯加原木的特殊检疫要求

针对美国阿拉斯加州本年度新砍伐的原木，出口前，应由动植物卫生检疫局（APHIS）实施检验检疫并采取适当的措施，以确保原木表面不带有中方关注的检疫性有害生物且不得带有土壤，基本不带枝叶。如发现中方关注的活的检疫性有害生物，则该批原木不得装运出口。APHIS对经检验检疫合格的原木出具植物卫生证书，并在附加声明中注明"The logs in this shipment will be fumigated for wood borers upon arrival in Putian port（or other port）of China"［该批原木将在到达中国莆田港（或其他允许口岸）后对钻蛀性害虫实施熏蒸处理。］

美国阿拉斯加州原木须从指定的口岸入境，包括福建莆田港（秀屿港区)、大连长兴岛港、河北唐山港曹妃甸港区、江苏太仓港、江苏大丰港、山东日照港岚山港区。口岸检疫核查是否附有植物卫生证书及附加声明。阿拉斯加州原木到达中国指定港后,海关对原木表面实施检验检疫。如果没有发现中方关注的活的检疫性有害生物,则允许该批原木在进口木材检疫除害处理区进行熏蒸处理。

发现植物检疫证书不符合规定的,不接受申报。在原木表面发现中方关注的活的检疫性有害生物,应立即对原木表面采取喷洒药剂杀虫等措施,防止其传播扩散。同时,应及时将有关情况报告海关总署,总署将向APHIS通报,APHIS对此进行调查并加强检疫,避免再次发生。发现原木带有枝叶、土壤,应及时采取除害处理,并向海关总署报告。如多次发现枝叶、土壤,海关总署通知 APHIS 并可暂停进口美国阿拉斯加州原木,直至美方采取有效的改进措施。

(三) 进境加拿大不列颠哥伦比亚省原木的特殊检疫要求

加拿大不列颠哥伦比亚省沿海林区的原木种类包括冷杉属 (*Abies* spp.)、云杉属 (*Picea* spp.)、铁杉 (*Tsuga* spp.)、花旗松 (*Pseudotsuga menziesii*)、柏属 (*Thuja* spp.)、杨属 (*Populus* spp.) 6 个属种,可全年输往中国。加拿大不列颠哥伦比亚省沿海林区其他种类的原木和不列颠哥伦比亚省内陆林区的所有原木,但不包括美洲花柏 (*Chamaecyparis lawsoniana*) 和短叶红豆杉 (*Taxus brevifolia*),限定在当年 10 月 1 日以后起运,至次年 4 月 30 日前到达入境口岸。输华原木须产自加拿大不列颠哥伦比亚省多年异担子菌 (*Heterobasidion annosum*) 病没有发生的地区。

加拿大食品检验署 (CFIA) 应在出口前实施检验检疫,针对附件所列的检疫性真菌病原体进行检查,发现检疫性真菌病原体的原木,不得出口。如发现原木表面带有中方关注并在装卸、运输过程中可能逃逸的活的检疫性害虫,应采取适当的防疫措施以确保安全。输华原木不得带土壤、枝叶。在 CFIA 的协助下,海关总署每年至少 2 次各派 2 名检疫官员随原木进口商赴加拿大不列颠哥伦比亚省对林木有害生物发生、原木装运和检验检疫等情况进行实地考察,符合议定书要求的原木,方可输往中国。CFIA 对经检验检疫合格的原木出具植物检疫证书,并在附加声明中注明 "The logs in this shipment will be fumigated upon arrival in Putian port, or Taicang port (or other approved ports) of China"(该批原木将在到达中国莆田港或者太仓港/其他批准港口后实施熏蒸处理）。对于加拿大不列颠哥伦比亚省沿海林区允许进口的 6 个属种原木，如在 5~9 月进境的，还需在植物检疫证书附加声明中注明"The logs in this shipment are harvested in the coastal areas of BC"（该批原木来自不列颠哥伦比亚省沿海林区）。如 CFIA 在实施出口检验检疫过程中，发现活的检疫性害虫，在证书附加声明中应注明活虫的名称。

进境加拿大不列颠哥伦比亚省原木的入境口岸有福建莆田港（秀屿港区）、大连长兴岛港、河北唐山港曹妃甸港区、江苏太仓港、江苏大丰港、山东日照港岚山港区（包括两个作业区）。入境检验检疫时应核查是否附有符合规定的植物检疫证书及附加声明，入境的原木种类及贸易时间是否符合规定。现场海关应按照相关规定和操作规程进行检验检疫，如进口的原木为针叶树种，还应检测是否携带松材线虫。如发现原木表面带有活的检疫性害虫，应立即采取适当的防疫措施，防止其扩散。

经检验检疫符合议定书要求的原木，应在海关监管下在进口木材检疫除害处理区及时进行熏蒸处理。如发现携带松材线虫的原木，还需在海关监管下针对松材线虫采取有效的检疫处理措施（如加工成板材后热处理）。

在规定的贸易时间段内发现不符合规定的原木种类的，不允许入境。发现植物检疫证书不符合规定的，不接受申报。如发现检疫性有害生物且无法在港口进行有效处理的，采取退运、转口或销毁措施。如发现不符合议定书要求的，现场海关应立即向海关总署报告。海关总署向 CFIA 通报，并可能采取暂停进口措施。CFIA 应对此进行调查，并向海关总署反馈调查结果，避免类似问题再次发生。

现场海关应按照海关总署批准的监管方案对原木实施入境后的检验检疫监管。如不列颠哥伦比亚省原木或林业上发现新的有害生物，或者中方关注的有害生物在不列颠哥伦比亚省大面积发生时，海关总署应组织专家进行风险评估。

五、中国进境木材检疫处理措施及技术指标要求

输往中国的木材须在输出国（地区）机构监管下采用下列方法实施检疫处理，且所采用的任何一种方法都应确保杀灭木材携带的有害生物。

（一）去除树皮

使用机械或人工方法去除木材携带的树皮，并达到以下指标：宽度低于3cm或宽度超过3cm，单块树皮的总表面积低于50cm²，可视为不带树皮。或单根原木带树皮表面积不超过5%，且整批原木带树皮表面积不超过2%的，可视为不带树皮。如对输往中国的原木实施去皮处理后，仍然发现中方关注的检疫性有害生物，则应选择下列检疫处理措施中的一种，实施有效处理；未经检疫处理的锯材需按原木要求实施去皮处理。

（二）熏蒸处理

对输往中国的原木实施检疫，未发现松材线虫的前提下，使用溴甲烷、硫酰氟、磷化氢等熏蒸剂，在规定浓度和时间下，在密闭空间内杀灭木材携带的其他有害生物。

1. 溴甲烷熏蒸处理

溴甲烷熏蒸处理如表2-3所示。

表2-3　溴甲烷熏蒸要求一览表

处理期间最低温度	溴甲烷剂量 g/m³	不同时间最低浓度 g/m³			
		处理2h	处理4h	处理12h	处理24h
5℃~10℃	72	54	48	42	36
11℃~15℃	64	48	42	36	32
16℃~20℃	56	42	36	32	28
21℃以上	48	36	32	28	24

注：以木材表面下5cm的测量温度和周围空气的温度中较低的数值计算溴甲烷的起始浓度，且整个处理过程中该温度不得低于10℃；溴甲烷熏蒸24h的最终浓度应当不低于起始浓度的50%。

2. 硫酰氟熏蒸处理

（1）针对昆虫的去皮木材硫酰氟熏蒸（表2-4）

表2-4　硫酰氟熏蒸要求一览表（昆虫）

处理期间最低温度	剂量 g/m³	不同时间最低检测浓度 g/m³				
		处理 0.5h	处理 2h	处理 4h	处理 12h	处理 24h
15℃或以上	183	188	176	163	131	93
20℃或以上	131	136	128	118	95	67
25℃或以上	88	94	83	78	62	44
30℃或以上	82	87	78	73	58	41

（2）对线虫和昆虫的去皮木材硫酰氟熏蒸（表2-5）

表2-5　硫酰氟熏蒸要求一览表（线虫、昆虫）

处理期间最低温度	剂量 g/m³	不同时间最低检测浓度 g/m³						
		处理 0.5h	处理 2h	处理 4h	处理 12h	处理 24h	处理 36h	处理 48h
20℃或以上	120	124	112	104	82	58	41	29
30℃或以上	82	87	78	73	58	41		

注：使用硫酰氟作为熏蒸剂时，应尽量去除树皮；以产品（包括木芯）和周围空气的测量温度中较低的数值计算硫酰氟的剂量，且在整个处理过程中该温度不得低于15℃。

3. 磷化氢

（1）熏蒸库或帐幕熏蒸（表2-6）

表2-6 磷化氢熏蒸库熏蒸或帐幕熏蒸要求一览表

温度	密闭时间 h	投药剂量 g/m³
10℃~15℃	72	7
16℃~21℃	72	5
21℃或以上	72	3

（2）随航熏蒸（表2-7）

表2-7 磷化氢随航熏蒸要求一览表

温度	密闭时间 d	最低浓度 ppm
10℃~15℃	15	200
16℃~21℃	12	200
21℃或以上	9	200

注：以木材表面下5cm的测量温度和周围空气的温度中较低的数值计算磷化氢的起始浓度，且整个处理过程中该温度不得低于5℃。

（三）热处理

采用蒸汽、热水、干燥等方式，对木材进行加热或烘干处理，处理时木材的中心温度至少要达到71.1℃并保持75min以上。

（四）其他检疫处理方法

中国认可的其他检疫处理方法或国际植物检疫措施标准列明的可用于木材检疫处理的方法和指标。

第二节
主要贸易国家（地区）木材、
木制品检疫要求

一、木材、木制品检疫相关国际国内规则

（一）《实施卫生与植物卫生措施的协定》

《实施卫生与植物卫生措施的协定》（SPS 协定）是 WTO 法律框架内管理一个国家（地区）在进口货物方面采用措施的程序性规则的多边贸易协定。SPS 协定有 14 条 42 款及 3 个附件。14 条包括：总则、基本权利和义务、协调一致、等同对待（等效）、风险评估和适当的动植物卫生检疫保护水平的确定、病虫害非疫区和低度流行区适用地区的条件、透明度、控制、检查和批准程序、技术援助、特殊和差别待遇、磋商与争端解决、管理、实施、最后条款。3 个附件分别是：定义、动植物卫生检疫法规的透明度法规的公布、控制检验和批准程序。

（二）《国际植物保护公约》

《国际植物保护公约》（International Plant Protection Convention，IPPC）是 1951 年通过的一个有关植物保护的多边国际协议，于 1952 年生效。1979 年和 1997 年，联合国粮食及农业组织分别对《国际植物保护公约》进行了 2 次修改，中国于 2005 年 10 月加入该公约，成为公约第 141 个缔约方。

《国际植物保护公约》的目的是确保全球农业安全，并采取有效措施防止有害生物随植物和植物产品传播和扩散，加强有害生物控制措施。由于认识到《国际植物保护公约》在植物卫生方面所起的重要作用，WTO/SPS 协定规定《国际植物保护公约》秘书处为影响贸易的植物卫生国际标准（《国际植物检疫措施标准》）的制定机构，并在植物卫生领域起着重

要的协调一致的作用。

(三)《国际植物检疫措施标准》

《国际植物检疫措施标准》由《国际植物保护公约》秘书处编纂，作为联合国粮食及农业组织全球植物检疫政策和技术援助计划的一部分。该计划为使植物检疫措施实现国际统一而向联合国粮食及农业组织成员和其他有关各方提供这些标准、准则及建议，以期促进贸易并避免采用诸如贸易壁垒等无理措施。《国际植物检疫措施标准》是世界贸易组织成员根据卫生和植物检疫措施应用协定采用植物检疫措施的基础标准、准则及建议。鼓励《国际植物保护公约》非缔约方也遵守这些标准。

(四) 我国出口木材、 木制品的法律法规

根据《中华人民共和国进出境动植物检疫法实施条例》第三十四条，输出动植物、动植物产品和其他检疫物的检疫依据：输入国家（地区）和中国有关动植物检疫规定；双边检疫协定；贸易合同中订明的检疫要求。根据《出境竹木草制品检疫管理办法》（原国家质检总局令2003第69号，海关总署令2018第238号、240号修改），我国竹木草制品（包括竹木藤柳草芒）采用分级分类管理，即产品风险分级、企业分类管理、监管程度分层。分类管理制度是基于产品风险分级、企业分类，对出口企业及产品实施差别化检疫监管的措施。即运用风险分析原理，全面收集和分析出境动植物及其产品的特性、可能性携带的有害生物和有毒有害物质情况、历史质量状况等各种信息，对出口产品进行风险分级，并综合考虑企业的生产规模、产品质量控制能力和诚信程度等要素，对企业进行分类，从而确定对不同企业、不同产品的差别化监管方案，如差异化的监管频次、出口抽查比例和安全风险监控等。概括起来即产品分级、企业分类、监管分层。

原木（HS 编码前四位 4403）为禁止出口商品（海关监管代码 8）；板材（HS 编码前四位 4407）为涉许可证出口商品（海关监管代码 4）；木制品（HS 编码 44 章除 4401/4403/4407 之外的货物）和木家具（HS 编码前四位 9403）为一般贸易货物。

二、美国进口木材、木制品检疫要求

(一)《美国联邦法规》

《美国联邦法规》(CFR)第 7 篇 "农业" 第 319 章 "境外检疫通告" 子部分 I：原木、板材和其他未加工木制品 (7 CFR §319.40)，发布于 1995 年 5 月 25 日，是美国针对进境原木、木材和其他木制品的一个专门法规。规定了美国进境木材的禁止性、限定性要求，许可证要求，入境检疫要求，口岸检查要求，检疫处理指标等。

除了联邦法规 §319.40-3 (c) 豁免条款之外，对加拿大和墨西哥的部分进境木材，以及其他大多数进口木材，都要求按照条例 §319.40-4 颁发特定许可证。

美国木材进口许可的书面申请须提交给 APHIS 的许可证办理机构。申请须包含拟进口的限定物种类，包括木材的树种种名和属名；限定物的原产国 (地区) 以及具体的采伐地点；限定物的进口数量；限定物在入境前所接受的加工、处理、产品定型等措施的描述，包括加工、处理或产品定型的地点、处理药剂的种类和剂量；限定物在入境前所接受的加工、处理、进口后拟作产品定型的描述，包括加工、处理或产品定型的地点、处理药剂的种类和剂量；限定物是否以密闭集装箱或敞口容器装载进境；装载进口限定物的运输工具名；限定物的拟入境口岸，进口木材将要停靠美国的第一个港口，以及随后限定物在美国国内的各卸货港口；限定物的最终目的地及其拟作用途；申请人姓名、地址，如果申请人住址不在美国，可提供代理人的名称及地址；作为进口商记录的核实证明。

在收到申请与审核后，APHIS 确定限定物进口时是否满足 §319.40-5 的特殊进口要求或 §319.40-6 普遍进口要求。如果所需进口的限定物符合 §319.40-5 或 §319.40-6，APHIS 按本条例规定签发进口许可证，许可证中明确进口要求；如果所需进口的限定物不符合 §319.40-5 或 §319.40-6，APHIS 将按 §319.40-11 进行风险分析，通过风险分析的签发一次许可证，如存在难以预计的情况，不再重复签发；如果按 (d) 条款曾对拥有许可的申请人撤销许可，则申请人一年之内不能申请新的许可，除非恢复撤销许可。

即使已对限定物签发了进口许可证，但限定物只有符合本条例，以及在入境口岸按植物保护法对限定物要求认为不需采取其他补救措施的可以入境。检疫人员可根据植物保护法（7 U.S.C. 7714、7731 和 7754）第414、421、434 条的规定，对限定物采取扣留、检疫、处理或其他补救措施。如果申请人违背了本条例的要求，检疫人员可撤销已经发出的许可证。如有争议，授权许可人可以请求召开听证会，听证会的做法规则应为当局接纳。

上述许可要求不仅内容详细、程序复杂，部分情况还要进行风险分析，并且还留有许多现场检疫的相关措施，这对作为一般货物的木材贸易而言，设定较为复杂的手续，延长了木材进入美国的通关时间，增加了木材流通的成本，实际上把合格评定程序变成了一种技术性贸易措施。

（二）美国《雷斯法案》修正案

《雷斯法案》（Lacey Act）主要通过立法保护野生动植物，禁止非法获得、加工、运输和买卖野生动物、鱼类和植物，禁止对野生动植物的货运文件作假。已修订多次，重要的几次发生在 1969 年、1981 年和 1988 年。

2008 年 5 月 22 日，动植物卫生检疫局重新修订了该法案，并分步实施。修订后的法案有以下几项变动：范围由"濒临灭绝的动植物管理"扩展到"整个野生植物及其产品"；要求 2008 年 12 月 15 日后进入美国的野生植物及其产品，需要进口商填报"植物及其产品申报"单，否则不得入境；建立违反该法案的处罚制度，包括对违法植物产品要采取扣押、罚款、没收等措施，对虚假信息、错误标识等行为也要采取处罚措施。违反《雷斯法案》还可能引起涉及走私或洗钱的指控。《雷斯法案》可适用于范围广泛的进口木制品与物种，远远超过《濒危野生动植物种国际贸易公约》（CITES）列出的物种。修正案中将"植物产品"定义为"植物界的所有野生植物，包括根、种子、其他植株组成部分及其产品"。

美国《雷斯法案》修订前，有关植物的条款规定很窄，仅限于美国本土植物并列入《濒危野生动植物种国际贸易公约》（CITES）或美国州法律的物种。《雷斯法案》修订后，扩充了针对植物的执法条款，包括进口、运输、销售、接收、获取或购买违反其他国家法律获得的植物为非法，扩展了植物的界定，包括来自天然林与人工林的林木以及由木材及其他植物制成的产品。

为了解决非法木材采伐以及贸易的问题，美国《雷斯法案》修正案采取以下三项措施：禁止非法来源于美国各州或其他国家（地区）的植物及林产品，如家具、纸、锯材的贸易；要求进口商报告构成其进口林产品木材的来源地、种属名称（拉丁名）；建立起违反该法案的处罚制度，包括没收货物和船只、罚款以及监禁。

2008 年 12 月 15 日，该法案修正案中有关进口植物及植物制品申报的规定开始执行。

（三）美国对木制品甲醛的要求

2010 年 7 月 7 日，美国总统奥巴马正式签署了《复合木制品甲醛标准法案》（S. 1660）。这项旨在保护消费者免受复合木制品中化学黏合剂危害的法案，确定了在全美销售和批发的刨花板、中纤板、硬木胶合板等木制品的甲醛释放限量的相关要求，其中规定的甲醛释放限量较原限量要求大幅提高。该法案已于 2011 年 1 月 3 日正式生效。美国《复合木制品甲醛标准法案》作为世界上最严格的复合木制品甲醛释放限量法规之一，适用于在美国销售、供应、供销或生产的硬木胶合板、中密度纤维板和刨花板，含半成品和已组装的成品。甲醛释放标准基于 ASTM-E1333-96（2002）规定的试验方法，具体标准如下：带单板芯的硬木胶合板：甲醛释放量不得超过 0.05ppm；带复合芯的硬木胶合板：甲醛释放量不得超过 0.08ppm，2012 年 7 月 1 日起，甲醛释放量不得超过 0.05ppm；中密度纤维板：甲醛释放量不得超过 0.21ppm，2012 年 7 月 1 日起，甲醛释放量不得超过 0.11ppm；薄型中密度纤维板：甲醛释放量不得超过 0.21ppm，2012 年 7 月 1 日起，甲醛释放量不得超过 0.13ppm；刨花板：甲醛释放量不得超过 0.18ppm，2012 年 7 月 1 日起，甲醛释放量不得超过 0.09ppm。2012 年 7 月 1 日前用 ASTM E-1333-96（2002）测试，2012 年 7 月 1 日后用 ASTM D-6007-02、ASTM D-5582 或者其他类似的由官方制定的测试方法进行品质控制测试。值得注意的是，上述释放标准不适用于若干类木制品，其中包括硬板，标准 PS 1-07 中注明的结构胶合板，标准 PS 2-04 中注明的结构单板，标准 ASTM D5456-06 中注明的结构复合木材、刨花板，标准 ANSI A190.1—2002 中注明的胶合层积木材，预制工字型木托梁以及包含的硬木胶合板、刨花板，或者中密度纤维板含量小于成品窗户总体积 5% 的窗户等。

《加利福尼亚州规则法典——降低复合木制品甲醛排放的有毒物质空

气传播控制措施》（93120）规定，自 2009 年 1 月 1 日起，硬木胶合板、刨花板及中密度纤维板的甲醛释放量限定要求为：胶合板 0.08ppm，刨花板0.18ppm，中纤板 0.21ppm。包括使用上述材料的成品，如室内家具、橱柜、棚架、工作台面、地板和装饰用的外框等木质产品。

（四）美国宾夕法尼亚州关于部分林木害虫的检疫要求

为防范光肩星天牛、花曲柳窄吉丁等有害生物，所有规格及树木种类的薪材禁止进入宾夕法尼亚州，窑干的，经过包装的，清楚标明生产者地址、名称，并具有窑干（Kiln-dried，K.D）标签和美国农业部出具证书的薪材，可以豁免。

（五）美国对中国输美木制工艺品检疫要求

输美木制工艺品是指由竹、木、藤、柳等天然成分（含部分天然成分）制成的，部件直径大于 1cm 的初加工木制工艺品，主要包括雕刻品、篮子、箱子、鸟窝、户外用具、干花、人造树、网格塔、花园栅栏板或篱笆和其他初加工木质产品。

出口木制工艺品生产企业须经海关注册登记，由海关总署批准后提供给美方。该名单可在海关总署网站上查询。注册登记要求包括硬件设施、检疫处理、质量管理、溯源管理四个方面。输美的任何含有木质成分的工艺品原料、半成品或成品，只要尚未完全加工为最终制品，均需采用热处理或熏蒸检疫处理措施，其中，热处理（适用于所有直径大于 1cm 的木制工艺品）必须保证木材中心温度至少达到 60℃，持续 60min 以上。可使用蒸汽、热水、热空气或任何可使木材中心温度达到规定的最低温度和时间要求的其他方法。采用窑干处理的，应注意干燥过程的管理，防止对木材品质造成影响。溴甲烷熏蒸处理（适用于直径小于 15.24cm、大于 1cm 的木制工艺品），最低熏蒸温度不应低于 5℃，在常压下，按下列标准处理（表 2-8）。

表 2-8　输美木制工艺品溴甲烷熏蒸处理要求

温度	剂量 g/m³	最低浓度读数 g/m³				
		0.5h⁽¹⁾	2h⁽²⁾	4h	16h⁽³⁾	24h
27℃以上	56	36	33	30	25	17
21℃~26℃	72	50	45	40	25	22
16℃~20℃	96	65	55	50	42	29
10℃~15℃	120	80	70	60	42	36
5℃~9℃	144	85	76	70	42	42

注:(1) 如在密闭的集装箱内进行熏蒸,首次读数应在 1h,而非 0.5h;(2) 如在密闭的集装箱内进行熏蒸,第二次读数应在 2.5h,而非 2h;(3) 如在 16h 未测读数,则 24h 的读数必须至少达到下述最低浓度:27℃以上(25g/m³);21℃~26℃ (25g/m³);16℃~20℃ (42g/m³);10℃~15℃ (42g/m³);5℃~9℃(42g/m³)。

海关根据《出境竹木草制品检疫管理办法》,对输美木制工艺品实施检验检疫,合格的准予出境。海关对输美木制工艺品企业进行监督管理。输美木制工艺品生产企业出现下列情况之一的,海关将重新对其进行注册登记:检疫处理设施改建、扩建;企业名称、法定代表人或者生产加工地点变更;2 年内未出口木制工艺品;其他重大变更情况。输美木制工艺品生产企业出现下列情况之一的,海关将依法暂停其产品出口,直到按照要求整改合格:未按规定要求进行检疫处理;未经处理的产品混入已处理产品出口;溯源体系存在问题。

经出口检验检疫不合格的,不准出境。海关应及时开展调查,要求企业采取改进措施。对美方通报的违规情况及时开展调查,确实违规的,采取改进措施。为确保有关风险管理措施和操作要求得到有效落实,海关总署将定期对《中国木制工艺品出口美国植物检验检疫要求》执行情况进行回顾性审查。根据审查结果,可对《中国木制工艺品出口美国植物检验检疫要求》进行修订。

三、欧盟进口木材、木制品检疫要求

（一）综合检疫技术性贸易措施

1976 年 12 月 21 日，欧盟理事会为防止危害植物和植物产品的生物进入成员，发布第 77/93/EEC 号指令，提出一套综合性保护措施。指令要求全部或部分保留圆形表面、带或不带树皮的木材，以及栗属（*Castanea* Mill.）、栎属（*Quercus* L.）、榆属（*Ulmus* L.）木材，产自非欧洲国家（地区）的针叶树木材，产自美洲大陆国家（地区）的杨属（*Populus*）木材，需在原产国（地区）或输出国（地区）进行植物健康检查，方可进入任一成员。为了保证 77/93/EEC 号指令的明确性与合理性，此后陆续对其进行了实质性的修订，2000/29/EC 号指令即是对其的进一步完善并作出了具体要求，如对产于加拿大、中国、日本、韩国和美国的针叶树（松类树木）木材，需经过规定的热处理（木材中心温度达到56℃，持续时间至少30min）；对产于北美地区的糖槭（*Acer saccharum* Marsh.）、栗属（*Castanea* Mill.）和栎属（*Quercus* L.）木材，产于美国或阿米尼亚的悬铃木属（*Platanus* L.）木材，必须经过规定时间和温度的窑干处理，木材含水率低于20%，并且木材应根据商业用途在木材或木材的包装上加注窑干（Kiln-dried，K. D）或"K. D"标识，或其他国际通用的标识。

（二）欧盟进口木材许可证制度

2005 年年底，欧盟部长理事会出台 2173/2005/EG 号条例，对木材和木制品的进口实行许可证制度。该条例主要依据欧盟"实施森林法律、政策与贸易"的行动计划［Forest Law Enforcement, Governance and Trade (FLEGT)］制定。欧盟将与伙伴国（地区）在自愿的基础上签订木材合法采伐与贸易的协定。一旦签署协定，伙伴国（地区）在向欧盟出口木材和木制品时须附有木材合法采伐的证明，欧盟海关才能放行。

欧盟木材进口许可制度的具体措施：该许可制度仅适用于欧盟从伙伴国（地区）进口木材和木制品，对未与欧盟签订协定的国家（地区）不具有约束力。各伙伴国（地区）执行许可的时间表将在伙伴国（地区）协定中予以确定。每批在欧盟通关的木材和木制品必须附有 FLEGT 许可证，否则欧盟将禁止其进口。伙伴国（地区）现行保证木材合法采伐并追踪其溯源的体系，如能按照 2173/2005/EC 条例通过评价和审查，则该体系可作为 FLEGT 许可的基础，从而保证木材合法采伐的基本安全要求。如果出现损害 FLEGT 许可系统功能的问题，欧盟委员会相关机构或由其指定的人员或机构将有权查证相关文件及数据；伙伴国（地区）相关机构应给予欧盟 FLEGT 监督检查人员或机构查阅相关文件和数据的权利，伙伴国（地区）规定不许对外的信息除外。检查机构可基于风险分析自行决定是否继续审查。如果对某批木材许可证的真伪表示怀疑，检查机构可根据伙伴国（地区）协定请相关伙伴国（地区）进行进一步调查，以弄清真相。如果欧盟成员经费支出不够，可征收检查费用。除非成员另有规定，检查费用由进口商支付。如果欧盟海关发现许可证有疑点，有权禁止该批木材进口或予以扣留。各成员应制定有效的处罚规则和处罚比例，对非法采伐形成威慑力。成员负责指派本条例的执行机构和联络人。欧盟委员会向成员各执行机构通报伙伴国（地区）指定的许可机构等信息，如印章的样章、签字留底等可以证明许可证合法性的信息及其他相关信息。如成员发现规避行为，应向欧盟委员会通报所有信息。该许可制度于 2005 年 12 月 30 日起生效。

木材及木制品许可管理目录：为便于管理和控制，条例确定了适合所有伙伴国（地区）的许可管理目录，即将海关编码第 44 章中下列木材及木制品纳入许可证管理范畴：原木，不论是否去皮、去边材或粗锯成方形；铁道及电车道枕木；经纵锯、纵切、刨切或旋切的木材，不论是否刨平、砂光或指榫接合，厚度超过 6mm；饰面用单板（包括刨切积层木获得的单板）和制胶合板或类似多层板用单板以及其他经纵锯、刨切或旋切的木材，不论是否刨平、砂光、拼接或端部接合，厚度不超过 6mm；胶合板、单面饰板及类似多层板。

（三）欧盟木材及木制品规例法规

2009 年 4 月，《欧盟木材及木制品规例法规》在欧洲议会的立法提案中获得多票通过，新木材法要求木材生产加工销售链条上的所有厂商，必须实行"尽责制度"。该制度要求运营商必须就其进口或销售的木材产品收集资料，须向欧盟提交木材来源地、森林、木材体积和重量、原木供应商的名称和地址等证明木材来源合法性的基本资料，非法木材及木制品运营商将受到严厉处罚。该项制裁措施将影响用于办公室、厨房、卧室、客饭厅的木制家具，木器（包括若干类木制饰板），各类木板，木制画框、照相框及镜框，各类木制包装（包括箱子、盒子）。运营商也可选择聘用一家由欧盟委员会指定的监察机构，代其推行尽责制度。

（四）防腐木环保要求

2003年1月6日，欧盟委员会发布了 2003/02/EC 环保指令，检测标准为 BS 5666：3-1991，自2004年6月30日起在欧盟范围强制实施。该指令是对 76/769/EEC 指令所作的第十次修改，主要对其中第20条进行修改，规定凡是用主要化学成分为铬化砷酸铜的化学物质（CCA）进行防腐处理的木材及木制品，在投放市场前，须加贴标签"内含有砷，仅作为专业或工业用途"。另外，包装上也应该加贴标签"在搬运这些木料时，请戴上手套；在切削这些木料时，请戴上口罩并保护眼睛，这些木材的废料应作为危险性废料，经过授权后进行适当处理；经过防腐处理的木材，不得在下列方面使用：无论何种用途的家用木制品，任何可能存在皮肤接触风险的设备，农业上用于牲畜的围栏，在海水中，防腐处理过的木材，可能接触到人畜使用的木制品或其半成品"。

20世纪90年代以前曾广泛应用五氯苯酚作为防腐剂，由于残留在木制品内的五氯苯酚在存放过程中有可能转变为对人体有害的二噁英，因而很多国家（地区）禁止使用五氯苯酚。欧盟规定人造板中五氯苯酚的含量正常范围应小于 5ppm（参考标准 EN13986）。

四、日本进口木材、木制品检疫要求

（一）日本进境植物检疫条例

日本农林水产省（MAFF）1997年8月4日发出第1245号通告，对1950年7月8日出台的《进境植物检疫条例》（第206号通告）进行了最后修订（第13次修订），并于1998年4月1日起生效。该条例将加工品，如板材、经防腐过的圆木、木制品、竹制品及家具等，不列入《植物保护法》第2条第1款的植物范围。该条例列出了来自世界不同地区的进口货物的检查数量、对不同地区进口木材的特殊检疫措施标准以及针对不同有害生物的检疫处理措施及其处理标准。

（二）日本胶合板环保要求

日本与胶合板相关的标准是 JPIC-EW-SE03-08（2008-12-02，MAFF

日本农业、林业及渔业部 1751 号公告）。该标准将胶合板分为 12 类，包括普通胶合板、成型胶合板、结构胶合板、天然装饰胶合板、特殊处理装饰胶合板、特殊类型等，对每一种类型的胶接质量、甲醛释放、面板质量、吸水性、防虫处理、不易燃性、有害气体产生性能、芯板性能、尺寸以及使用范围等都做了详细规定，并严格限制或禁止这些建筑材料在居室内使用。日本对甲醛释放量的要求较高，对普通胶合板、结构胶合板、天然装饰胶合板的甲醛限量为：F☆☆☆☆，平均值为 0.3 mg/L，最大值为 0.4 mg/L；F☆☆☆，平均值为 0.5 mg/L，最大值为 0.7 mg/L；F☆☆，平均值为 1.5 mg/L，最大值为 2.1 mg/L；F☆，平均值为 5.0 mg/L，最大值为 7.0 mg/L；而对成型胶合板甲醛限量要求为 F☆☆☆，平均值为0.5 mg/L，最大值为 0.7 mg/L；F☆☆，平均值为 1.5 mg/L，最大值为 2.1 mg/L；F☆，平均值为 5.0 mg/L，最大值为 7.0 mg/L。

五、澳大利亚进口木材、木制品检疫要求

（一）进口再造木制品、竹木草制品的检疫要求

鉴于再造木制品携带疫情的风险很小，此类商品不需要进行检疫查验，可以直接放行。再造木制品是由刨花板、硬纸板、定向刨花板、中密度及高密度纤维板等加工而成的不含天然木成分的产品，但不包括胶合板制品。

（二）进口胶合板检疫要求

进口胶合板不需要进境许可，但须接受进境检疫，不得带有活昆虫、树皮或其他检疫风险物，所用包装须干净整洁，并且是新的；货物的集装箱、木质包装、托盘或填充物在入境时会被查验和处理，除非证书证明上述项目已经按澳方许可的方法处理过；若货物来自非洲大蜗牛疫区的，应按照 C8890 实施，具体名单见 ICON；若货物来自除印尼、马来西亚、菲律宾、泰国、新加坡、斐济、萨摩亚和瓦努阿图以外的国家（地区），只要提供有效的制造商声明即可放行；整箱和拼箱货物在入境时提供有效的处理证书即可放行，认可的处理方法有：溴甲烷熏蒸（T9047，T9075，T9913）（refer to C5154 below）；硫酰氟（T9090）；窑干（T9912）；热处理（T9968）；环氧乙烷（T9020）（refer to C9741 below）；防腐剂处理

（T9987）；前4种措施必须在完成后21日内出口。若不能提供有效的货主声明或处理证书，则须全部开箱检查，或者核实检查后进行以下处理：溴甲烷（T9047，T9075，T9913）（refer to C5154）；窑干（T9912）；环氧乙烷（T9020）；热处理（T9968）；伽马辐照（T9924）。若查验中发现活昆虫，首先由AQIS专家鉴定，而后整批货物将进行溴甲烷熏蒸处理。若发现其他污染物，如泥土、非洲大蜗牛等，货物将被扣留并按照澳方认可的方法处理、退运或销毁，由此产生的损失由货主承担。

（三）进口加工木制品检疫要求

所有货物均需进行进境检疫，不得带有活昆虫、树皮及其他检疫风险物。货物的包装必须清洁且为新的。货物的集装箱、木质包装、托盘或填充物在入境时会被查验和处理，除非证书证明上述项目已经按澳方许可的方法处理过。若木制品的直径厚度小于4 mm（如牙签、木签等），将会直接放行。在入境前已经按澳方许可的方法处理过并具有植物检疫证书的此类货物（除体育用品外），将会放行。认可的处理方法有：溴甲烷熏蒸（T9047，T9075，T9913）（refer to C5154）；硫酰氟熏蒸（T9090）；热处理（T9912，T9968）；环氧乙烷处理（T9020）（refer to C9741）；永久性防腐剂处理（T9987）。

体育用品类加工木制品即使在入境前已经过认可的方法处理并带有植物检疫证书，仍会按每批次5%的数量接受强制的X射线检查。或者，也可以选择以下方法强制处理：溴甲烷熏蒸（T9047，T9075，T9913）（refer to C5154）；硫酰氟熏蒸（T9090）；热处理（T9912，T9968）；环氧乙烷处理（T9020）（refer to C9741）；永久性防腐剂处理（T9987）。若货物包装为密封性的，则不能进行溴甲烷熏蒸。若发现货物携带检疫性有害生物或其他污染物，货物将被扣留并按澳方许可的方法进行除害处理、退运或销毁，由此造成的损失由进口商承担。

（四）低风险木制品认可及检疫要求

对于深加工的木材、竹、藤、藤条、柳、柳条制品等，其制造、加工过程中可以解决病虫害的问题。澳大利亚有一套现行的体系，对这些制造、加工过程进行评估，如果评估认为符合澳大利亚的检疫要求，经过这些过程的竹木制品就被认为是低风险木制品（low risk wooden articles，LR-

WA)，可以免除常规的检疫查验（包括处理要求、开包查验等）。只按一定百分比随机抽查相关文件，接受一般的监督检查。

已取得 LRWA 认可的货物，如果抽查、监督检查发现与批准的条件不符，则该批货物自动扣留，对之后进口的相关货物也都按常规的木制品进口条件执行。LRWA 认可的有效期为两年，到期之前进口商应重新申请。每一份 LRWA 认可只针对某一厂商生产的某一种产品，每种产品需分别申请 LRWA。LRWA 认可对整柜、拼柜、空运的货物都适用。

（五）熏蒸处理要求

根据 Notice to Industry 23/2009，自 2009 年 8 月 1 日起，所有实施熏蒸处理的输澳大利亚货物的熏蒸证书，必须符合 AQIS 溴甲烷熏蒸标准有关规定，或者在证书上注明以下任意一条声明：

a. Plastic wrapping has not been used in this consignment.

（该批货物中未使用塑料等气密性包装。）

b. This consignment has been fumigated prior to application of plastic wrapping.

（该批货物在使用塑料等气密性包装前实施熏蒸处理。）

c. Plastic wrapping used in this consignment conforms to the AQIS wrapping and perforation standard as found in the AQIS Methyl Bromide Fumigation Standard.

（该批货物中使用的塑料等气密性包装符合 AQIS 溴甲烷熏蒸标准中关于包裹和穿孔的规定。）

如实施了检疫熏蒸处理的，海关应在出具的熏蒸证书附加声明栏中注明熏蒸企业中英文名称或代码。

第三章
进出境木材及木制品检疫现场工作程序与技术
CHAPTER 3

　　进境木材检疫程序应符合海关进出口货物普通查验程序、海关进出口植物及植物产品检验检疫程序。海关对进出口货物的查验执法，主要依据的是《中华人民共和国海关法》《中华人民共和国海关进出口货物查验管理办法》和《中华人民共和国海关进出口货物查验操作规程》。进出口货物查验（简称"查验"），是指海关为确定进出口货物收发货人向海关申报的内容是否与进出口货物的真实情况相符，或者为确定商品的归类、价格、原产地等，依法对进出口货物进行实际核查的执法行为。各现场海关应当设立选择查验岗位，负责选择查验工作，确定查验重点，下达查验指令，办理放行手续，并负责本业务现场的查验风险信息收集、汇总上报及查验绩效评估等工作。

　　海关对进出口植物及植物产品的检验检疫监管，主要依据的是《中华人民共和国进出境动植物检疫法》及其实施条例，国际或区域性植物保护植物检疫公约协定（《国际植物保护公约》等），《植物检疫措施国际标准》、进口国家（地区）植物检疫要求，中国与贸易国（地区）签订的双边植物检疫协定、协议或备忘录。

　　进出口植物及植物产品的检验检疫监管（简称"检疫监管"），是指海关为防止检疫性或者其他具有检疫风险的有害生物传入、定殖、扩散或防止出口产品输入国（地区）关注的有害生物随货物输出而采取的措施或确保其防治的一切活动。日常检疫监管中，海关依据植物检疫法律，采取适当的植物检疫程序对进出口植物及植物产品进行检查，并对检出的限定物、有害生物或有益生物采取适当的植物检疫措施，以便进一步开展检验、检测、处理、观察或研究等工作。

第一节
木材检疫程序

◇

一、进出境木材及木制品的申报与审核

（一）舱单申报环节

装载木材及木制品运输工具的舱单传输义务人按照规定时限和填制规范要求，通过国际贸易"单一窗口"或"互联网+海关"一体化办事平台向海关传输舱单数据。

在得到进出境运输工具起运信息后，海关即应依据企业、运输工具轨迹、物流等相关信息启动风险甄别，根据随机布控和人工精准布控来确定风险处置对象，由风险防控部门、现场海关对应岗位排查处置相关风险。

（二）进出境货物申报环节

符合要求的进境木材境内收货企业可使用"两步申报"模式，但由于"两步申报"模式对企业资质要求较高，基本无进境木材企业使用，因此本书主要针对原有申报模式展开讨论。

1. 进境木材申报

进境木材已完成舱单申报环节的，进口收货人或代理人应在木材进境前或者进境时，继续通过国际贸易"单一窗口"或"互联网+海关"一体化办事平台进行货物申报。申报时应确认货物品名等信息与舱单一致，并按要求上传单证资料正本的扫描件。包括输出国家（地区）出具的植物检疫证书及相关报告或文件；每年10月至翌年4月采伐进境并已实施预检的陆运俄罗斯原木，需上传《境外预检通知单》；进境加拿大不列颠哥伦比亚省未去皮原木和美国阿拉斯加州未去皮原木需提供符合要求的植物检疫证书；原产地证书（通过陆路口岸进境的俄罗斯木材可以免于提供）；贸易合同或信用证及发票；提单或装箱单，以及其他需要提供的资料。其中

进境木材如在《进出口野生动植物种商品目录》中且为管制树种（或对应的商品目录无 EF 监管条件的），应提供国家濒危物种进出口管理部门签发的《CITES 公约允许进出口证明书》；如在《进出口野生动植物种商品目录》中，但不属于管制树种，有需要时须提供"非《进出口野生动植物种商品目录》物种证明"。上传的申报资料应齐全、完整和清晰。

进境木材收货人或代理人应了解我国有关进境木材的一般性检疫管控要求、进境未处理原木的特殊检疫要求（见本书第二章第一节），以及关注中国海关总署动态更新的禁止准入的木材公告，对进口木材涉及的来源国（地区）、树种与入境口岸等提前进行辨别，防止禁止入境的木材申报或从非指定口岸入境。

2. 出境木制品申报

出境木制品已完成舱单申报环节的，进口收货人或代理人可继续通过国际贸易"单一窗口"或"互联网+海关"一体化办事平台进行货物申报，申报时应确认货物品名等信息与舱单一致，并按要求上传单证资料正本的扫描件，包括出境货物换证凭单、换证凭条、申报凭条（如有）合同或信用证；代理报检委托书（仅适用于代理报检的）；出境木制品厂检记录单；其他需要提供的资料。

（三）申报材料审核

目前申报系统存在自动接单和人工审核接单两种方式，此处仅对人工审核接单要求展开讨论。口岸海关审核入境木材申报单、合同或信用证、发票、输出国家（地区）植物检疫证书等单证的内容是否一致，报关单填写是否符合规定要求，申报资料签字、印章、有效期、签署日期和表述内容等，确认其是否真实有效。核查申报数量、入境口岸、运输工具名称或集装箱号码是否与检验检疫证书相符。审核木材来源国（地区）、树种等是否满足入境要求。口岸海关应严格按照总署布控指令开展单证审核，尤其要对来自松材线虫疫区的松木、白蜡树枯梢病疫区的白蜡属木材等高风险木材实施批批审核。

审核时，重点关注植物检疫证书，植物检疫证书须为原件（电子证书除外）扫描后上传，由原产国家（地区）植物检疫机构签发，出具对象须为我国或我国官方植物保护机构。如通过过境方式从其他国家（地区）港口向我国出口木材的，可由输出国（地区）植物检疫机构在确定木材检疫状况的前提下出具植物检疫证书，并随附原输出国（地区）的植物检疫证书。植物检疫证书的内容与格式需符合植物检疫措施国际标准 ISPM 第 12 号《植物检疫证书准则》的要求。上面应标注木材学名（属或种名）、入境口岸（目的国须为中国，入境口岸须为中国大陆境内口岸）、木材数量（植物检疫证书中的木材数量须与原产地证书、提单等单证中数量一致或大于口岸申报的到货数量、检疫处理内容（如该批木材实施去皮处理，应注明去皮情况；如该批木材实施检疫处理，则应注明检疫处理内容，包括检疫处理方式、药剂名称、使用剂量、处理温度、处理时间等；如使用热处理，须注明木材中心温度、处理时间等，无特殊检疫要求的锯材可不用标注处理内容）。对于植物检疫证书和原产地证书，由于部分上传证书可能存在套打、软件修改等情况，必要时可要求进口收货人或代理人提供原件以供验证，应注意根据各个国家（地区）证书的纸张、水印、热敏、防伪标签、授权人签字、二维码及证书与货物相符性等作现场甄别。部分国家（地区）的证书可参考证书链接和植物及其产品检验检疫证书链接。其他对证书真伪有疑问，且无有效验证方法的，可请示总署动植司、商输出国（地区）植物检疫部门确认证书真伪。

此外，还要重点关注植物检疫证书上有关货物的相关信息是否符合《进口原木检疫要求》（国家出入境检验检疫局等 5 部委联合发布的 2001 年第 2 号公告）、《关于执行进口原木检疫要求（2001 年第 2 号公告）有关问题的通知》（国质检联〔2001〕43 号）、《中国进境原木除害处理方法及技术要求》（国质检函〔2001〕202 号）、关于印发《美国阿拉斯加州原木进境检疫要求》的通知（国质检动函〔2005〕1024 号）、关于印发《加拿大不列颠哥伦比亚省原木进境植物检疫要求》的通知（国质检动函〔2010〕751 号）和《进口松材线虫发生国家松木植物检疫要求》（海关总署 2021 年第 110 号公告）等文件的要求（见本书第二章第一节）。

单证经审核符合规定的，接受申报；对于申报不规范或者与随附单证不一致的，告知企业进行报关单修改撤销，待符合规定后，方可通过。若企业不能更正或补传的，注明审单不符合要求的原因，进行下一步处理。通过证书验核系统查询，发现植物检疫证书内容与电子证书信息不符或未查询到电子证书的；未提交或无法提供植物检疫证书或原产地证书的；植物检疫证书、原产地证书为伪造或变造的；带有树皮但植物检疫证书无除害处理内容（符合双边协议要求的除外）；植物检疫证书未注明检疫处理方式方法，另附第三方机构出具的检疫处理证书的；申报为去皮木材，但植物检疫证书中无去皮申明的；进境口岸不具备与进境木材相应的监管作业场所（包括进境原木，入境口岸不具备原木指定监管场地；进境松材线虫疫区木材，第一入境口岸或结关口岸为非指定口岸的）；植物检疫证书内容与申报不一致：证书标明的数量少于实际到货数量，证书中树种学名与申报不一致的；植物检疫证书、原产地证书的签发地既不是原产地又不是起运地；审核发现未上传证书原件彩色扫描件，或扫描件模糊，证书注明的学名与申报树种不一致的，可要求重新提交证书或重报。为了适应多变的贸易形势，减少不利影响，植物检疫证书中入境口岸可与实际到货口岸不一致，但证书中的入境口岸须为中国境内的口岸，植物检疫证书中的收货人可以与实际收货人不一致。

属地海关审核出境货物时，审核申报单、合同或信用证、发票等单证的内容是否一致，审核出境货物是否为注册登记的产品类别，申报单填写是否符合规定要求，申报资料符合要求且经检验检疫合格的，生成电子底账流转至口岸海关进行出口报关。

二、进出境木材及木制品检疫

（一）进境木材检疫

1. 工具准备

在实施木材检疫前，准备必要的查验工具。包括木工斧、木凿、手工锯、放大镜、眼科镊、长镊子、一字螺丝刀（约30cm长）、指形管、广口瓶、样品袋、吸虫器、毛笔刷、油漆刷、毒瓶、钢卷尺、记号笔（油性细双头）、强光便携手电筒、美工刀、标签纸、单兵查验执法装备（查验平板、执法记录仪）、照相机等，必要时还应配备电锯（或油锯）、蛀虫声测仪、安全帽、反光背心、救生衣、防护服、防咬手套、捕蛇夹、大号透明密封整理箱等工具设备。

2. 检疫条件

进境木材现场查验人员应不少于2人，且均须具备植物及植物产品现场查验普通岗位资质（其中至少1人须具备专家岗位资质），人员须定期参加相关培训，并考核合格。进境木材检疫须在原木指定监管场地或木材监管作业场所进行。原木指定监管场地名单由海关总署口岸监管司公布。现场检疫应在适宜的自然光线下进行，雨雪天气不宜开展现场检疫。进境原木或抽批命中的进境木材必须先检后卸；进境集装箱装载的木材，应根据海关的要求，将货物运往海关监管作业场所中的木材查验区接受检疫。进境集装箱装载的木材，在海关检疫人员到达现场前不得开启箱门，以防有害生物传播、扩散。

3. 残留气体检测

对于货物出口前在输出国（地区）进行过药剂熏蒸处理的，为保障现场作业人员的安全，须先根据植物检疫证书上注明的除害处理药剂情况，有针对性地选择残留气体检测仪对船舱或集装箱内的残留气体浓度进行检测，若发现残留浓度超过安全限定值，应实施通风散毒处理，待残留浓度低于安全限定值后方可实施检疫查验。

4. 现场检疫

一般木材（非来自俄罗斯、加拿大不列颠哥伦比亚省和美国阿拉斯加州的未去皮原木）应核对货证是否相符，核实实际装运货物的种类、数量、规格、标识、带树皮等情况与申报资料是否一致。集装箱装运进境的原木，在卸货前开箱检查一次，卸货后再检查一次。开箱前核对箱号、铅封号，记录并拍照，开箱后先整体查看货物情况，若无活的有害生物飞（闯）出，则实施进一步查验，若有活体有害生物飞（闯）出，则应尽量捕捉有害生物后立即关闭箱门，待实验室出具检测结果后，再视检测情况实施检疫除害处理，避免活的有害生物传播扩散。船、车装运进境的木材应在卸货前登轮、登车作表层检疫（表层检疫为卸货前登临运输工具对货物开展检疫，也可作为上层检疫）。表层检疫时，检疫人员向承运人了解货物装货港、运输线路及上一航次装载货物种类等情况，查阅配载图/舱单、航海日志，索取配载图/舱单复印件，核对货物种类、数量等与报关单证是否一致，提单中的货物是否全部申报。船运进境的木材，在卸货过程中采取边检、边卸、分次分舱检查的方法，一般每船按上、中、下三层检查三次，中层检疫查验在卸至 1/3 时进行，下层检疫查验在卸至 2/3 时进行，受客观条件限制，中、下层检查可在规定的堆场实施检查，货物卸入堆场后 24 小时内开展场地检疫查验；陆运进境的木材，在卸货前和卸货后各检查一次；陆运木材直运方式进境的，由进境口岸海关登车检疫，符

合进境检疫要求的方可运往指运地点。入境木材现场查验时发现进境木材
与植物检疫证书、原产地证书不符,发现声明去皮但实际未做去皮处理
的,可现场要求不准卸离运输工具、集装箱,已卸离的应暂存于海关指定
地点,并转后续处置。其中单根木材带树皮表面积不超过5%,且整批木
材带树皮表面积不超过2%的,该批木材可视为不带树皮木材,否则属于
带树皮木材。

抽检比例。海关总署根据进出境木材有害生物截获情况,进境木材的
来源、树种、加工程度、产地病虫害发生情况、运输方式、境外除害处理
方式等情况,组织开展风险分析,对木材准入条件、布控比例、查验方式
等实施动态调整。一般情况下,原木布控批次比例为100%,集装箱运原
木根据查管系统确定查验集装箱数量及箱号后,检查根数不得低于总根数
的10%,大轮散装原木场地抽样检查,以及笼车、敞车等火车车皮装运的
原木均按该批货物总根数0.5%~5%进行抽样检查。查验尽量覆盖所有树
种。集装箱运锯材布控批次比例为高风险的100%、中风险的≥50%、低风
险的≥30%。集装箱运或散装运输的锯材均按该批货物的总件数进行抽查:
≤10件,全部检查;10~100件,抽检10件;101~600件,每递增100
件,增加抽检1件;601~2000件,每递增200件,增加抽检1件;≥2001
件,每递增400件,增加抽检1件。裸装的方材参照原木进行抽样检查。

重点检查。查验时根据查验系统里的检查指令要求、作业要求提示开
展查验,但现场检疫不能只满足于完成这些指令要求,应主动查找问题、
发现问题。应主动关注一些查验关注点,重点检查植物检疫证书上数量、
检疫处理内容、附加声明等是否符合我国进口木材检疫要求。检查携带树
皮情况;木材表面、端面、树皮内外各种为害状,如空洞、蛀孔、虫道、
虫粪、蛀屑、腐朽、流汁、蓝变等。检查各种不同生活状态下的有害生
物,如活虫、茧蛹、虫瘿、菌丝、子实体以及其他可以随木材传播为害的
生物有机体。有无土壤、植物籽粒、活体植株等禁止进境物。检查有无蟑
螂、老鼠、蝇蚊、蜱螨等卫生媒介生物。检查有无各类小动物,如蛇、
鼠、蜥蜴、蜈蚣、蝎子等易被木材携带的小动物、动物尸体、动物排泄物
等。进境木材如有木质包装或衬垫料,须连同木材一起检疫,检查上面是
否携带有害生物、有无规范的国际木质包装检疫措施标准(IPPC)标识。
船舶货舱内、甲板上、灯光区,以及散落的树皮等下脚料中有无各种有害

生物、生物有机体和禁止进境物。检查运输工具/集装箱有无上（航）次所载货物的残留物及所带有害生物。

针对性检查。在依据抽查比例进行抽检时，还应根据输出国家（地区）产地疫情和我国的检疫要求，进行针对性检查；根据不同材种可能携带的有害生物进行针对性检查；根据有害生物的生物学特性，对重点的为害部位进行针对性检查。

5. 取样送检

对现场发现的各类病、虫、草等生物有机体带回实验室做检疫鉴定；对携带有害生物或现场检疫发现有害生物为害迹象、为害状，具有进一步查发有害生物可能但不具备现场截获条件的，应截取代表性木段或树皮等带回实验室做分离检疫鉴定；查验时发现典型危害症状，可供实验室鉴定参考的，可用工具截取为害部位的木材和有害生物一起送实验室检疫鉴定；加强对来自松材线虫疫区（美国、加拿大、墨西哥、西班牙、葡萄牙、日本、韩国）针叶材的抽样检测，对于有明显蓝变、含水率高的针叶材须进行松材线虫检测；须做树种鉴定的，应截取代表性木段送实验室鉴定。取样时现场做好样品标记/记录，样品标签上应注明报关号、来源国家（地区）、取样人员、取样日期等基本信息，防止样品弄混。原则上在取样完成后的2个工作日内完成送样。

昆虫。对小蠹等虫体较小的害虫，使用眼科镊采集至指形管中暂存，量多时可先用毛刷等工具轻扫归拢后采集，也可直接用吸虫器采集。对白蚁进行取样时，应尽量收集兵蚁，不同蚁巢的白蚁分开保存。白蚁量大时可直接挖取蚁巢碎块至塑料袋，回室内后仔细挑拣。对长小蠹、长蠹等隐藏在虫孔中的害虫，使用凿子等工具小心凿开虫孔，将害虫完整取出，置于指形管中暂存。对天牛等有害生物现场取样时须单管单头保存，防止互相撕咬导致虫体残损，影响实验室鉴定。也可现场用毒罐熏死后多头一起保存。取样应包括检出的所有害虫种类、虫态，样品应形态完整，数量尽可能多。送样时一般用75%酒精浸泡杀死害虫，防止其逃逸或腐烂。鳞翅目害虫不适用酒精浸泡，为保持害虫体表鳞片完整，可展翅后制作针插标本进行固定，或使用三角纸包妥善保藏寄递标本。送样时可同时送害虫虫道、虫孔等为害状照片，以利于实验室进一步检疫鉴定。

线虫。对来自松材线虫疫区的针叶材原木和锯材，应采取重点取样与随机取样相结合，以重点取样为主的取样方法。根据蓝变、虫蛀等症状进行重点取样，同时按照每批次货物原木总根数的 0.5% ~ 5% 随机取样，取样总量每批次不低于 3 根原木。对于松属（*Pinus* spp.）木材，重点观察木材横截面是否有放射状蓝变症状。取样时应在远离树干末端的部位进行针对性取样，取样部位剥净树皮，需截取原木或锯材的长度约为 15cm。根据现场和初筛实验室条件，切削成 100 ~ 200g 木片，混合后一并送实验室进行检疫鉴定。

病害。检疫查验时，发现木材表面有流脂、溃疡、子实体等症状的，用锯子、斧子、刀片等截取木样和变质部位，用自封袋封装，送实验室做进一步检疫鉴定，不同部位的病害样品分开保存，防止交叉感染。

杂草。检疫查验时，发现杂草籽粒的，使用镊子将籽粒置于指形管中保存。发现杂草植株的，宜先对其进行拍照，采集后压制成干制标本。采集的植株标本应尽量包含根、茎、叶、花、果实、种子等植物器官。

其他。查验时发现活动物的，在做好个人安全防护前提下，小心捕捉置于笼（箱）中妥善保存。涉及濒危动物的，按照相关规定移交当地林业主管部门。查验时发现动物尸体的，在做好个人安全防护前提下，将动物尸体妥善置于收纳箱等适宜容器中暂存。根据具体动物类别采用福尔马林浸泡、解剖制作干制标本等方法保存样品。有防止动物传染病传播取样个人防护规定的，从其规定。

6. 现场拍照

对木材整体装载情况进行拍照，照片应能显示木材是否带树皮，表面是否带土壤、是否携带动物或动物尸体等。现场发现有害生物为害状的，重点对为害部位和为害状进行拍照，如虫孔、虫道、虫粪、蚁迹道、蓝变、流胶、腐朽、空洞等。现场发现有害生物的，且有害生物个体大小满足拍照要求的，须对有害生物进行拍照。

集装箱装载的木材。根据系统布控指令，对须开箱查验的集装箱号码、封识、开箱后货物的整体情况、货物唛头（树种代码）进行拍照。如布控掏箱查验的，须对掏出后的空箱内部情况、掏箱后的木材堆垛进行拍照。

船运木材。卸至堆场后，对报关单下对应的木材树种堆垛进行拍照，拍对应堆垛的宏观照片和对应树种的端面有树种代号标记的照片。若无特殊布控要求且树种较多时，拍摄3~5个即可（大轮散装时，热带木材往往数十个树种、多个货主混装在一船上，在船上无法区分货物归属哪个报关号）。

车运木材。对车辆上的木材进行拍照，根据系统布控指令对车辆车牌、车皮号码进行拍照。卸至堆场后，对木材堆垛进行拍照。

7. 首次进口策划

新开展进境木材检疫业务的隶属海关、有新来源地的木材进口的隶属海关，可事先策划并报直属海关业务主管部门备案。策划应包括货物概况、来源地林木有害生物风险分析、同类货物植物疫情历史截获情况、证书审核要点、查验方式及人员配置、有害生物取样及送样鉴定、应急处置等内容。新开展进境木材查验业务的，还应包括监管场所管理等内容。

（二）出境木制品现场检验检疫

1. 批次抽查检疫和抽样检验

海关检验检疫部门根据木制品的企业分类类别、产品特性风险等级、企业管理体系运行情况、诚信度、日常监督管理以及不同季节、输往国家（地区）等，对出境木制品实施批次抽查检疫和抽样检验。

2. 出口木制品企业的分级分类

根据生产加工工艺、有毒有害物质控制情况及防疫处理技术指标等，木制品分为低、中、高3个风险等级。低风险木制品有经脱脂、蒸煮、烘烤及其他防虫、防霉等防疫处理的。中风险木制品有经熏蒸或者防虫、防霉等防疫处理的。高风险木制品为经晾晒等其他一般性防疫处理的。

海关对出境木制品企业的防疫设施，生产、加工能力，包装及存放条件，企业质量管理体系运行情况，以及对原辅料有毒有害物质的自控能力等进行评估、考核，将企业分为一类、二类、三类3个企业类别。

出境木制品的批次抽查标准：一类企业的低风险产品，抽查比例5%~10%。一类企业的中风险产品、二类企业的低风险产品，抽查比例10%~30%。一类企业的高风险产品、二类企业的中风险产品和三类企业的低风险产品，抽查比例30%~70%。二类企业的高风险产品，三类企业的中风险和高风险产品，抽查比例70%~100%。

海关审核申报单，视情况检查贸易合同等有关单证。确定采用的检验检疫依据有我国与输入国家（地区）签订的双边检疫协定（含协议、备忘录等），输入国家（地区）的木制品检验检疫规定，我国有关出境木制品的检验检疫规定，贸易合同、信用证等订明的检验检疫要求。

3. 现场检验检疫

主要是核对货证，核对货物堆放货位、唛头标志、数量、重量和包装、企业注册登记号、批次代号等是否与有关单证相符。环境检查，检查堆存环境是否清洁无污染，是否受有害生物的侵染，然后检查货物及包装和铺垫材料有无害虫及害虫排泄物、蜕皮壳、虫卵、虫蛀等为害痕迹，发现有害生物时，采集有害生物带回实验室做进一步鉴定。溯源检查，检查台账，核实该批原辅料是否来自合格供应商并经符合性验证（产地检验检疫机构到加工企业检验检疫的）。检查外观并判断货物品质状况，是否有潮湿、发霉等异常情况；检查产品及其包装材料是否带有活虫及其他有害生物。油漆过的木家具木身一般不易带有活虫，重点应针对其包装材料，观察有无虫孔、虫体及排泄物、蜕皮壳、虫卵等，可视现场情况进行掏柜和拆包装检疫；未经油漆过的木家具，还须注意观察是否带有二层皮。

三、实验室鉴定

（一）初筛实验室鉴定

从事进境木材检疫业务的隶属海关，应根据实际情况，在进境木材检疫业务现场或邻近区域建立初筛鉴定室。初筛鉴定室根据开展的检疫项目配置相应的仪器、试剂、药品和相关的鉴定参考资料。

具备初筛鉴定资质的海关关员在其核准的鉴定范围内，借助必要仪器设备，对进境木材检疫发现的昆虫、杂草、真菌、线虫、软体动物等有害生物和外来物种种类实施分类鉴定。鉴定过程主要包括送样、收样登记、样品处理、鉴定复核、结果登记、出具报告。

鉴定人员对样品木段及树皮进行详细的症状检查，观察树皮和木质部有无典型的为害症状，然后再进行真菌病害组织切片或细菌病害菌溢检验等，尚不能确定的可进行组织分离培养鉴定。采用浅盘分离或漏斗分离等方法检测样品木段、树皮及土壤样品中带有的植物寄生性线虫。对采回的虫样及为害状和从样品木段及树皮中剖解到的害虫进行初筛分离和进一步镜检，记录虫种、虫态、寄主及截获日期等，并及时制成标本（含为害状标本）。对尚不具备鉴定条件的虫样进行饲养或将解剖特征制成玻片，所有标本应进行防腐保存。

初筛鉴定室负责对保存的木材样品、有害生物标本等进行妥善保管。初筛鉴定不合格的样品全部存样，一般保存 1 年；初筛鉴定合格的样品，保存 2 个月；有害生物可按规定制成标本长期保存；有特殊保存要求的应记录保存条件。

（二）实验室鉴定

超出初筛鉴定室鉴定能力范围，或涉及重大不合格事项处置、首次截获有害生物等事项，应由直属海关或具备相应资质的实验室鉴定并出具报告。

实验室根据口岸查验部门在实验室管理系统或委托协议书上要求的检测项目对样品进行检测鉴定。重点关注松材线虫、红火蚁、天牛、小蠹、长小蠹、长蠹、栎树猝死、白蜡树枯梢等。实验室若无法对受委托检测项目实施检测的，报主管领导，商委托部门，寻求解决办法，例如可送上级实验室或者委托其他具有鉴定能力的单位（包括大学院校、其他技术中心实验室）进行鉴定。

实验室对于线虫、昆虫、杂草等项目应在收样后的 5 个工作日内，真菌为 15 个工作日内，完成检测鉴定工作，并在实验室管理系统中登记结果，出具报告。对于松材线虫等加急检测样品，实验室应优先检测，无异常的应在 2 个工作日内完成结果登记和报告出具。

未检出有害生物的样品，应当至少保存 3 个月（如检测后样品用完则不必存样）。如检出各种有害生物，或者需要对外出证的，应当至少保存 6 个月，保存期限从结果报告出具日期起计算。涉及复验或争议、诉讼的，送检单位应及时通知实验室，相关样品应至少保存至争议结束或结案为止。检测剩余样品按照实验室规范自行处置。

（三）标本制作及保存

昆虫类标本，一般采用 70%～75%酒精进行浸泡常温保存，幼虫采用70%～75%酒精或福尔马林溶液浸泡常温保存。对于后期有 DNA 提取做分子生物学鉴定、研究需求的标本采用纯酒精浸泡。对于针插标本，应将标本整姿干燥后保存于标本盒中，放入樟脑丸。所有标本记录原始编号、国（地区）别、寄主、鉴定人、复核人及日期等信息。标本定期检查、整理、维护。

对于线虫标本，可制成永久玻片进行保存，或将线虫浸泡于 4% 甲醛溶液或低共熔溶剂（DESS）保存。记录原始编号、国（地区）别、寄主、鉴定人、复核人及日期等信息。

对于病害样本，使用塑封袋将带病样品放置于 −20℃ 冰箱，初步分离真菌或细菌菌株，采用冻存管保存于 −20℃ 冰箱或超低温冰箱，并且同一种菌株至少要保存 3 管以上。

四、结果评定和处置

（一）进境木材检验检疫结果评定和处置

进境木材无异常的合格评定和处置：经现场检疫查验和实验室检测，没有发现进境检疫性有害生物、其他具有检疫风险（符合进境木材截获非检疫性有害生物检疫处理评估程序）的有害生物和其他异常情况的，评定为合格，准予放行，应货主要求，实施查验的隶属海关可出具《入境货物检验检疫证明》。审单放行、未经查验的，受理报关的隶属海关可出具《入境货物检验检疫证明》。出证应符合海关总署综合司相关规范要求。

一般进境木材有异常的不合格评定和处置：若发现进境检疫性有害生物、其他具有检疫风险（符合进境木材截获非检疫性有害生物检疫处理评估程序）的有害生物，或其他异常情况的，评定为不合格。经评估有有效除害处理方法的，实施检疫查验的隶属海关出具《检验检疫处理通知书》，通知货主或其代理人进行除害处理，经除害处理合格的，准予放行，应货主要求可出具《入境货物检验检疫证明》；经评估，无有效除害处理方法的，出具《检验检疫处理通知书》，做退运或销毁处理。处理后需索赔的，出具《植物检疫证书》。涉及分港卸货的，卸毕港海关汇总结果后对外出证。先期卸货港实施检疫中发现疫情并必须在船上熏蒸、消毒时，由先期卸货港海关统一出具《检验检疫处理通知书》，并及时通知其他分卸港海关。

（二）特殊（双边协议）类木材的评定和处置

进境的俄罗斯未经境外检疫处理的带皮原木，经境外预检后，进境检疫发现检疫性有害生物或申报时不能出示《境外预检通知单》，有有效处理方法的，签发《检验检疫处理通知书》；无有效处理方法的，或不按海关要求使用的，出具《检验检疫处理通知书》，做退运或销毁处理，出具《植物检疫证书》。其中，在每年 4 月 20 日—10 月 15 日陆运进境的俄罗斯未处理原木，实施熏蒸处理或进检疫加工区实施加工。联运原木运至原木火车熏蒸场地实施熏蒸。进检疫加工区加工的原木须在一个月内完成加工，树皮及下脚料完成除害处理。对于受口岸换装场地限制不能立即开展熏蒸或加工的进境原木，用触杀式杀虫剂对原木进行表层预防性除害处理。在 10 月 15 日至翌年 4 月 20 日进境的原木，须在检疫加工区实施加工处理。未经境外检疫处理，通过水运进境的俄罗斯原木，在除害处理区内或锚地实施检疫处理。

进境的加拿大不列颠哥伦比亚省未经境外检疫处理的带皮原木，经检疫符合双边议定书要求的，在除害处理区内实施检疫处理。在规定的贸易时间段内发现不符合议定书要求的原木种类的，不允许入境。发现植物检疫证书不符合议定书规定的，不接受申报。如发现检疫性有害生物且无法在港口进行有效处理的，采取退运、转口或销毁措施。如发现不符合议定书要求的，入境口岸海关应立即向海关总署报告。海关总署将向加拿大食品检验局通报，并可能采取停止进口措施。加拿大食品检验局应对此进行调查，并向海关总署反馈调查结果，避免类似问题再次发生。

进境的美国阿拉斯加州未经境外检疫处理的带皮原木经检疫符合双边议定书要求的，在除害处理区内实施检疫处理。发现植物检疫证书不符合议定书规定的，不接受申报。入境口岸海关在原木表面发现中方关注的活的检疫性有害生物，应立即对原木表面采取喷洒药剂杀虫等措施，防止其传播扩散。同时，应及时将有关情况报告海关总署，海关总署将向动植物卫生检疫局通报，动植物卫生检疫局应对此进行调查并加强检疫，避免类似问题再次发生。发现原木带有枝叶、土壤，应及时采取除害处理，并向海关总署报告。如多次发现枝叶、土壤，海关总署通知动植物卫生检疫局并可暂停进口美国阿拉斯加州原木，直至美方采取有效的改进措施。

（三）具体处置情形

1. 退回、销毁或转口处理的主要情形

（1）无法提供植物检疫证书或原产地证书。

（2）植物检疫证书、产地证书为伪造或编造。

（3）声明不带树皮，且在境外未进行过有效处理，经检疫发现实际未做去皮处理的。

（4）发现活的检疫性有害生物，且无有效除害处理方法。

（5）发现土壤或其他禁止进境物。

（6）虽有有效处理方法，但口岸不具备除害处理条件或超出条件承载能力。

（7）来自松材线虫疫区松木检出松材线虫或活体天牛的。

（8）来自松材线虫发生国家（地区）的其他进境木材中夹带松木的。

（9）其他国家（地区）明令禁止的、不符合双边协议要求。

2. 检疫处理的主要情形

（1）检出活体检疫性有害生物或双边检疫协定中规定的有害生物；

（2）检出活体一般性有害生物，已准确鉴定到种，经隶属海关评估，认为可能对农林业生产及生态安全产生严重危害的；

（3）检出其他活体有害生物未鉴定到种，但其科或科以下属种中有检疫性有害生物的，且可能对农林业生产及生态安全产生严重危害的；

（4）检出其他活体有害生物未鉴定到种，其科或科以下属种中无检疫性有害生物的，但经隶属海关评估，认为可能对农林业生产及生态安全产生严重危害的；

（5）声明不带树皮，在境外进行过去皮处理，但经检疫发现树皮超标的；

（6）未按照中国认可的检疫处理方法实施处理的；

（7）发现活动物或动物尸体的，应对发现物做销毁处理，并按照动物疫病防控要求实施防疫处理；

（8）检出病媒昆虫（集装箱内包括死的病媒昆虫）、啮齿动物或啮齿动物活动迹象等符合卫生处理指征的，应实施卫生处理。

3. 其他处置

现场查验发现集装箱箱号、封识不符、夹藏其他货物、品名（树种）不符、涉嫌濒危物种违规、境外误装货或港口误卸货导致实际数量与申报数量不符等的异常问题，移交相关科室/部门做进一步处置。

4. 后续处置要求

查验发现禁止进境情形需做退回、销毁或转口处理的，应在查验过程记录中详细注明异常情形，在确定查验异常项后，移至相关部门处置。异常处理部门（岗位）按照相应规定做好退回、销毁或转口处理的实施及监督工作。查验发现需做检疫处理情形的，应在查验过程记录中详细注明异常情形，在确定查验异常项后，移至相关部门处置。异常处理部门（岗位）按照规定做好检疫处理监督管理，并在系统后置作业模块中接派单并记录处理情况，处理合格后，办结系统流程。查验发现其他异常情形的，应在查验过程记录中详细注明异常情形，在确定查验异常项后，移交处理部门（岗位）按照相应规定处置。

（四）出境木制品检验检疫结果评定

1. 检验检疫或口岸查验合格。符合输入国家（地区）的植物检疫要求、政府及政府主管部门间双边植物检疫协定、协议、备忘录和议定书及贸易合同或信用证中有关检验检疫要求的，出具《植物检疫证书》、《卫生证书》、《检验证书》、电子底账等有关单证。

2. 检验检疫或口岸查验不合格。不符合输入国家（地区）的植物检疫要求、政府及政府主管部门间双边植物检疫协定、协议、备忘录和议定书及贸易合同或信用证中有关检验检疫要求的，但经有效方法处理并重新检验检疫合格的，允许出境并出具《植物检疫证书》、电子底账等有关单证。无有效方法处理的，签发《出境货物不合格通知单》，不准出境。

3. 根据输入国家（地区）的要求或货主申请，需出具《熏蒸/消毒证书》的货物，在实施熏蒸处理后，出具《熏蒸/消毒证书》。

出境货物检疫有效期一般为 21 天，北方部分地区冬季可酌情延长至 35 天。

五、检疫处理方法和原则

（一）检疫处理方法

常规除害处理方法包括熏蒸、喷药等，有条件的可采用辐照、热处理等方法达到除害目的，具体主要有以下情形。

1. 检出昆虫：根据现场条件选择熏蒸、辐照、热处理方式。

2. 检出土壤：除须退运情形外，对明显带土的，实施熏蒸处理；少量带土的，对土壤收集销毁或对黏附带土货物采取喷洒消毒处理。

3. 检出杂草、植物种子：对杂草、种子清扫收集，对收集物采用焚烧、粉碎、蒸煮等方式进行无害化处理。

4. 检出病害：对货物熏蒸、热处理、喷洒消毒处理（根据实际情况选择一种方式）。

5. 检出动物尸体、动物残留物（如羽毛、排泄物等）等：对受污染的货物和区域实施喷洒消毒；对动物尸体、动物残留物等喷洒消毒后焚烧或深埋处理；对集装箱运输的货物，连同集装箱实施熏蒸处理。

6. 检出活体动物：判断是否濒危，濒危的交地方林业主管部门处理，非濒危的立即扑杀后做焚烧、深埋处理，货物做熏蒸处理。

7. 携带枝叶：收集枝叶做销毁处理。

8. 检出有特定卫生处理指标的有害生物：按特定卫生处理指标处理。

（二）检疫处理原则

进境木材异常处置应针对同一提单同一报关批下的所有货物。如集装箱木材报关批内有多个集装箱的，检疫处理应针对该批次货物的所有集装箱。船运散装木材同一报关批有多个堆垛的，应对所有堆垛实施检疫处理。在表层检疫或卸货过程中发现存在疫情扩散风险的活体昆虫，可实施预防性处理，防止有害生物扩散，同时送实验室检验鉴定，并根据鉴定结果进行处理。表层检疫或卸货过程中发现其他动物及其尸体、排泄物等的，应对接触部分木材、运输工具和装卸现场进行对应的预防性喷药处理，避免疫情疫病扩散。此外，同一批木材除出于植物检疫原因外，还发现除出于动物检疫或病媒昆虫、废旧物品等卫生检疫不合格等原因需处理时，如果不同处理方式可以兼容，按其中最高标准实施，如果不能兼容，分别按对应标准实施处理。

（三）进境木材截获非检疫性有害生物检疫处理评估

木材上携带的各类有害生物种类繁多、数量巨大，涉及各个生活史状态，异常复杂，检疫人员和实验室鉴定人员无法把所有有害生物都及时鉴定到种，尤其是一些幼虫状态的有害生物。但这些有害生物又都存在攀爬、迁飞等扩散可能，带来巨大的潜在风险，需要一定的防疫处理。因此，根据检验检疫法律法规及相关要求、《有害生物风险分析框架》（GB/T 27616—2011）、《限定性有害生物检测与鉴定规程的编写规定》（GB/T 23635—2009）、《限定性有害生物的植物检疫处理》（ISPM28）等国内外标准，我们可对截获的有害生物进行风险评估。评估由 3 名或 3 名以上具备植物检疫现场专家查验岗或植物检疫高级签证官或高级农艺师以上职称的海关人员进行。进境木材中截获《中华人民共和国进境植物检疫性有害生物名录》以外的活体有害生物，包括昆虫（白蚁、天牛、吉丁、蠹虫、象虫、树蜂、蚁类等）、病害（线虫、真菌、细菌等），以及蜗牛、蜘蛛等，可启动评估程序。进境木材中截获昆虫、蜗牛、蜘蛛以外的其他动物，参照卫生防疫及动物疫病防控要求实施。

评估按照以下程序对截获的活体非检疫性有害生物进行判定。

1. 已鉴定到种

未鉴定到种

2. 已纳入相关协定或名单，符合以下 4 项中的 1 项或以上：列入双边协定、列入《全国林业检疫性有害生物名单》、列入《全国林业危险性有害生物名单》或地区林业检疫性有害生物

不属于现有协定或名单中的有害生物

3. 海关总署及农林部门为该有害生物发布警示通报

未涉及该有害生物的警示通报

4. 属于直接危害树木的有害生物，如蛀干类害虫

不属于直接危害树木的有害生物，如蜗牛、蜘蛛、仓储害虫等

5. 有害生物所在的属有检疫性有害生物

有害生物所在的属无检疫性有害生物

6. 单种有害生物数量在 5 头以上

单种有害生物数量在 5 头以下

7. 木材装载形式为船舶散装进境

木材装载形式为集装箱、火车或汽车进境

8. 该申报批有害生物数量较大：带虫（带病）的木材根率≥5%，或某堆带虫木材根率≥20%，或蛀干类有害生物总量≥100 头

该申报批有害生物数量较少：带虫（带病）的木材根率<5%，任一堆带虫木材根率均<20%，且蛀干类有害生物总量<100 头

9. 有害生物数量较大：任一集装箱/车内带虫（带病）木材根率≥10%，或任一箱内多种蛀干类有害生物总量≥5 头

有害生物数量较少：任一集装箱/车内木材带虫（带病）根率均

<10%，且任一箱内多种蛀干类有害生物总量均<5 头

10. 须实施检疫处理

11. 不须实施检疫处理

六、检疫监管

（一）进境木材检验检疫监管

海关对进境木材的装卸、运输、木材查验区、木材检疫除害处理区及进境木材的除害处理过程实施监督管理。海关应对上述场区进行疫情监测，发现疫情立即要求库场/货主采取防疫措施。从事进境木材熏蒸、消毒处理业务的单位，必须经海关考核合格。海关对熏蒸、消毒工作进行监督、指导。

指定监管场地运营单位应建立进境木材下脚料处置制度，针对进境木材接卸、存储过程中产生的树皮等有携带有害生物风险的下脚料进行严格管理和有效处置，并建立进境木材下脚料处理台账，记录报关单号、下脚料重量、处理单位、处理时间和处理方法。

口岸隶属海关监督指定监管场地运营单位对进境木材装卸、储存过程中产生的树皮进行收集和清扫，并针对可能携带的有害生物，在收集和清扫时，喷洒杀虫、杀菌，和/或杀线虫药剂。如树皮量少需暂时储存后集中处理的，下脚料存放场地（容器）应封闭，满足防止有害生物逃逸扩散要求。

海关对进境木材下脚料处理不再出具《检验检疫处理通知书》，海关关员在开展现场查验业务时，可对海关监管作业场所以往下脚料处置记录或台账进行检查。检查发现下脚料处理记录或台账不符合监管要求的，要求指定监管场地运营单位立即整改。

海关人员在现场查验或日常监管过程中发现应人工查验但被审单放行未被布控的（如原木被审单放行无须人工查验，或原木被申报为板材被审单放行）、证书单证异常的，应立即反馈综合或相关部门增加布控、更正处置。在现场查验或日常监管过程中发现未经海关同意，私自卸货、开箱、发运情形的，现场拍摄照片、视频等保留第一时间证据后，移交相关部门根据法律规定的条款进行行政处罚。在现场查验或日常监管过程中发现已合格放行的以往货物再次感染/滋生有检疫性或具有风险性的有害生

物，督促库场作为第一责任单位进行防疫处置。

（二）出境木制品检验检疫监管

产地海关对加工企业出境木制品疫情、有毒有害物质残留进行监控，并对其装卸、运输、储存、加工过程以及质量管理体系运行情况实施监督管理，做好监督管理记录。对监管中发现的问题，及时反馈企业，要求企业限期整改，并视整改情况适时进行跟踪。出境口岸海关对产地海关放行的木制品实行口岸抽查制度，对查验不合格的货物，应将查验的有关情况向产地海关通报。

七、记录上报

（一）植物疫情上报

口岸隶属海关应在检出不合格情况并出具处置结论后 5 个工作日内在系统中录入植物疫情截获情况，并及时审核上报。疫情录入有误或处置方式有变化的，由口岸隶属海关申请撤单，审核人员同意后撤回修改，修改登记与审核上报应在 3 个工作日内完成。涉及重新鉴定或结果复核的，以最终的检疫结果出具时间为准，由口岸隶属海关申请撤回原单并重新登记，重新登记与审核上报应在最终检疫结果出具后的 3 个工作日内完成。确认检出全国首次截获的检疫性有害生物的，或经风险评估认为具有严重危害潜力的非检疫性有害生物，根据《出入境检验检疫风险预警及快速反应管理规定》，需报请海关总署发布风险预警的，直属海关应函报总署动植司。

（二）违规通报

进境木材检出《中华人民共和国进境植物检疫性有害生物名录》，相关植物检疫要求公告列明的活体检疫性有害生物，或经风险评估认为具有严重危害潜力的非检疫性有害生物，发现活动物、动物尸体、排泄物、土壤等禁止进境物，发现植物检疫证书不符合要求或海关总署警示通报等要求报送的异常情况的，口岸隶属海关填写《违规通报表》，由直属海关报海关总署动植司。准确填报违规通报表中的所有项目，植物检疫证书中收发货人、地址与实际收货人地址不一致的，填写证书中收发货人和地址。涉及原产国（地区）和输出国（地区）不同的，通报对象填出具植物检疫证书的国家（地区）。

第二节
木材检疫查验方法

◇────────◇

一、木材检疫涉及有害生物的类别和特点

进口木材由于其自身特点，是所有货物中携带各类有害生物最复杂的一类产品。在日常检疫工作中，各口岸除截获到大量昆虫、病害、杂草等植物有害生物外，还截获到蛇、蜥蜴、蜘蛛、蜗牛、蟑螂、老鼠等外来入侵物种，以及土壤、种子等禁止进境物。这些情况主要源于当地林木砍伐后，木材上携带的各类生物没有有效去除、杀灭，以及储运环节中没有有效落实防疫管控，造成后期感染。此外，木材携带有害生物还取决于木材所经受的加工水平，原木、锯材和机械加工产生的木制材料等木材商品的有害生物风险不同。一般情况下，不同类别木材携带疫情情况：带皮原木＞原木＞带皮锯材＞锯材＞SPF板材＞二次加工过的木材（如胶合板、单板等）。在这些异常中，昆虫类的林木虫害占据绝对地位，病害类由于发现难度大、检测周期长，仍处在不断摸索阶段。

林木害虫种类众多，主要可分两类：一类是森林害虫，它为害林木，也能为害砍伐后的木材，如部分天牛类有害生物；另一类是木材害虫，专门侵害使用中的木材，如粉蠹、长蠹和白蚁等。这些害虫的生活习性和为害方式不尽相同。进口木材上的害虫多以幼虫为害木材，有的以木材中淀粉和糖类为营养源，不能消化纤维素，侵害仅限于边材；在羽化成虫时才啮蛀木材形成羽化孔。也有幼虫与成虫同时啮食木材。有的专门以啮食木材纤维素为生的害虫，它不仅能消化细胞中的淀粉、糖类等，还能消化细胞壁的纤维素。也有某些蛀木蠹虫与真菌共生，以摄取真菌菌丝体和代谢物作为营养源，即这些昆虫侵入木材时，随即带入真菌在虫道壁上生长，故称为食菌昆虫，因此木材同时受虫菌危害，如部分长小蠹害虫。上述这

些木材害虫一年一个世代或多个世代，有的幼虫或成虫能在木材中生活数年。它们咀嚼蛀蚀木纤维，造成大小、深浅不一的蛀孔和虫道，严重时甚至呈蜂窝状，一捏即碎成粉末，如双棘长蠹，这些都严重危害了树木生长和使用价值。

林木病害按其发生的部位分以下几类：畸形、白粉、煤污、锈、叶斑等林木叶果病害，溃疡、瘿瘤、丛枝、枯萎、流脂或流胶等林木枝干病害，根腐、根瘤等林木根部病害，以及真菌引起木材变色和腐朽等。林木病害由生物（侵染性）和非生物（非侵染性）因素引起，其中侵染性病原包括真菌、细菌、病毒、类菌质体、线虫和寄生性种子植物。病原物在寄主体表或体内生长、发育和繁殖，不但在寄主体中吸取营养，而且其代谢产物常对寄主产生刺激或毒害，进而造成寄主在生理、解剖和形态上发生一系列的病理变化，表现为具一定特征性的症状，如松材线虫的为害状是在病木横截面上呈辐射状直至全部变蓝。掌握病害的症状是现场针对性检疫、取样的重要技能，需要较高的技术水平。

二、木材检疫项目

对木材实施现场检疫时重点关注是否携带树皮（树皮是否超标）；是否携带土壤等禁止进境物；各类为害状，如空洞、蛀孔、虫粪、虫道、蚁迹道、蓝变、腐朽、流汁、病斑和病症等；各种不同生活状态下的有害生物，如活虫、茧蛹、虫瘿、菌丝、子实体以及可以随木材携带传播为害的其他生物有机体。进境原木若有木质包装或衬垫料，须连同原木一起检疫。

（一）针对性检查项目

根据输出国家（地区）产地疫情和我国的检疫要求，进行针对性检查。海关工作人员应熟悉不同国家（地区）重要病虫害发生及分布情况，以及我国已签订的双边植检协定有害生物名录情况，以便在现场检疫中做到有的放矢。例如，对来自欧洲的云杉原木，重点检查是否携带云杉八齿小蠹、小灰长角天牛、云杉树蜂或蓝黑树蜂等有害生物；对来自北美洲的原木，重点检查是否携带齿小蠹属、大小蠹属或天牛科有害生物；对来自大洋洲的原木，重点检查是否携带长林小蠹、南部松齿小蠹等有害生物。

根据不同材种可能携带的有害生物进行针对性检查。例如，在现场检疫中对来自松材线虫疫区的松木应重点检查，对来自热带、亚热带地区的硬杂木应重点检查钻蛀性害虫和病害。

根据有害生物的生物学特性，对重点为害部位进行针对性检查。例如，林木害虫具有钻蛀性的特征，因而在木材表面常留有虫孔和蛀屑，并且根据虫孔的大小，大致可判别为哪一类害虫，如扁锥象的虫孔口直径一般为 $1\sim2$ mm、小蠹类害虫一般为 $1\sim2$ mm、长蠹类的一般为 $2\sim4$ mm、吉丁类的一般为 $5\sim10$ mm、天牛类的一般为 $3\sim15$ mm；材小蠹类害虫排出坑道外的木屑和粪便常呈棍棒状，宛如烧剩下的香灰一样，同时我们也可根据其排出的木屑和虫粪混合物的新鲜度，来判断该虫孔中是否有活虫。

（二）口岸常见钻蛀性有害生物的特征

1. 天牛科

天牛幼虫一般先在树皮下蛀食，经过一段时期后才深入到木质部分，少数种类仅在皮下蛀食，也有的种类钻蛀不深，仅在韧皮部及边材部为害。许多种类侵害基干或粗枝，有的在根干，有的则在枝条蛀食。幼虫蛀食时穿凿各种坑道，或上或下，或左或右，或直或弯，随种类而异，坑道一般不规则。在坑道内常充满虫粪及纤维质木屑，虫孔外有虫粪及木屑排出，有时受害处有树汁流出。幼虫成熟时在坑道末端蛀成较宽的坑穴，构筑蛹室，两端以纤维木屑闭塞，于其中化蛹。

2. 小蠹科

小蠹科害虫按照食性可分为两大类：树皮小蠹类和食菌小蠹类。树皮小蠹钻蛀在树皮与边材之间，直接取食树木组织，如大小蠹属、切梢小蠹属、星坑小蠹属及齿小蠹属等。食菌小蠹钻蛀木质部内部，坑道纵横分布在材心中，坑道周缘有真菌及其他微生物与之共生，以取食这些真菌的菌丝和孢子为生，如材小蠹属、木小蠹属等。

按照小蠹在树身中修筑坑道的部位，也可把小蠹分为两类：树皮小蠹类和蛀干小蠹类。前者筑坑于韧皮部与边材之间，坑道能完全展现在树皮内面，呈一平面结构；后者筑坑于木质部中，上下纵横贯穿，呈立体结构。

3. 长蠹科

长蠹科害虫主要为害树木、原木、木方/板材、藤枝、竹枝、家具、卡板、木包装等，部分种类甚至还为害粮食谷物，具有很大的破坏性。在原木中大部分种类为害木质部，表面通常有蛀孔，蛀孔圆形，直径 1~8mm，向内延伸形成坑道。蛀孔周边和蛀孔内通常有蛀屑，幼虫期蛀屑通常紧塞于坑道内。若木块内有坑道，敲击时声音有空洞感。在其他材质中为害症状与原木中类似。

4. 长小蠹科

长小蠹科很少为害健康或生长旺盛的树木，主要入侵由干旱、病害、老龄、虫害落叶、受伤或其他原因引起的衰弱树，通常选择长势严重衰弱、濒死树、新倒木或潮湿的原木入侵；喜欢选择较大直径的树干入侵，侵入孔周围常有白色纤维状粉末。在很潮湿的情况下，坑道分布紧密，呈绞绳状延伸；在较干燥情况下，坑道在寄主树木基部周围分布松散。寄主木材解剖显示，母坑道从树皮入侵后穿透边材，并直入心材。当树木或原木湿度较低时，坑道会出现分支或再分支，形成环状，众多短而垂直的蛹室会出现在坑道的上下壁。

5. 白蚁类

白蚁种类很多，全世界有 3000 多种，能为害树木、房屋、堤坝和家具等。能随木材和木质包装传播的白蚁主要有乳白蚁、散白蚁、堆砂白蚁、楹白蚁、弓白蚁等种类。其中在口岸截获最多的是乳白蚁。乳白蚁一般在木材内部为害，但常会在树木或木材表面用树屑搭建一细长的遮光通道，谓之"蚁路"。其他白蚁可在木材及木质包装内为害取食，在木材心部形成断续环状裂纹、发糕状空隙。在进境木材及木质包装中，常能发现白蚁的兵蚁和工蚁，但一般不太可能发现蚁后。

6. 象甲类

象甲科是鞘翅目最大的科，也是动物界最大的科，种类极多，分布广泛，遍及全世界。全世界已经记录种类接近 7 万种，我国记载 1200 余种。本节主要介绍为害木材的木蠹象属。木蠹象属除樟子松木蠹象为害樟子松球果外，其他种类均为害松科植物的形成层和韧皮部，并在外树皮形成蛹室。除去树皮可见蛹的丝质和木屑形成的茧，在顶枝基部表面常发现有长木纤维覆盖的孔。若成虫取食韧皮部，树体颜色可变成红棕色，严重时可造成死亡，或树冠出现烧灼状，幼叶掉落，树干受害状与齿小蠹的为害状相似。

7. 吉丁虫科

吉丁虫与天牛的取食方式相似，其幼虫发育有的在木本植物的枝干中，有的在草木枯茎中或植物的根中，但最典型的是在乔木和灌木植物的枝干中。由于蛀干类吉丁幼虫的头部和胸部常扁平，故又被称为"扁头钻孔虫"。吉丁虫幼虫的坑道较扁，这与幼虫身体较扁相一致。吉丁虫的坑道一般在树皮下呈弧形弯曲，不规则，幼虫在根下往往蛀成宽而平坦的坑道。羽化孔一般较特殊，呈"D"形，垂直于树木的体轴，易于辨认。

8. 树蜂科

树蜂科以幼虫钻蛀树木茎秆为害，幼虫期2~4年，有时达5~8年。老熟幼虫在蛀道内化蛹。成虫不取食，喜欢在生理受害的树木上，特别是由环境因素如干旱、林木过密引起的衰弱树木上产卵。

第三节
木材检疫处理技术

————————◇————————

世界上有很多严重为害农作物、食品、林木等的危险性病虫害，如美国白蛾和松材线虫，以及对生态环境造成严重破坏的危险性杂草如薇甘菊，均是通过人类的贸易活动等实现远距离传播的。实施植物检疫处理的目的，就是要阻止危险性有害生物随国际贸易中的货物和运输工具进行远距离传播。

随着世界贸易组织的建立，全球经济一体化进程不断加快，国际贸易不断发展；SPS协定的实施，更加促进了国际自由贸易，特别是农产品贸易。与此同时，危险性有害生物国际传播概率随之增加，传播速度明显加快。危险性有害生物的传入、定殖、扩散和蔓延，在很多国家（地区）造成了严重的生态灾难，物种多样性遭到巨大破坏，经济损失十分惊人，因此引起了世界各国（地区）的高度重视。植物检疫处理，作为动植物检疫的重要组成部分，是一种十分重要的技术措施，对于有效防范外来有害生物入侵和促进国际贸易的发展，起到了十分关键的作用。

依据SPS协定，植物检疫处理的应用，应当建立在科学、适度的基础上。因此，加强植物检疫处理的规范化、标准化，是实施SPS协定的基础。世界各国（地区）和相关国际组织对此都非常重视，如《国际植物保护公约》针对国际贸易中货物木质包装材料传带危险性有害生物而需要对其实施检疫处理，专门制定了相关的国际标准（ISPM15）。不仅如此，《国际植物保护公约》还在加快制定国际贸易中相关货物植物检疫处理的国际标准。《国际植物保护公约》作为世界贸易组织国际标准指定机构，根据SPS协定，它制定的国际标准应该为世界贸易组织成员所采用。随着更多国际标准的制定，植物检疫处理在促进国际贸易发展中将会发挥越来越重要的作用。

植物检疫处理的应用在我国已有半个多世纪的历史，伴随着我国外贸事业的发展壮大而不断完善和规范，各种植物检疫处理方法也得到了广泛应用。不仅如此，植物检疫处理技术研究也在不断得到加强。新技术、新方法的推广应用，更进一步提高了我国植物检疫处理的有效性，并将不断满足我国国际贸易发展和防范外来有害生物的需要。

一、实施植物检疫除害处理的依据、原则和措施

（一）植物检疫除害处理的法律依据

根据联合国粮食及农业组织的定义，植物检疫处理是旨在杀灭、去除有害生物或者使其丧失繁殖能力的官方许可的做法。其主要法律依据有《中华人民共和国进出境动植物检疫法及其实施条例》、《植物检疫条例》、规范性文件、国际标准、国家标准、行业标准等。

（二）植物检疫除害处理的原则

植物检疫处理措施的实施应在保证有害生物不随着贸易中的动植物、动植物产品和其他应检物传入和扩散的前提下，尽量减少贸易关系人的经济损失，以促进经济和贸易的发展。

（三）植物检疫除害处理的措施

植物检疫除害处理措施包括对携带有害生物的货物或其他应检物依法采取的各种技术手段，如除害处理、退回、销毁、转港、改变用途、限制使用等。对于能进行有效除害处理的，应尽量采用检疫处理的方法；无有效除害处理方法的，可以转港、改变用途或限制使用，也可以做退回或销毁处理。因此，检疫处理技术水平直接影响了经济和贸易的发展。

检疫处理是通过物理、化学、生物等技术方法来杀灭有害生物或导致有害生物不育，防止有害生物的传播、扩散和定殖。检疫处理的方法包括化学处理方法和非化学处理方法。化学处理方法有熏蒸、烟雾剂处理、药剂浸泡处理等；非化学处理方法有热处理、冷处理、热水浸泡处理、辐照处理、微波处理和气调处理等。

在植物检疫除害处理中广泛应用的是熏蒸、热处理、冷处理等方法，其中熏蒸处理由于具有经济、实用、效果显著等特性，成为应用最广泛、最常用的处理方法。

二、木材除害处理模式

（一）集装箱熏蒸处理

木材通过陆运或海运进境时，有时会采用集装箱作为装载工具。集装箱装载的原木一般利用集装箱直接进行熏蒸处理。具体做法可参照《集装箱熏蒸操作规程》（GB/T 36854—2018），其要点是：熏蒸处理的集装箱应有良好的气密性；装载量不超过总体积的80%；检测密闭空间的温度后，确定熏蒸剂剂量和熏蒸密闭时间，要求密闭空间内的温度不低于5℃，保障熏蒸剂完全气化；密封集装箱通气孔后，依据熏蒸方案确定投药量，于门缝顶部中央准确投药，投药结束时间作为熏蒸正式开始时间，超过24h熏蒸散气前检测浓度应不低于投药量的30%；熏蒸结束后将箱门及通气孔打开通风散气，持续自然通风12~24h，或机械通风2h以上；熏蒸操作过程中操作人员应正确佩戴安全防护装备。

（二）船舶熏蒸处理

海运散船带皮木材在输出前未进行除害处理的，应当在航行途中或锚地进行除害处理，且一般采取整船熏蒸处理的模式。具体做法是：了解船舱密闭情况及通风散气设施情况，拟定散气时间和方法；了解机舱、生活区等非货舱位置及情况，拟定安全防护措施；用密封材料，如糨糊、高力纸、沥青胶等，对装载舱进行密闭处理，必要时用沙袋罩幕；依据货舱数量、位置、舱容、舱深等计算投药量，确定投药方法；投药温度应保证熏蒸药剂充分气化，气温低于货温5℃以内及高于货温的，以货温为熏蒸温度，低于货温5℃以上的，熏蒸温度为货温与气温的平均数；溴甲烷熏蒸投药必须使用汽化器或风扇等；投药和密闭熏蒸期间，对甲板、生活区等进行检漏，并悬挂醒目警戒标识；熏蒸期间，要求船方白天悬挂"VE"旗，夜间开启"绿—红—绿"信号灯；熏蒸技术指标详见《进境原木船舶熏蒸操作规程》（SN/T 2771—2011）；散气前舱内浓度低于规定标准5g/m³的，延长密闭时间 8～12h；低于规定标准 5～8g/m³ 的，按 SN/T 2771—2011 要求补充投药；在 8g/m³ 以上的，重新实施熏蒸。熏蒸结束后，机械通风 3h 以上或自然通风 6h 以上，散毒应按照先下风后上风的原则；散毒期间在开舱后 2h、4h、6h 对货舱、生活区、机舱等区域的溴甲烷或硫酰氟浓度进行检测，直至溴甲烷浓度低于 5ppm 或硫酰氟浓度降至0.02g/m³；散毒期间，要求船方白天悬挂"BO"旗，夜间开启"绿—红—红"信号灯。

（三）火车整车熏蒸处理

以列车陆运的带皮木材，需要进行除害处理时，一般在列车上进行整车熏蒸，具体做法可参照《进境原木火车熏蒸操作规程》（SN/T 1484—2004）。其要点是：远离生活区，保证 50m 以上距离，车厢应具有密闭性；用糨糊、牛皮纸等密封车厢缝隙，用帐幕罩盖车厢货物顶部，并用沙袋压实封闭；测定熏蒸温度，气温低于货温 5℃ 以内及高于货温的，以货温为熏蒸温度，低于货物 5℃ 以上的，熏蒸温度为货温与气温的平均数；计算体积，确定投药量；顶部投药，并设置警戒标识；实施两步投药，先投1/4～1/3药量，然后检漏，发现泄漏时及时采取措施，无泄漏时将余下的药剂投完；投药 1～2h 进行浓度检测，以后每隔 6～12h 检测一次，直至熏蒸结束；散气前检测浓度低于规定最低浓度 5g/m³ 以内的，延长熏蒸时间8～12h；低于规定最低浓度 5g/m³ 以外的，须补充投药，并延长熏蒸时间12～24h；熏蒸结束通风散气 1h 后卸下帐幕；熏蒸操作过程中，操作人员应正确佩戴安全防护设备。

（四）帐幕熏蒸处理

帐幕熏蒸是木材熏蒸处理中最常见的模式，分为室内熏蒸和室外熏蒸，具体做法可参照《帐幕熏蒸处理操作规程》（SN/T 1123—2010）。其要点是：室内帐幕应选择易于散毒、便于操作、空间较大的场所，室外帐幕应选择无雨、风力小于 5 级、无积水的场所；熏蒸的密闭空间内温度不低于5℃，密闭空间内温度低于15℃时应采取药剂汽化装置，保证药剂充分汽化，并确保药剂出口温度不低于20℃；技术指标参考SN/T 1442—2004和SN/T 1123—2002；散气前检测浓度低于规定最低浓度$5g/m^3$以内的，延长熏蒸时间8~12h；低于规定最低浓度$5g/m^3$以外的，须补充投药，并延长熏蒸时间8~12h；磷化铝熏蒸的，如果散气前磷化氢的浓度检测值低于规定的最低浓度，应重新熏蒸；室外熏蒸结束通风散气1h后卸下帐幕，通风散气24h，室内熏蒸首先打开门窗、开启风机，然后参照室外熏蒸的时间执行；熏蒸操作过程中操作人员应正确佩戴安全防护设备。

（五）除害处理区大型成套仓幕熏蒸处理

海运及陆运的未经除害处理的带皮原木及其他需要进行检疫除害处理的木材，可在指定除害处理区进行除害处理。除害处理区大型套仓熏蒸处理模式便是为满足这种木材大批量除害处理需求而产生的。通过建设木材除害处理区，运用国际先进的处理技术，可实现整个处理过程的全自动控制及检测，提高除害处理质量，减少境外林木病虫害扩散传播的风险。大型成套仓幕熏蒸处理的具体做法是帐幕熏蒸处理技术的继承和拓展。木材检疫除害处理区，采用全封闭运行的方式，接卸进口木材直接入区实施100%的熏蒸除害处理，且除害处理改变了传统的罩膜熏蒸处理方式，采用大型成套仓膜处理技术，可实现熏蒸药物气体的循环利用，有效减少了熏蒸尾气的排放，使熏蒸除害处理药物对环境影响降到最小，有助于保护环境和安全生产。具体建设标准可参考《进境木材检疫处理区建设规范》（GB/T 36827—2018）。

三、进境海运原木检疫除害处理及技术要求

进境海运原木带树皮的，或经检疫发现检疫性有害生物须做检疫处理的，可采用下列推荐的除害处理方法进行处理。所采用的以下任何一种除害处理方法都要确保能杀灭原木携带的有害生物。

（一）熏蒸处理

熏蒸处理可在船舱、集装箱、库房或帐幕内进行。

1. 溴甲烷常压熏蒸

环境温度在5℃~15℃时，溴甲烷的剂量起始浓度达到$120g/m^3$，密闭

时间至少 16h，集装箱、船舶散毒时浓度 ≥36g/m³，帐幕和木材检疫处理成套设备散毒时浓度 ≥60g/m³。

环境温度在 15℃ 以上时，溴甲烷的剂量起始浓度达到 80g/m³，密闭时间至少 16h，集装箱、船舶散毒时浓度 ≥24g/m³，帐幕和木材检疫处理成套设备散毒时浓度 ≥40g/m³。

2. 硫酰氟常压熏蒸

环境温度在 5℃ ~ 10℃，硫酰氟的剂量起始浓度达到 104g/m³，密闭时间至少 24h，集装箱、船舶散毒时浓度 ≥31.2g/m³，帐幕和木材检疫处理成套设备散毒时浓度 ≥52g/m³。

环境温度在 10℃ 以上，硫酰氟的剂量起始浓度达到 80g/m³，密闭时间至少 24h，集装箱、船舶散毒时浓度 ≥24g/m³，帐幕和木材检疫处理成套设备散毒时浓度 ≥40g/m³。

（二）热处理

热处理可采用蒸汽、热水、干燥、微波等方式。处理时原木的中心温度至少要达到 71.1℃ 并保持 75 分钟以上。

（三）浸泡处理

有条件的地方，可将原木完全浸泡于水中 90 天以上，杀灭所携带的有害生物。

（四）其他经输出地植物检疫部门批准使用的有效的除害处理方法

向中国输出木材的国家（地区）覆盖全球主要木材输出地，除溴甲烷、硫酰氟熏蒸和热处理措施外，也批准了其他处理方法，如新西兰采取磷化氢随航熏蒸方法。欧洲部分国家也采取菊酯类农药喷洒除虫方法，并不能达到杀灭有害生物的效果。

四、进境陆运（火车）原木检疫除害处理及技术要求

木制品家具检疫除害处理应按照表 3-1 处理方法和指标实施。

表 3-1　溴甲烷常压熏蒸剂量和密闭时间

熏蒸剂	温度 ℃	剂量 g/m³	密闭时间 h	最低浓度要求 g/m³
溴甲烷	5~15	80	16	24
	16 以上	60	16	18

五、一般木制品家具检疫除害处理方法及技术要求

(一) 溴甲烷常压熏蒸处理指标 (表 3-2)

表 3-2　溴甲烷常压熏蒸处理指标

温度 ℃	剂量 g/m³	密闭时间 h	最低浓度要求 g/m³			
			2h	4h	12h	24h
≥21	48		36	31	28	24
≥16	56	24h	42	36	32	28
≥11	64		48	42	36	32

(二) 溴甲烷真空熏蒸处理指标 (表 3-3)

表 3-3　溴甲烷真空熏蒸处理指标

货物温度 ℃	真空度 kPa	剂量 g/m³	密闭时间 h
5~15	≤80	64	5
≥15	≤5	60	2
	≤10	60	3
	≤20	60	4
≥21	≤80	64	4

（三）硫酰氟常压熏蒸处理指标（表3-4）

表3-4 硫酰氟常压熏蒸处理指标

温度 ℃	剂量 g/m³	密闭时间 h	最低浓度要求 g/m³		
			16h	24h	32h
≥21	64	16	32	—	—
15.5~20.5	64	24	—	32	—
10~15	80	24	—	40	—
4.5~9.5	104	24	—	52	—
4.5~9.5	80	32	—	—	40

（四）硫酰氟真空熏蒸处理指标（表3-5）

表3-5 硫酰氟真空熏蒸处理指标

货物温度 ℃	真空度 Pa	剂量 g/m³	密闭时间 h
11~12	94430~99750	70~90	3

（五）热处理技术指标

木制品中心温度达到56℃，持续30分钟。

六、输美木制工艺品检疫除害处理方法及技术要求

（一）热处理技术指标

适用于所有直径大于1cm的木制工艺品，木材中心温度至少达到60℃，持续60分钟以上。

（二）溴甲烷常压熏蒸技术指标（表3-6）

适用于直径小于15.24cm、大于1cm的木制工艺品，熏蒸温度不应低于5℃。

表3-6　溴甲烷常压熏蒸技术指标

温度 ℃	剂量 g/m³	最低浓度读数 g/m³				
		帐幕或库房为0.5h（集装箱为1h）	帐幕或库房为2h（集装箱为2.5h）	4h	16h	24h（如16h未测，则24h数值应与16h一致）
27以上	56	36	33	30	25	17
21~26	72	50	45	40	25	22
16~20	96	65	55	50	42	29
10~15	120	80	70	60	42	36
5~9	144	85	76	70	42	42

七、木材检疫处理技术研究进展

对于国际木材贸易，熏蒸处理一直是最常用和最有效的技术和方法，其他如热处理、辐照处理等处理方式，由于对设备设施要求较高或仍处于试验阶段等多重因素，一直未能大规模应用到日常检疫处理业务当中。因此本书仍然以介绍熏蒸处理研究进展为主，尤其重点介绍溴甲烷、硫酰氟、磷化氢3种熏蒸剂的应用现状和未来发展方向。

（一）溴甲烷熏蒸处理

自1932年首次发现溴甲烷具有杀虫活性以来，因其经济实惠、操作方便、杀虫广谱等特性而被广泛应用于各类商品货物的检疫和装船前的处理，溴甲烷也是当前国际贸易木材检疫处理中应用最多的熏蒸剂。据资料介绍，每年全球木材熏蒸使用总量中，溴甲烷占了一半以上。但根据1992年11月的《蒙特利尔议定书》（哥本哈根修正案）要求，溴甲烷属于温室气体，需于21世纪初完成淘汰。2018年底，我国已在农业用途上完成溴甲烷的淘汰工作，但由于上述议定书明确规定了溴甲烷在检疫和装运前的应用以及循环利用部分可以豁免，即在溴甲烷淘汰时间表到期以后，在找到并证实其有效性和经济性相当的替代技术（替代品）前，溴甲烷在该领域的应用暂时不受限制。因此在可预计的未来，溴甲烷熏蒸处理仍然是国际木材贸易检疫处理的主导，而针对它的替代方案，主要有两条路线：一是进一步优化熏蒸技术体系，积极研发溴甲烷替代药剂。但溴甲烷的各项特性非常优异，现有科学技术条件下尚未找到可替代的药剂，导致该方案成为世界级难题；二是通过添加药剂混配的应用研究，对检疫处理设施设备升级改造药剂回收循环再用功能，优化工艺流程，进一步缩短处理时间和减少溴甲烷的使用量，既提高处理效果，又减少对环境的污染，实现对溴甲烷的可持续利用。第二条路线难度较低，已成为溴甲烷应用发展的主要方向。

（二）硫酰氟熏蒸处理

与溴甲烷相比，硫酰氟的穿透性更强，且易解吸、残留少、不会破坏臭氧层物质，因此在国际木材贸易检疫处理中可作为溴甲烷的替代熏蒸剂。但硫酰氟对温度要求较高，在≤10℃时，致死剂量明显过高，无实际应用意义，只有在温度达到15.5℃以上时，才有一定实用价值。同时，根据相关研究，硫酰氟为比溴甲烷更强效的温室效应气体，约等于二氧化碳的4800倍，且毒性较高、穿透性强，又无警示性气味或颜色，每次投药和散毒均须处理人员使用正压自给式空气呼吸器，因此目前在我国乃至全世界检疫处理领域均应用不多。

（三）磷化氢熏蒸处理

磷化氢在低温条件下的表现要强于溴甲烷与硫酰氟，但是处理时间长，时效性差，可考虑用于木材的随航熏蒸，但在口岸的大规模熏蒸处理上存在较大局限。此外，长期采用磷化氢熏蒸，害虫极易产生抗药性。

（四）氰熏蒸处理

研究表明，氰能够溶于水，具有比溴甲烷更强的穿透效果，并且在处理过程中不会对环境造成污染，具备广阔的应用前景，但这类熏蒸剂价格高昂，检疫处理成本较高。

（五）热处理技术

热处理是国际上普遍认同的有效的溴甲烷替代技术，相较于熏蒸处理，更具有环境友好性，有更好的应用前景。但是，热处理所需能耗较高，并且是否会对木材的内部结构或品质造成不利影响，仍有待进一步研究。

（六）辐照处理技术

辐照射线具有安全环保、处理快速和不受温度限制等优点，不会在被处理货物中有任何化学残留，已被广泛应用在进出境水果的检疫处理上。但由于目前国际上仍未有相关木材辐照处理标准，且各类林木害虫、各龄虫态的辐照耐受度不一，在大规模木材检疫处理上的应用仍需进一步研究商榷。

（七）去皮处理

去皮处理是将进境的带皮原木在特定场区去除树皮，以达到清除树皮中携带害虫的目的。去皮处理可以有效地清除在韧皮部为害的害虫（如小蠹等）。将原木去皮后，需集中焚毁树皮并在处理场地喷洒药剂来杀灭残存害虫。该方法不单对场地和机械的要求较高，同时仍需对树皮的后续处理实施检疫监管，仅能清除韧皮部害虫，无法有效清除木质部的害虫，因此该方法亦无法大规模普及。

（八）沉水浸泡处理

沉水浸泡处理原木的杀虫原理是在一定气温下有机质氧化，耗除虫孔及水中溶解氧气并产生有毒气体，使害虫缺氧和中毒死亡。沉水浸泡的主要缺点是处理时间长。有研究表明，淡水浸泡处理原木杀虫需1年时间，高温季节处理也要不少于3个月才能达到除害处理的目的。海水浸泡研究表明，在$10000m^2$海水池浸泡原木30天以上，能有效杀灭带皮进口原木携带的有害生物。我国认可的原木浸泡处理的方法是原木完全浸泡于水中90天以上。海水浸泡处理所需海域面积较大，境内除部分岛屿周边可能存在合适场地外，海岸沿线几乎找不到合适的用以长期浸泡原木的场地，因此该方法亦无法大规模普及。

第四节
口岸外来林木害虫监测

————◇————

一、口岸外来林木害虫监测的背景

随着经济的发展和对外贸易的日益扩大,我国开始重视危险性有害生物的监测。对进境木材进行林木害虫监测,为使农林生产、生态环境等免受外来有害生物侵入危害而采取的预防性安全保障措施,也是进境木材检疫的重要措施之一。进出境口岸是外来林木害虫传入的主要区域,也是防止外来林木害虫入侵的第一道防线,在口岸开展监测对防止外来林木害虫传入、扩散,效果明显、作用重大。

组织开展外来林木害虫监测,是健全植物疫情风险监测预警体系,构筑国门生物安全防护网的一部分,可以进一步降低外来林木有害生物传入风险,有效保护我国林业生产及生态安全。外来生物入侵是生物安全防御体系关注的方向之一。生物安全,不仅影响个体生命安全,更关乎国家公共安全,关乎人类安全。2021 年 4 月 15 日,《中华人民共和国生物安全法》开始施行,为口岸外来林木害虫监测提供了坚实的法律保证。这是生物安全领域的一部基础性、综合性、系统性、统领性法律,标志着我国生物安全进入依法治理的新阶段。注重风险防控、预防为先,是生物安全法的一大特点。为了突出风险预防,生物安全法规定:一方面,国家建立生物安全风险监测预警体系,主动开展监测,及时进行预警,依法采取防控措施;另一方面,要求从事生物安全相关活动的主体建立健全工作制度,严格遵守管理规范。这样双轮驱动、双管齐下,就可以从源头上防止生物安全风险发生。

二、林木害虫监测技术及国内外研究进展

（一）我国林木害虫监测技术现状

林木害虫监测是一门应用性很强的学科，监测的准确性、预警的及时性都有赖于先进的监测方法和相关的技术支撑。监测方法主要是利用昆虫的趋化性（即化学通信）和趋光性（即物理学反应）两个方面来设计实施。在化学生态方面，主要有性信息素和聚集信息素等，特别是昆虫性信息素，用于森林害虫测报，已研究出一批适合的诱捕器和各种剂型。监测对象以鳞翅目昆虫为多，如利用美国白蛾、苹果蠹蛾等害虫的性信息素监测害虫的侵入、疫区扩散范围，均取得良好的成效。另外，对舞毒蛾（*Lymantria dispar*）、马尾松毛虫（*Dendrolimus punctatus*）、油松毛虫（*Dendrolimus tabulaeformis*）、赤松毛虫（*Dendrolimus spectabilis*）、杨扇舟蛾（*Clostera anachoreta*）、黄刺蛾（*Cnidocampa flavescens*）、大袋蛾（*Clania variegata*）、微红梢斑螟（*Dioryctria rubella*）、桃蛀螟（*Dichocrocis punctiferalis*）、蒙古木蠹蛾（*Cossus mongolicus*）、榆木蠹蛾（*Holcocerus vicarius*）、东方木蠹蛾（*Holcocerus orientalis*）、白杨透翅蛾（*Parathrene tabaniformis*）、刺槐尺蛾（*Napocheima robiniae*）、日本松干蚧（*Matsucoccus matsumurae*）、梨圆蚧（*Diaspidiotus perniciosus*）等 30 余种主要森林害虫进行过性信息素诱测的研究，均取得了良好的效果。由于昆虫性信息素诱测具有种特异性强、准确可靠、使用简便、成本低廉、适于在大面积林区应用等优点，尤其在低虫口密度时诱测效果显著，是国内针对特定森林害虫监测和预警预报的较理想方法之一。

口岸外来林木害虫监测的对象种类繁多、来源广泛，常利用聚集信息素引诱剂诱捕监测害虫。聚集信息素是昆虫信息素的一种。信息素是指昆虫外激素，即从昆虫体内散发到体外，能引起昆虫产生特定行为的化学物质。2000 年，周楠等分离鉴定了松小蠹（*Tomicus piniperda*）的 3 种含量较高的聚集信息化合物成分。2002 年，殷彩霞等分析鉴定了纵坑切梢小蠹（*Tomicus piniperda*）后肠中的 18 种信息素。研究表明，多数聚集信息素的主要成分为萜烯醇类，气相色谱与触角电位联用技术（GC-EAD）的应用，极大地推进了昆虫信息素的分离鉴定，仅小蠹科昆虫的信息化合物就已鉴定出几十种。2006 年，河北省林业科学研究院与捷克专家合作，历经 5

年，最终从配制的 18 种引诱剂中筛选出理想的对红脂大小蠹有显著引诱作用的高效引诱剂，在河北省红脂大小蠹危害地区防治 35 万亩林田，虫株率由原来的 10%～30% 下降到 1% 以下，有效监测和控制了此虫危害。2019年，于艳雪等详细分析了多种小蠹类害虫信息化合物的特点，研发各类小蠹广谱性引诱剂，并已经在进境口岸木材堆放处初步应用于外来林木害虫监测。

在物理学方面，黑光灯诱虫一度被广泛应用。黑光灯之所以能用来引诱昆虫，是因为昆虫具有趋光性。具体来说，昆虫的视网膜上有一种色素，它能够吸收某一特殊波长的光，并引起光反应，刺激视觉神经，通过神经系统指挥运动器官，从而引起昆虫翅和足的运动，趋向光源。由于昆虫的可见光区要比人类的可见光区（390～770nm）更偏向于短波段光，大多数趋光性昆虫喜好 330～400nm 的紫外光波和紫光波，特别是鳞翅目和鞘翅目昆虫对这一波段更敏感。因此，专门设计出能够放射 360nm 光波的黑光灯，以便能对大多数害虫进行诱捕。例如，频振式杀虫灯，利用害虫较强的趋光性，将光波设在特定范围内引诱昆虫，灯外配以频振电压网触杀，使害虫落入灯的袋子中，以达到杀灭昆虫、控制危害、监测害虫发生期和发生量的目的。

口岸外来林木害虫监测专用诱捕器集合昆虫的趋光性和趋化性，采用外接电源供电或太阳能电池供电的方式，加挂光谱型林木害虫专用诱剂，达到光诱和化诱双重方式诱捕的目的，经实际验证，诱捕效果较好。

此外，随着科技的发展，一些新的测报方法也不断地应用到害虫监测上。一是我国应用 3S 技术（遥感 RS、地理信息系统 GIS 和全球定位系统 GPS 被统称为"3S"技术）对林木害虫进行监测预报，在松毛虫综合管理、湿地松粉蚧的风险预测、松材线虫的信息管理等森林病虫防治上取得初步成果。二是利用雷达监测害虫迁飞动态。自 1954 年 Rainey 利用天气雷达对沙漠蝗种群进行观测开始，昆虫雷达的诞生及快速发展为昆虫迁飞监测与研究工作提供了一种卓越的、无可替代的且强有力的工具。薛贤清等应用雷达监测马尾松毛虫成虫踪迹，监测结果表明，雷达能监测到 143m外的马尾松毛虫成虫。三是在监测森林隐蔽性害虫方面，高步衢应用软 X射线机透视监测林木种子、果实与苗木内部害虫，解决了人们无法用肉眼从种苗外部监测这些害虫的难题。此项技术已应用于监测黄连木、水曲柳、柳杉、马尾松、杉木等种实内的小蜂，苗木与插穗内的青杨天牛（*Saperda populnea*）等虫。四是利用侦听技术对蛀干害虫进行监测。据统计，已经被侦听过的林木蛀干害虫种类达 2 目 10 科 31 种，其中天牛科最多，达 16 种，报道最多的是红棕象甲（*Rhynchophorus ferrugineus*）。五是利用数字化摄像方法，分析森林害虫寄主选择及移动轨迹等，但进展缓慢。

（二）国外监测技术研究情况

1. 舞毒蛾监测

舞毒蛾（*Lymantria dispar*）原来主要分布在欧亚大陆的北部地区，以幼虫取食寄主树叶造成危害，最开始由欧洲传入美国东北部，由于当地生长环境适宜，缺少天敌的制约，不久暴发成灾，给美国林业带来了重大损失。为了防止舞毒蛾在美国扩散蔓延，动植物卫生检疫局划定了舞毒蛾的国内疫区，并限制将疫区的木材、苗木等运往非疫区，以减缓疫情的扩散。同时，为了防止国外的亚洲型舞毒蛾传入美国，对亚洲型舞毒蛾传出的高风险港口采取了先检疫、合格后给予靠岸的规定。自舞毒蛾传入美国后，美国国内一直应用调查卵块等传统方法对舞毒蛾进行监测。随着信息素研究的兴起，1970 年 Bierl 从 7.8 万只舞毒蛾雌成虫腹部提取到性信息素，并在野外试验中获得成功。从此，舞毒蛾性信息素广泛应用于舞毒蛾成虫的监测预报及防治工作中。1981 年美国舞毒蛾大发生时，美国国内设置了 30 多万个诱捕器侦查虫情，在大发生后，采用每 0.3 hm^2 设置 32 个诱捕器来诱捕成虫。当每个诱捕器可以诱捕到 20 只以上的雄蛾时，理论上预测下一代幼虫将会大发生，必须在幼虫期复查。美国北部和加拿大不列颠哥伦比亚省林区也利用信息素监测当地舞毒蛾的发生情况。当地选用三角形粘胶诱捕器，用 500μg 舞毒蛾性信息素做诱芯，将诱捕器安置在有关林区，以此监测发现新的舞毒蛾侵染点，一旦发现舞毒蛾成虫，立即在该林区进行详细的人工调查卵块的工作。

2. 光肩星天牛监测

2005 年，Gadi 等研究发现，从樟子松中提取的单萜类化合物能增强北美家天牛雄性信息素（3R）-3-羟基-2-己酮［（3R）−酮］+1-丁醇对同类的吸引作用。室内诱集实验表明，利用樟子松提取物或单萜类化合物（+）-α-蒎烯、（-）-鱼藤酮、（-）-反式羽扇豆醇和（+）-松油烯-4-醇诱集，诱到的北美家天牛雌虫数量显著高于用单独合成的信息素混合物诱集。较高浓度的单萜化合物诱捕的雌虫数量高于较低浓度诱捕到的数量，但浓度很高的单萜化合物未诱捕到雌虫。（3R）-酮醇+1-丁醇或（±）-3-酮醇+1-丁醇与单萜化合物组合，捕获的雌虫显著多于单独使用性信息素或单萜化合物。用混合了雄性信息素或单萜化合物的诱剂诱捕到的雄虫明显多于雌虫，但诱捕到的虫量较少。实验表明，与单独使用两种化合物/混合物的吸引力相比，雄性信息素与单萜类化合物的混合物组合可以显著增强对雄虫的吸引力。光肩星天牛（*Anoplophora glabripennis*）于 20 世纪 90 年代首次在美国境内发现，主要以幼虫蛀食树干为害，轻者降低木材质量，严重时引起树木枯梢和风折；由于幼虫虫道在树木内部，给防治和监测带来了极大的困难。光肩星天牛在美国基本没有天敌，对美国林业造成了很大的危害，甚至带给美国槭树毁灭性的威胁。传统方法对光肩星天牛的种群监测只限于观察被害树木以及寻找产卵孔、成虫羽化孔等。这种方法费时费力，准确度不高，若想对其密度和扩散程度做准确的预测，在进境口岸及发生区进行有效的监测诱集是必需的。Zhang 等从光肩星天牛雄成虫体内提取了信息素，鉴定其是一种由 4-（n-庚氧基）丁烷-1-醇和 4-（n-庚氧基）丁醛组成的混合物。2007 年，美国测试了光肩星天牛成虫对不同树种的趋向敏感度，发现自然条件下五角枫（*Acer elegantulum*）对光肩星天牛吸引力最强，而从五角枫中提取的挥发性物质对光肩星天牛也有较好的引诱作用。

Nehme 等测试了信息素和植物挥发性物质对光肩星天牛在室内的引诱作用。结果表明，相较于雌虫，雄虫更易被植物挥发性物质所吸引，其中 δ-3-蒈烯和（E）-石竹烯对雄虫吸引力最大，而（Z）-3-己烯酯则表现为对雄虫的驱避作用。将信息素与（-）-芳樟醇或（Z）-3-己烯-1-醇混合，对雄虫有较强的诱集效力。同时，对不同类型诱捕器诱集光肩星天牛的效果进行了测定，结果表明翼型拦截诱捕器和手工制作的罩子诱捕器比林格伦漏斗诱捕器所诱集到的光肩星天牛要多。翼型拦截诱捕器的诱剂为（Z）-3-己烯-1-醇时的诱虫量最多，而手工制作的罩子诱捕器的诱剂为（-）-芳樟醇时的诱虫量最多。随后，Nehme 等对所得结果进行了野外试验，选用翼型拦截诱捕器和罩子诱捕器，结果发现罩子诱捕器中的诱剂为（-）-芳樟醇和信息素的混合物时所诱集到的成虫最多，其中诱集到的雌成虫 85% 尚未产卵，可以显著减少光肩星天牛下一代的发生量。2000 年，

Tian Xu 在光肩星天牛处女雌虫的生殖器里提取到一组主要包括 α-长蒎烯的半萜类化合物。Y 型管嗅觉仪检测表明，无论有无寄主挥发物，α-长蒎烯对光肩星天牛雌雄成虫都具有显著的吸引力。野外试验表明，α-长蒎烯在较高剂量下对光肩星天牛具有诱导性。

3. 长林小蠹监测

长林小蠹（*Hylurgus ligniperda* Fabricius）原产于欧亚大陆，寄生于松树的多个树种，是一种次生性害虫，主要借助木材运输进行远距离传播。对长林小蠹的传统监测措施主要是在进口木材的树皮下抽样来确定虫口密度。2001 年，Petrice 等利用不同诱捕器和不同的诱剂组合对长林小蠹进行诱集，结果显示，多重漏斗诱捕器所诱虫量最多。当诱剂为 α-蒎烯高释放量（750mg/d）和乙醇（280mg/d）的组合时，所诱捕到的长林小蠹最多，但这种诱剂组合对小蠹科的其他昆虫如红脂大小蠹、粗齿小蠹（*Ips calligraphus*）等也有一定的诱集作用。Stephen 等在 1998—2000 年间使用林格伦漏斗诱捕器对新西兰辐射松林中的长林小蠹和欧洲根小蠹（*Hylastes ater*）进行监测，明确了长林小蠹代替欧洲根小蠹成为春夏季的优势种，而欧洲根小蠹虫量高峰转移到了仲夏至晚秋。美国农业部对长林小蠹进行野外诱集实验的结果也显示，高释放量的 α-蒎烯对长林小蠹有较强的诱集作用，乙醇在其中主要起增效作用，同时，在野外实验中显示，多重漏斗式诱捕器效果较好。自 20 世纪 90 年代以来，美国对外来有害生物的入侵实施了技术监测，综合分析林木有害生物的未来发展趋势，为害虫的有效防治和控制提供了基础。

4. 其他有害生物监测

1967 年，Wood 等最早成功地分离鉴定了类加州十齿小蠹（*Ips paraconfusus*）的聚集信息素。Kinzer 等分离到南部松齿小蠹（*I. frontalis*）、西松大小蠹（*Dendroctonus brevicomis*）和黄杉大小蠹（*D. pseudotsugae*）的聚集信息素。

利用昆虫的趋光性原理研制出的诱捕器依次经历了普通灯光诱虫阶段和黑光灯诱虫阶段、高压汞灯诱虫阶段和频振式杀虫灯诱虫阶段。频振式杀虫灯诱集的害虫种类广泛，数量一般是黑光灯的 2~5 倍。颜色对应着不同的波长，昆虫对不同颜色的趋避行为也是趋光性的一种表现。Francese 等和 Ryall 等分别在 2008 年和 2012 年发表研究成果，指出绿色对诱集白蜡窄吉丁雄虫非常有效，并设计出了白蜡窄吉丁诱捕器，用于监测林间白蜡窄吉丁的发生情况，且通过实际使用表明该诱捕器对白蜡窄吉丁的诱捕效果较好。在用性信息素进行森林害虫种群监测时，其有效性、准确性在很大程度上也与采用的诱捕器紧密相关。各种昆虫的行为可能差异极大，所以设计一种适于某一特定害虫的诱捕器十分关键。不同的诱捕器类型、颜色及设置技术，均会影响诱捕效果和监测的准确性。如 1992 年 Pasqualini 报道，粘胶诱捕器比漏斗形诱捕器能更有效地诱捕斑木蠹蛾雄蛾。同年 Buleza 研究指出，浅黄色诱捕器能比白色、红色、绿色、黑色诱捕器诱捕到更多数量的茶蕉透翅蛾。

（三）国内监测技术研究进展

我国在 20 世纪 90 年代以前对重大森林病虫害方面开展的监测工作相对滞后，但随着经济的发展和对外贸易的扩大，我国已开始重视危险性有害生物的监测工作。林间诱集害虫最常使用的方法是利用昆虫对光的趋性，利用黑光灯、双色灯、高压泵灯结合诱集箱或水坑诱集昆虫。

1. 美国白蛾监测

对于重要检疫性害虫美国白蛾，将黑光灯设在前一年美国白蛾发生严重、四周空旷的地块，在成虫羽化期可以有效诱集美国白蛾。我国自 20 世纪 80 年代开始，逐步开展了美国白蛾性信息素的研究合成。严赞开等采用仿生合成法制备了美国白蛾性信息素的两个主要成分：（9Z，12Z）-十八碳二烯醛和（9Z，12Z，15Z）-十八碳三烯醛。近年来，中科院动物所根据美国白蛾雌蛾在我国的种群体内提取的化合物制成了性信息素，主要包括以下成分：（9Z，12Z）-十八碳二烯醛、（9Z，12Z，15Z）-十八碳三烯醛、（3Z，6Z，9S，10R）-9,10-环氧-3,6-二十一碳二烯、（3Z，6Z，9S，10R）-9,10-环氧-3,6-二十一碳三烯。利用美国白蛾性信息素，在发生较轻的地区可以诱集雄成虫，春季世代诱捕器设置高度以树冠下层枝条（2.0~2.5m）处为宜，在夏季世代以树冠中上层（5~6m）处设置最好，每 100 m 设一个诱捕器，诱集半径为 50 m。使用期间，在诱捕器内放置的敌敌畏棉球每 3~5d 换 1 次，以保证熏杀效果。

2012 年，唐睿等通过对美国白蛾寄主植物桑树的研究，发现其 11 种挥发性次生物质对美国白蛾有生物活性，这 11 种物质为：β-罗勒烯（β-ocimene）、正-3-己烯醛（cis-3-hexenal）、正-2-戊烯-1-醇（cis-2-penten-1-

ol）、己烯醛（hexanal）、柠檬烯（limonene）、6-甲基-5-庚烯-2-酮（6-methyl-5-hepten-2-one）、反-2-己烯醛（trans-2-hexenal）、二丙酮醇（4-hy-droxy-4-methyl-2-pentanone）、2，4-二甲基-3-戊烯醇（2，4-dimethyl-3-pen-yanol）、环己酮（cyclohexanone）和反-3-己烯-1-醇（trans-3-hexen－1－ol）。其中，β-罗勒烯在野外条件下可增强美国白蛾性信息素的引诱效果。

2. 松墨天牛监测

赵锦年等选用单萜烯、丙酮等配制成 M99－1 引诱剂，在松墨天牛（*Monochamus alternatus*）成虫发生期，可以对成虫进行大量诱捕，从而降低了松墨天牛下一代的产卵量。郝德君比较了不同诱捕器对松墨天牛的诱捕效果，发现撞板型诱捕器的效果优于漏斗型诱捕器，所诱天牛数量接近后者的 2 倍。刘际建将诱捕器悬挂在 0~4.5m 的高度，设置 5 个细分高度，研究发现，当诱捕器设在 1~1.5m 高度时，诱到的松墨天牛数量最多。但是国内外研制的引诱剂的主要成分多为液态，释放性较强。因此林间应用时，引诱剂有效成分的释放量和释放速率不稳定，会出现明显的"峰谷"现象，即应用前 4~6d 释放量较大，释放速率快；6d 后释放量渐减，释放速率减缓；15d 后有效成分基本释放完毕。而引诱剂的释放速率也影响到了对昆虫的诱集效率。研究发现，释放速率为 300mg/d 的诱芯明显多于释放速率为 150mg/d 的诱芯对松墨天牛的诱捕量。因此，控制诱剂的释放速率，研究缓释型诱剂对于提高林木害虫的诱捕效果有着重要意义。王四宝利用具有缓释作用的特制塑料瓶作为诱芯，利用引诱剂诱捕松墨天牛，发现其释放速度适中，持续引诱周期长，为林间诱集操作带来极大的便利。赵锦年研制的缓释型引诱剂，可以有效控制引诱活性制剂的释放速率，较好地避免了引诱活性成分释放时的"峰谷"波动，使引诱活性成分较平稳地持续发挥引诱效果。

3. 小蠹监测

对于另一类重要的钻蛀类害虫小蠹虫，研究人员在诱集纵坑切梢小蠹（*Tomicus piniperda*）的过程中发现，壬醛、反式马鞭草烯醇和桃金娘烯醇这 3 种成分对 α-蒎烯有很明显的增效作用。刘勇等用引诱剂对张家港进口木材集散地和无锡的木质包装堆存地进行了小蠹虫的诱捕，发现 BB06 引诱剂的效果最好，已在东南亚、非洲、大洋洲进口木材和俄罗斯进口木材上诱捕到 21 种小蠹虫。

红脂大小蠹最初随木材贸易入侵我国，在我国严重危害油松，引起油松林的大面积死亡，造成了严重的损失。王洪斌分析了红脂大小蠹主要寄主油松的挥发性物质，发现萜烯类在其中占较高比重，其中（S）-（+）-3-蒈烯、（R）-（+）-α-蒎烯和（S）-（-）-β-蒎烯3种成分占萜烯类总量96%以上。触角电位和野外实验均证明，红脂大小蠹成虫对（S）-（+）-3-蒈烯的反应最强烈。原永谦利用不同配方的植物性诱芯对红脂大小蠹进行野外诱集，结果显示（S）-（+）-3-蒈烯的效果最好。刘满光等研究发现，应用引诱剂防治红脂大小蠹时，引诱剂释放速率为250~350mg/d，诱捕器设置在林外10m处温暖干燥、四周空旷且距虫源聚集地较近的地方，诱捕器间距为100m时的诱捕效率最高。关于小蠹虫信息素的人工合成方法已有不少报道，最早人工合成的聚集信息素是（S）-（-）-小蠹烯醇、（S）-（+）-小蠹二烯醇、（4S）-顺式-马鞭草烯醇。2006年，殷彩霞等以α-蒎烯为原料，合成了松大小蠹信息素α-蒎烯含氧衍生物和纵坑切梢小蠹信息素3-甲基环己-2-烯酮、（±）-3-甲基环己-2-烯醇。

4. 监测诱捕器技术研究

殷玉生等基于寄主植物挥发物质，研制出了专用于针叶木害虫的广谱型引诱剂，并于2011—2012年连续两年在常熟开展室外试验，对该引诱剂的引诱效果开展评价检测。结果显示，针叶木广谱型害虫引诱剂对针叶林中多种重要蛀干害虫具有引诱作用，可以诱集到包括松墨天牛、材小蠹、梢小蠹等在内的多种林木害虫。引诱剂和黑光灯组合试验表明，黑光灯诱集天牛的效果要稍强于引诱剂，而引诱剂对小蠹、长小蠹等害虫的诱集效果要显著强于黑光灯。

常见的诱捕器类型有翼形诱捕器、三角诱捕器、水盘诱捕器、烟囱诱捕器等。而针对林木蛀干害虫的有如下几种形式：多重漏斗式、狭槽型、排水管型和风页撞板型（图3-1）。在诱捕器设计方面，殷玉生等将黑光灯诱虫和引诱剂诱虫相结合，设计了新型复合诱捕器（图3-2），已获得国家实用新型专利和外观设计专利。经林间诱集效果评价，新设计的诱捕器稳固、耐用，便于装卸，诱虫种类有所增加，并且可以有效防止集虫器内的昆虫逃逸。

图 3-1　4 种常见蛀干害虫诱捕器

A. 多重漏斗诱捕器；B. 狭槽型诱捕器；C. 排水管型诱捕器；D. 风页撞板型诱捕器

图 3-2　新型复合诱捕器

　　殷玉生等通过在重要口岸和林区对重要外来有害生物进行引诱实验，分别比较了新型复合诱捕器与多重漏斗式小蠹虫诱捕器对林木害虫红脂大小蠹的诱集效果，以及新型复合诱捕器与黑光灯对美国白蛾的诱集效果。结果显示，新型复合诱捕器不仅对目标害虫——红脂大小蠹和美国白蛾的诱集效果理想，对其他的蛀干类害虫，如天牛、树蜂等，也具有较好的引诱作用，具有广谱、高效的特点。

2018年，万霞等试验了桶形诱捕器、小船形诱捕器、三角形诱捕器、新型蛾类诱捕器、夜蛾类诱捕器、大船形诱捕器6种诱捕器对美国白蛾的诱捕效果。试验结果表明，桶形诱捕器诱蛾效果最好，其相对诱蛾率超过40%。单独使用灯诱，LED灯管在360~365nm波段的灯光对美国白蛾的诱捕效果最好，相对诱蛾率超过60%。性信息素协同360~365nm波段的LED灯光对美国白蛾的诱捕效果最好，相对诱蛾率达55%。

人工合成的昆虫性信息素多数为具有特殊气味的油状液体。在林间使用时必须选择适当的载体，制成一定的剂型。用作载体的物质不能与信息素发生化学反应，也不能促使性信息素发生异构化。另一方面，载体物质要对所含信息素有一定的结合力，使其在林间根据设计要求缓慢释放，达到预期效果和目的。我国在种群监测和诱杀防治中常用的有以天然橡胶为载体制成的小橡胶帽诱芯、有用聚乙烯制成的塑料管诱芯和用人工固化硅橡胶制成的硅橡胶块诱芯。为了解决引诱剂挥发速度过快的问题，殷玉生等使用具有控释、缓释作用的硅胶塞制成适合天牛类和小蠹类的诱芯，通过室内和室外实验验证，引诱剂的释放速度大大降低。同时，缓释诱芯装置还可以通过改变硅胶塞大小等方式调节引诱剂的释放速度，满足不同的释放需求，在林间应用更加简便。

三、口岸林木害虫监测网络

（一）国外的林木害虫监测网络

1. 美国

美国每年森林病虫害的发生面积为200万~400万 hm²，但防治面积仅为40万~80万 hm²，这主要得益于该国对森林病虫害的有效监测。美国主要采用地面监测，包括人工普查及利用昆虫信息素诱捕等方法和其他现代化技术，特别是地理信息系统、人工智能专家决策系统、遥感技术等，综合分析林业有害生物未来发生发展趋势，作出科学的短、中、长期监测和预报，并与其他国家（地区）合作建立了外来昆虫、螨类和病原物的数据库，为有害生物的监测、鉴定提供服务。美国北部和加拿大不列颠哥伦比亚省林区利用信息素监测当地舞毒蛾的发生情况，选用三角形粘胶诱捕器，用500μg舞毒蛾性信息素做诱芯，将诱捕器安置在相关林区，以此监测发现新的舞毒蛾侵染点。1980年，美国加州地中海实蝇大发生时，使用了10万个性信息素诱捕器进行监测和诱杀雄蝇。经过两年的综合治理，该虫得到了控制。20世纪90年代，美国在加州设立了一个早期监测系统。该监测系统的工作内容主要包括田间定期调查和在全州各地设立10万多个诱捕器，定期检查，以监测早期传入的有害生物，并尽快消灭。

2. 英国

英国研究出应用性信息素监测花旗松毒蛾的方法，即每隔30km设置一个监测点，其内安放6个性信息素诱捕器，若在第一、二年，每个诱捕器内平均诱蛾8~10只，即可预测该虫在第四年将会大发生；第三年在监测点内增设诱捕器，若每个诱捕器平均诱蛾25只以上，则可预报该虫来年将会大发生。同时，当年秋或来年春，在诱蛾区内分别针对卵块和幼虫进行序贯抽样，以配合确定害虫发生中心、扩散范围及制定防治对策。

（二）我国的林木害虫监测网络

1. 我国林木害虫监测网络的建立

20世纪90年代以前，我国在对重大森林病虫害方面开展的监测工作相对滞后，不能及时、及早预测预报森林病虫害的发生趋势，往往是大发生时才急于治理，错过最佳防治时期，既造成浪费，又达不到良好效果。随着社会的发展和科学的进步，我们更加清楚地认识到森林病虫害监测的重要作用，预测预报更加科学化、系统化。

1990年，监测到辽东山区新松叶蜂（*Nediprion dailingensis*）虫口数增长。1991年，加强对该虫的测报工作，把虫情掌握在害虫发生之前，根据调查情况，经综合分析，预报次年该虫将大发生。由于虫情预报及时准确，防治工作准备充分，掌握了主动权，有效地控制了虫害发生、蔓延。1991年，落叶松伊藤厚丝叶（*Pachynematus itoi*）在新宾县发生严重。1992年春季调查时发现，该虫越冬蛹死亡率非常高，而成虫产卵量极低，预测幼虫的发生量将显著减少，对林木不会造成大的危害，建议缩小化学防治面积。后来的事实证明，预报是十分准确的。仅此一项，该县就节省防治费用32万元。由此可见，预测预报工作是做好防治工作的前提和基础，具有十分重要的先导作用。

福建省对主要森林病虫害采取常灾区、偶灾区、无灾区的区划分类策略，突出监测重点，大大提高了监测效率。福建省森林病虫害的监测种类多达 22 种，其中包括松材线虫、松墨天牛等外来林木害虫。2003 年，主要森林病虫害监测面积达 471.2 万 hm²，专职测报人员 1162 人，制定了规范的监测制度，为实现森林病虫害的可持续控制奠定了基础。

江西省自 20 世纪 80 年代中期开始，从建立测报网点、培训测报人员到制定全省主要森林病虫害的统一测报办法和管理制度，做了大量卓有成效的工作。通过多年来的不懈努力，已基本形成一套比较完整的测报网络体系，为江西省森林病虫害防治提供了科学依据，对降低防治成本、减少灾害损失、促进森林生态建设作出了很大贡献。

2006 年，国务院办公厅印发《关于进一步加强美国白蛾防治工作的通知》，要求认真贯彻"预防为主，科学防控，依法治理"的防治方针，坚持预防和除治并重，切实加强疫情监测。国家林业局组织在美国白蛾发生区、潜在适生区开展疫情监测（图 3-3）。

**图 3-3　悬挂于美国白蛾发生区的美国
白蛾诱捕器**

2008 年北京奥运会期间，通过构建有害生物监测体系，利用高科技手段在奥运村等核心区域进行有害生物监测，对可能传入的外来有害生物做到早发现、早控制，尤其是对可能传入的检疫性有害生物进行针对性监测，为后续应急处置工作的开展赢得了时间。例如，设在奥运村的监测点准确监测到了草地螟，并将有关信息及时向奥运村相关部门反馈，为防治赢得了时间，避免了草地螟在奥运村内暴发、破坏景观。

2. 我国林木害虫监测网络的发展

20 世纪 80 年代以来，我国开展了以地中海实蝇为监测重点的外来有害生物监测。2007 年，我国为应对美国等美洲国家有害生物防控合作要求，在全国 30 多个口岸布点开展舞毒蛾监测。近年来，我国对防范外来有害生物入侵越来越重视，采取了积极的防范措施。国家质检总局每年组织在口岸及相关区域开展检疫性实蝇、舞毒蛾、矿砂杂草等植物疫情监测，为保障我国国门生物安全、农林业生产安全、生态安全作出了突出贡献。

2013 年，国家质量监督检验检疫总局将口岸林木害虫监测纳入国门生物安全监测体系，在全国主要进境木材口岸设置监测点，采用诱捕的方式对外来林木害虫进行监测调查。监测点包括江苏、上海、浙江、福建、山东、广东、天津、内蒙古、黑龙江、云南、广西、河北、辽宁、江西 14 个省（市、区）上百个进口木材口岸，既覆盖了陆运进口木材口岸，也覆盖了水运木材口岸。2018 年机构改革后，原国家质量监督检验检疫总局出入境检验检疫职责和队伍划入海关，由海关总署负责组织全国口岸外来林木害虫监测工作。

2017—2021 年，根据进口木材实际情况，部分省（市、区）口岸布点位置和布点数量有所变动。除监测点数量有微调外，南京海关在扬州、靖江、张家港、太仓、常熟、盐城、连云港、镇江 8 个进口木材口岸保持稳定监测（图 3-4、图 3-5）。

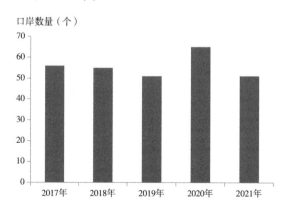

图 3-4　2017—2021 年全国外来林木害虫监测口岸数量

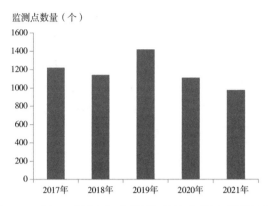

图 3-5 2017—2021 年全国外来林木害虫监测点数量

口岸林木害虫监测是进出境植物检疫工作和国门生物安全体系的重要组成部分，是一种官方监督管理执法行为；是防范外来有害生物传入，实施重大疫情应急处置，以及控制和减轻外来林木害虫危害的基础性工作；是外来林木害虫日常监测、口岸本底害虫调查的重要手段；也是现场检疫查验的有效补充、验证检疫处理效果的方法之一。2017—2020 年，口岸外来林木害虫监测诱捕到各类林木害虫分别为 621 头、342 头、570 头和 576 头，其中检疫性林木害虫分别为 30 头、23 头、32 头和 26 头（图 3-6）。从监测结果看，监测到的害虫包括不少重要的林木害虫，尤其是检疫性林木害虫。监测工作对加强有针对性的查验力度、采取相应防控措施等都起到了积极的指导作用。

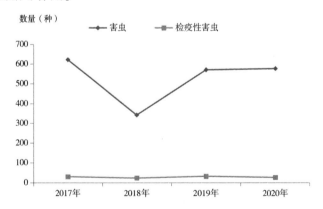

图 3-6 2017—2020 年口岸外来林木害虫诱捕数量

四、我国口岸林木害虫监测方案

我国口岸外来林木害虫监测由海关总署总体部署,各直属海关制订具体实施方案督促落实,有进口木材业务的各隶属海关根据《口岸外来林木害虫监测指南》和口岸实际情况,确定监测区域、监测时间、诱捕设备及诱剂,并负责落实监测计划。

(一)监测区域

根据进境木材类别(主要指针叶木、阔叶木)和口岸地理特点,在进境木材口岸的码头、车站、查验点、木材聚集堆放区、检疫处理区及周边区域设置监测点。

(二)监测时间

口岸外来林木害虫监测时间根据各地区的气候条件而定,一般在每年4—10月实施监测。纬度低的地区,如广东,一般4月开始、12月中旬结束;纬度高的地区,如辽宁、黑龙江,5月中旬开始、9月中旬结束。南京海关在江苏省范围内实施监测,监测时间为每年4—10月。

(三)诱捕器及其他工具

林木害虫诱捕器,主要是指利用昆虫趋光性或趋化性等特性,将害虫诱集到诱捕器中,使其不能逃逸,以便监测人员定期收集的实验器具。林木害虫诱捕器种类较多,根据诱捕对象分,有针对天牛、小蠹等特定害虫种类的诱捕器,也有用于林业虫情测报的非专一目标型诱捕器。根据诱捕原理分,有利用昆虫趋光性设计的带频振式光源的灯诱诱捕器,也有利用昆虫趋化性搭配诱剂使用的化诱诱捕器。

口岸上常用的是多功能林木害虫诱捕器,集合了灯诱、性诱等多种诱捕方式,经实际验证诱捕效果较好。该类型诱捕器根据其是否需要外接有线电源,可分为普通型林木害虫诱捕器和太阳能林木害虫诱捕器(图3-7和图3-8)。普通型林木害虫诱捕器适用于有电源的监测点。太阳能林木害虫诱捕器可采用太阳能供电系统且具备专业悬挂支架,主要安装于无电源的监测点。日常只需将控制盒的灯光开关设为自动,按照各监测点当地的日出日落时间调整自动开关,适当调整太阳能板的仰角,使诱捕器接收最多的太阳光。

林木害虫监测还需要有以下工具：数码相机、GPS 定位仪、细铁丝、指形管、酒精、脱脂棉球、具有缓释作用的硅胶塞、敌敌畏、橡胶手套、镊子、毛笔、记录用具等。

图 3-7　普通型林木害虫诱捕器　　图 3-8　太阳能林木害虫诱捕器

（四）引诱剂

常用的有人工合成的对林木害虫具诱集作用的化学物质和特定种类的引诱剂（图 3-9）。广谱性林木害虫引诱剂属于植物挥发性物质引诱剂，主要包括针叶林木和阔叶林木两种，均为液体。根据口岸进口木材类别确定采用诱捕器及诱芯的类型与设置位置。进口针叶木材为主的口岸应使用针叶木诱芯，进口阔叶木材为主的口岸应使用阔叶木诱芯；既有进口针叶木又有进口阔叶木的口岸，应间隔采用针叶木及阔叶木诱芯。

图 3-9　林木害虫引诱剂

(五)监测过程

1. 悬挂诱捕器

诱捕器的悬挂地点应选择相对开阔的通风处。高度一般离地面 1.5m，便于日常的监测、检查和维护。监测点不宜过密，一般同类型的两个监测点距离不小于 100 米。安装好诱捕器后，应在旁边设置标识牌。常有台风、暴雨等极端天气影响的地区还应注意及时加固诱捕器，防止诱捕器遭到破坏，影响监测工作。每个监测点均应编号，用 GPS 仪定位，并做好记录。

2. 设置诱芯

监测时，将广谱性引诱剂倒入指形管中，塞上带有挥发孔的硅胶塞，即可制成诱芯，初始用量一般为 15ml，之后每隔 7~10 天添加或更换一次诱芯。若针对某种害虫进行诱集监测，还可以选择性诱剂。将制作好的诱芯用细铁丝固定在挡板的悬挂孔上，在集虫器内放入蘸有敌敌畏的湿巾或棉球。

3. 检查维护

检查频次根据气候变化以及不同林木害虫的生物学特性来确定，在温度大于 25℃时，一般以 5~7 天为宜。高温、降雨等天气后，可及时进行检查，防止诱捕到的昆虫腐烂，影响鉴定。

4. 标本鉴定复核及保存

带回实验室的标本要及时进行制样、初筛，鞘翅目等昆虫一般浸泡在 75% 酒精中，鳞翅目等昆虫要及时展翅，以便鉴定。要及时进行鉴定复核，并做好记录。标本应妥善保存于标本室中。

第四章
木质包装检疫

CHAPTER 4

木质包装主要以木材原料加工而成，是一种国际贸易中被广泛使用的包装材料，加之可以重复使用、流动性强，其携带植物有害生物的风险较高。世界上大部分国家（地区）均对木质包装采取严格的检疫措施，要求木质包装在出境前实施检疫处理，同时在入境时实施查验。在提升口岸查验率、实现快速通关的同时，有效实施木质包装检疫查验，防止外来有害生物的传入是海关进出境木质包装检验检疫监管的主要目的。

第一节
木质包装检疫与国门生物安全

木质包装是指用于承载、包装、铺垫、支撑、加固货物的木质材料，如木板箱、木条箱、木托盘等。木质包装不仅广泛应用于货物的生产、加工和存储，还普遍应用于货物运输中。据统计，国际贸易中木质包装的使用十分普遍，比例达到三分之一以上，集装箱装运的货物约70%使用木质包装。木质包装材料以木材加工余下边角料为主，蓝变、虫蛀等现象严重，加上木质包装可以重复使用、流动性强，如不进行针对性检疫、检疫处理，极有可能对我国农林生产及森林资源带来毁灭性灾害。海关从进境货物木质包装中多次截获松材线虫、双钩异翅长蠹、大家白蚁等检疫性有害生物。木质包装检疫直接关系到我国生态安全和生物安全。随着全球经济一体化和贸易自由化进程不断加深，海关检疫人员在严防木质包装携带有害生物传入传出、保护农林业生产和生态环境安全、维护国际贸易正常发展等方面要承担起更大的责任，发挥出更大的作用。

一、木质包装概述

木质包装的使用有着十分悠久的历史。早在有文字记载以前，人类就开始用植物藤蔓和竹子编制成筐篓，用来盛装谷物或其他物品。

随着材料工业和加工技术的发展，塑料包装、玻璃包装和金属包装逐步进入包装产业，但木质包装作为最传统的包装种类，仍然发挥着其他包装难以替代的作用。与其他几类包装相比，木质包装具有强重比高、抗机械损伤能力强、可承受较大的堆垛载荷、具有一定的缓冲性能等特点，因此成为质量较大、易碎及需要特殊保护的陶瓷、机电设备产品的主要运输包装容器。同时，木质包装还具有取材广泛、制作容易、易于吊装和回收性能好等特点，使其在现代物流业中得到广泛应用。

但另一方面，初加工或未经处理的木质包装又存在易携带有害生物、耗费大量森林资源等缺点。随着生态环境保护意识的增强、检疫处理设施设备的改进、木质包装国际标准的出台等，木质包装逐步向规范化、无害化处理方向发展。

（一）木质包装定义

《国际贸易中木质包装材料管理准则》（ISPM15）中对木质包装的定义是，用于承载、包装、铺垫、支撑、加固货物的木质材料，如木板箱、木条箱、木托盘、木框、木桶、木轴、木楔、垫木、枕木、衬木等。根据加工程度和所用原料的不同，可分为实木包装和非实木包装。实木包装是指由原木制成的包装材料，非实木包装是指区别于实木包装，采用经过深加工的木材制作的包装材料，包括采用经胶粘、加热和压缩或综合采用其中两种及以上方法人工制造的木质包装材料（如胶合板、刨花板、纤维板制成的木质包装）、厚度≤6mm 的木质材料、制作过程中经过加热处理的葡萄酒或饮料的包装桶、礼品盒，以及锯末、刨花、木丝和永久性附在运输车辆上的木质配件。除生产原料不同之外，实木包装和非实木包装的实际区别在于检疫风险的高低。

我国等效采纳了该国际标准，所指的木质包装通常指须实施检疫处理、易携带有害生物的初加工木质包装材料。动植物卫生检疫局（APHIS）对需管辖的木质包装做了进一步界定，用"实木木质包装"代替"木质包装"一词，但其实际内容与国际标准一致。

（二）木质包装分类

根据用途及外观区分，木质包装可分为托盘、木箱、电缆盘、垫木、撑木等。用于承载的木质包装种类主要是木托盘，以承载货物，方便机械化装卸；用于包装的木质包装种类有木板箱、木条箱、木框、木桶、木盖等，起到承载、包装、防护的作用；用于铺垫的有垫木、枕木、垫板、垫仓木料等，起到隔离、防护、防滚、通风、防潮作用；用于支撑的有衬木、木架、木轴、木心、木辘等，对难以成形、难以堆置的货物起支撑作用；用于加固的有撑木、挡木、木楔、木条等，起到防塌、防晃、防滑、防滚的作用。

随着加工技术和研发技术的进步，木质包装种类也在不断扩大，如近年来用途不断扩大、用量不断增长的围板箱。它包含托盘、箱体和箱盖三部分，通过叠装方式由一段以上的围板组成木箱。除具有木质包装常见的优点外，可以根据货物的实际尺寸进行快速包装，并最大限度地提高箱体空间的利用率，且可以快速拆装，降低木材消耗。

（三）木质包装特点

木材是一种生物质材料，具有良好的物理性能和环境性能。木质包装具有很多性能优势：一是制作简单，经济性好。木材本身取材广泛，且具有加工性能好、生产工艺要求低的特点，用简单的工具如锯锤等即可加工，技术含量较低，与其他原料相比，生产成本也相对较低。同时可以根据货物的种类、大小和形状的不同进行配套加工，相比其他材料制作更方便、成本更低。二是方便运输，适应性强。能根据装载货物的尺寸，量身定制包装，便于充分利用有效空间。同时，木质包装具有运输和仓储中码垛方便，便于交接和点验的特点。三是物理性能好，保护能力强。由于木材兼具刚性和韧性，能根据包装货物种类及运输方式的不同，选用不同材种、材质和厚度，满足不同货物承载强度的要求。四是绿色环保，循环使用。木质包装可以反复使用，对于损坏的木质包装，可以修补、拆除后重新加工。即使不可利用的木料，也可作为再生资源使用或降解后回归自然，对环境不产生任何污染。

木质包装由原木制造，原木作为天然材料，一般未经深加工或有效处理杀死有害生物，并且受到生产机械化程度不高、木材资源日渐缺乏等因素制约，也存在许多不足。木质包装生产行业中缺乏大型成套设备，尤其是木箱、木框、电缆盘等包装种类难以使用机械化作业，单位产品生产效率远远低于塑料、金属及纸包装等。组织结构不均匀，容易变形。与玻璃、塑料包装使用均质材料制作不同，同一木质包装所用原料材质、含水率、直径等方面可能存在较大差异，导致木质包装易受环境温度、湿度的影响而变形、开裂、翘曲和强度降低。易携带有害生物，检疫风险高。木质包装制作所使用的材料多为天然木材，若加工不彻底，可能携带各类林木有害生物。即使经过加工和检疫处理的木质包装也容易吸湿，易发霉，易腐朽，易受有害生物二次感染。世界上大部分国家（地区）均对木质包装采取严格的检疫措施，要求木质包装在出境前实施检疫处理，同时在入境时采取严格的查验措施。消耗木材资源，原料来源紧张。我国是森林资源相对匮乏的国家之一，而木质包装产业消耗的木材资源数量较大。我国自2017年全面停止天然林商业性采伐后，进口木材成为木材供给的主要渠道。近年来，出于保护各自森林资源的需要，多个国家（地区）相继出台禁令限制木材出口。例如，缅甸自2014年4月1日起全部停止原木出口，赤道几内亚自2019年1月1日起禁止境内原木出口。在环保意识日益增强的形势下，原材料来源将越来越紧张，木质包装产业面临升级、转型压力，许多木质包装生产企业都在积极寻找木质包装的替代产品。

二、木质包装检疫重要性

（一）木质包装应用广泛、数量平稳增长

木质包装加工工艺简单、适用性强，在全世界应用广泛。近年来，随着木材资源的减少、新型包装材料的出现和现代化运输方式的发展，其使用率有所下降。但是，木质包装在强度、价格、可回收利用、方便省时等方面具有其他包装无法比拟的优点，因此木箱、木托盘、木框等木质包装在国际贸易中仍得到广泛使用。

木质包装尤其是木托盘的拥有数量在一定程度上反映了该国整体物流效率。随着货物流通范围的扩大和流通速度的加快，木质包装的使用规模和拥有量呈现出平稳增长的态势。木托盘是全球最为常见的包装材料，在美国同时使用的托盘数量高达19亿~20亿个，木托盘占美国托盘市场的90%~95%，每年用于制造木托盘的木材超过0.14亿 m^3。根据欧洲托盘协会的统计数据，在经历了5年的快速增长后，2020年欧洲托盘的产量增速有所放缓。尽管当时面临新冠疫情和木材价格上涨的压力，欧洲托盘的产量在2020年仍增长了1.14%，达到9730万个。维修后再投入的托盘数量相比2019年略有下降。总的来说，2020年欧洲托盘的生产和维修总数量增加了0.5%，达到1.235亿个。

总体上看，我国进出境木质包装数量的变化与国际贸易的变化趋势一

致，也与相关地区的经济发展状况一致。进出境木质包装数量随着我国外向型经济的快速发展而迅速增长。据统计，2002年，我国进境货物木质包装数量为52.5万批次。2020年，进境货物木质包装数量已经增长到260万批次，增幅超400%。2002年，出境货物木质包装数量约为723万件。2020年，出境货物木质包装数量已经增长到5500万件，增幅超600%。

从进出境货物木质包装数量变化趋势来看，木质包装数量变化表现出以下几个特点：一是进出境货物木质包装数量变化与国民生产总值变化呈正相关，但变化幅度介于国民生产总值与进出口货物总值变化幅度之间。二是进境货物木质包装数量增长幅度小于出境货物木质包装增长幅度。自2002年国际植物检疫措施第15号标准发布以来，欧美等发达国家（地区）推广非实木质包装或其他替代包装的步伐加快，导致进境货物木质包装数量的增幅小于出境货物木质包装数量增幅。此外，进境货物木质包装数量和出境货物木质包装数量增幅不同步也与同期进出口贸易顺差有关。木质包装生产贸易在发达国家（地区）处于减缓状态，在经济贸易快速发展的国家（地区）木质包装生产贸易处于快速增长或平缓低速增长状态。中国木质包装生产贸易经过了快速发展后，近几年呈现出平缓低速增长状态。

木质包装应用在国际贸易领域的规模和范围不断扩大，随木质包装扩散的有害生物数量也随之增长。据统计，2020年全国口岸共检疫进境货物木质包装230.1万批次，从中截获各类有害生物20561种次，其中截获检疫性有害生物19种356种次。

（二）木质包装检疫风险高

从木质包装定义中可以看出，大部分木质包装未经过加工或仅仅经过简单加工，这就造成极易携带林木有害生物的木材在制作成木质包装后仍然具有较高的检疫风险。相对家具、木地板等木制品而言，制作木质包装的原料大多质量较差。如常用的松木、杉木及其他硬杂木，多为木制品选下来的品质较差木材，甚至少部分使用回收板材或原木加工余下的边材，生产过程中不注意剔除树皮，使制成的木质包装容易携带大量有害生物。另一方面，木质包装可以直接重复使用、反复加工的特性，使木质包装的重复利用率较高，这就造成检疫人员往往难以对木质包装实施针对性检疫，增加了口岸检疫的难度。同时，木质包装在不同地区存放流转，增加了重复感染的风险。

三、木质包装检疫国际标准

(一) 木质包装国际标准发布及实施情况

1. 木质包装国际标准发布

各国（地区）对木质包装采取的检疫措施，一定程度上降低了木质包装传播有害生物的风险，但随着国际贸易一体化进程的不断深入，针对国际运输货物所用木质包装的检疫措施对国际贸易的影响越来越显著。为防止疫情随货物木质包装在全球范围内传播，同时使木质包装对国际贸易影响降至最低，2001 年，美国、加拿大、墨西哥等北美植保组织成员建议制定全球统一的木质包装检疫处理标准。《国际植物保护公约》采纳了该建议，并于 2002 年 3 月制定颁布了国际植物检疫措施标准第 15 号《国际贸易中木质包装材料管理准则》（ISPM15）。后经 2009 年、2012 年、2013 年、2016 年、2017 年、2018 年多次修改完善，内容愈加科学合理。到 2021 年，世界上已有 184 个国家（地区）采用该国际标准，使得木质包装的检疫问题进一步国际化和标准化。

ISPM15 建议所有国家（地区）采取统一的木质包装除害处理措施，并加施专用标识，代替原来的植物检疫证书；同时标识也包含除害处理方法、来源地等信息，直接加施于木质包装上，方便查验和识别。该标准还确认了木质包装溴甲烷熏蒸及热处理的方法和技术指标；输出国家（地区）应对出境木质包装建立适当的监控体系，以保证除害处理的有效性；输入国家（地区）在对木质包装实施检疫时，可对不符合要求的木质包装采取除害处理、销毁或拒绝入境等措施。

《国际植物保护公约》鼓励各成员接受这一标准，以减少木质包装传带有害生物的风险，降低木质包装检疫对国际贸易的影响。2005 年 2 月 28 日至 3 月 4 日，IPPC 秘书处在加拿大温哥华召开"木质包装 ISPM15 标准实施研讨会"。2008 年 1 月 21 日至 25 日，在中国南京举办"亚洲地区实施木质包装国际标准及检疫处理研讨会"，进行 ISPM15 在全球的推广和应用。

2. 我国采纳 ISPM15 并制定木质包装检疫措施的情况

为加强木质包装检疫领域的国际交流和合作，防范有害生物的传入传出，促进贸易便利化，我国积极采纳国际标准，2003—2005 年期间，履行法规文本起草、征求国内外相关单位意见、举办听证会、最终审议等法律程序，依据 ISPM15，最终颁布《中华人民共和国出境货物木质包装检疫处理管理办法》和《中华人民共和国进境货物木质包装检疫监督管理办法》。为确保有关规定措施得到有力执行，海关总署单独或联合商务部、国家林业和草原局等政府部门发布多个公告，实施相应的配套技术措施，逐步形成了一套完整的符合国际标准要求的进出境木质包装检疫监管体系。

在对进境货物木质包装实施严格检疫的基础上，为阻止局部地区发生的有害生物随国内调运的木材和木质包装跨地区传播，我国林业部门也加大了对国内贸易中使用的木质包装的检疫监管力度。国家林业部门要求加强省际调运木材及木质包装的植物检疫管理工作，特别是针对松材线虫制定了相应的植物检疫措施，取得了一定的成效。

（二）木质包装国际标准主要内容

1. 引言

本标准介绍了旨在减少与国际贸易中原木制造的木质包装材料的流动有关的检疫性有害生物传入或扩散风险的植物检疫措施。本标准所涉及的木质包装材料包括垫木，但不包括那些经加工处理后已无有害生物的木材制造的木质包装物（例如胶合板）。本标准所描述的植物检疫措施并不是为了提供持续的保护手段，以免受有害生物或其他生物的污染。与木质包装材料有关的有害生物会对森林健康和生物多样性产生不利影响。实施本标准可以大大减少有害生物的扩散，从而减少其不利影响。在某些情况下，得不到替代性处理方法或不是所有国家都能得到替代性处理方法，或得不到其他适当的包装材料时，溴甲烷也列入本项标准。已知溴甲烷会破坏臭氧层。《国际植物保护公约》已就此事项通过了有关"替代和减少使用溴甲烷作为植物检疫措施"的建议（2008 年）。正在寻求对环境更加安全的替代性处理方法。

2. 要求概要

已批准的植物检疫措施，可显著地降低有害生物通过木质包装材料传入和扩散的风险，包括使用去皮木材（残留树皮的允许量有明确的规定）和应用已批准的处理措施。公认标示的应用，确保易于识别已采用批准的处理措施的木质包装材料。对已批准的处理措施、相应的标示及其使用方法均有说明。出口和进口方的植保机构承担特定的责任。处理和标示的使用必须经国家植保机构授权。国家植保机构授权使用标示时，应当酌情监督管理（或至少审核或审查）处理商或制造商的处理过程、标示加施及应用，并应当建立检验或监测及审核程序。对于修复的或再制造的木质包装材料可采用特殊要求。进口方植保机构应接受已批准的植物检疫措施作为授权木质包装材料入境的根据，而不必实施有关木质包装材料的进一步进口检疫要求，可以在进口时核实这些材料是否符合标准的要求。当木质包装材料不符合本标准的要求时，国家植保机构有责任采取检疫措施并酌情通报违规情况。

3. 限定的根据

来自活树木或死树木的木质材料可能受到有害生物的侵染。木质材料通常是由原木制造的，可能未经深度加工或处理而去除或杀死有害生物，因而仍然是检疫性有害生物传入和扩散的一种途径。尤其是垫木，具有很高的传入和扩散检疫性有害生物的风险。而且，木质包装材料经常被再利用，进行修复和再制造。任何一块木质包装材料的真实来源都很难确定，因而它的检疫状况也很难确定。为确定有无必要采取检疫措施以及此类措施的强度通常所采用的有害生物风险分析程序，常常不适用于木质包装材料。鉴于此，本标准论述了国际上普遍接受的可被所有国家用于木质包装材料的检疫措施，可显著降低大多数检疫性有害生物随木质包装材料传入和扩散的风险。

4. 限定性木质包装材料

这些准则适用于各种形式的包装材料，这些包装材料可能是有害生物的传播途径，主要给生长中的树木带来有害生物风险。它们包括板条箱、盒子、包装箱、垫木、货盘、电缆卷筒和卷轴等木质包装材料形式，这些形式的木质包装材料可能出现在几乎所有进口货物中，包括那些通常不作为检疫检验对象的货物。

下面是风险很低的木质包装材料，可以不受本标准规定的限制：完全由薄木材（厚度 6mm 或以下）制造的木质包装材料；整体以处理过的木材为基础制造的木质包装，如采用了胶粘、加热和压缩，或综合采用其中两种及以上方法制造的多层板、颗粒板、线性绞合板和镶嵌胶合板等；在制作过程中经过加热的葡萄酒或饮料的包装桶；用于包装葡萄酒、雪茄或其他商品的礼品盒，木料在生产过程中，已加工或使用去除有害生物的处理方法；锯末、刨花和木丝绒；永久性固定在运输车辆和集装箱上的木质配件。

5. 木质包装材料的植物检疫措施

本标准描述了已批准的木质包装材料的植物检疫措施（包括处理措施），同时对今后批准新的或修订的处理措施作出了规定。标准中所描述的已批准的植物检疫措施包括木质包装物的检疫处理和标识，加施标识后不必再出具植物检疫证书。标准发布的检疫措施对国际贸易中使用的木质包装物所携带的、危害活树的大多数有害生物具有明显的效果。基于可能杀灭的有害生物范围、处理有效性、技术和/或商业上的可行性考虑，现行的木质包装检疫措施是由木材去皮和检疫处理组成的综合措施。

（1）去皮处理已批准的木质包装材料处理措施（2018 年）包括：无论采用哪种处理方法，木质包装材料都必须由去皮木材制作。去树皮的木材可以残留一些可见的零散的小块树皮：宽度不到 3cm（不管长度是多少）或宽度大于 3cm，但单块树皮的总表面积不到 50cm^2。溴甲烷和硫酰氟处理必须在处理前去皮，因为树皮影响溴甲烷处理效果，热处理之前或之后去皮均可。但介电加热明确了木材处理尺寸，树皮也包含在度量之内。

（2）热处理使用传统蒸汽或热处理室烘干进行热处理时（处理标示代码：HT），基本要求是整个木料（包括木心）达到最低 56℃的温度并至少持续保持 30min。

国家植保机构提出或批准处理程序时，应考虑以下因素：热处理室密闭并且隔热良好，包括底部的隔热。热处理室的设计可使空气在木料堆周围和内部均匀流动。待处理木料的堆放要确保在木料堆周围和内部有充分的空气流动。按要求在处理室内使用空气导流板，在木料堆中使用隔离物，以确保充分的空气流动。用风扇使空气在处理过程中循环流动，风扇产生的气流要足以确保木心温度达到规定的水平并保持要求的时间。针对每批木料确定处理室内的最冷位置，并在位于木料中或处理室中的该位置安装温度传感器。在使用插入木料中的温度传感器对处理进行监测时，建议至少使用 2 个温度传感器。这些温度传感器应适于测量木心温度。使用多个温度传感器可确保在处理过程中发现任何一个温度传感器故障。温度传感器应安置在距离一块木料一端至少 30cm 的位置，并插入木料的中心。对比较短的木板或货盘木块而言，温度传感器同样要插入具有最大尺寸的木料的中心部位，以确保测量到木心温度。为安置温度传感器而钻出的任何孔眼要使用适宜的材料封堵，以防对流或传导干扰温度测量。要特别注意外部因素对木料的影响，例如钉子或金属插入物可导致不正确的温度测量。

基于处理室内空气温度监测制定处理程序，且程序用于处理不同类型木料（例如特定种类和尺寸）时，该程序要考虑待处理的木料的种类、含水量和厚度。建议至少使用 2 个温度传感器，并根据处理程序监测处理木质包装材料的处理室内的空气温度。如处理室内空气流动的方向在处理过程中经常逆转，可能需要更多的温度传感器以兼顾最冷点位置的可能的变化。根据设备制造商提供的使用说明，并按照国家植保机构要求的频率校正温度传感器和数据记录设备。监测并记录每次处理的温度，以确保所要求的最低温度保持必要的时间。如最低温度未能保持，应采取纠正行动以确保所有木料均按照热处理要求（56℃ 连续保持 30min）进行处理，例如重新开始处理或延长处理时间，以及在必要时提高处理温度。在热处理期间，读取温度的频率要确保能发现处理失败。为便于核查，处理措施提供者要在国家植保机构规定的时间内保存好热处理记录和校正记录。使用介电加热进行热处理（处理标示代码：DH）。使用介电加热（例如微波或无线电波）时，木质包装材料必须被加热至最低 60℃ 的温度，并在整个木料中（包括其表面）连续保持 1 分钟。使用介电加热的处理措施提供者必须证明其程序取得了规定的处理参数（同时考虑到木材含水率、规格和密度，微波或无线电波频率）。处理程序应由国家植保机构提出或批准。处理措施提供者应由国家植保机构批准。

为使介电加热处理室达到处理要求，国家植保机构应考虑以下因素：一般要在木料温度最低处（通常是表面）对处理进行监测，至少使用两个温度传感器。木料温度达到或超过 60℃，并在整个木料中（包括其表面）连续保持 1 分钟。对厚度超过 5cm 的木料，2.45GHz 的介电加热要求双向施用或使用多个波导来传输微波能量，以确保均匀加热。根据设备制造商提供的使用说明，并按照国家植保机构要求的频率校正温度传感器和数据记录设备。在国家植保机构规定的时间内保存好热处理记录和校正记录，便于核查。

（3）溴甲烷处理

使用溴甲烷应当考虑有关替代或减少使用溴甲烷作为植物检疫措施的建议。含有尺寸最小处切面超过20cm的木料的木质包装不得采用溴甲烷处理。采用溴甲烷熏蒸木质包装材料必须按照国家植保机构提出或批准的程序进行，目的是在相应温度和最终残留浓度条件下，24h内最低限度的浓度—时间组合效应（CT）符合要求（表4-1）。木材及其周围空气最低温度不得低于10℃，最短处理时间不得少于24h。必须至少在处理的2h、4h和24h三个时间点分别监测气体浓度。

如24h内CT值不符合要求，应采取纠正措施，例如重新开始处理，或将处理时间延长最多2h。

表4-1 溴甲烷熏蒸木质包装材料24小时内要求的最低CT值

温度 ℃	24h内要求的最低CT值 gh/m^3	24h后最低最终浓度 g/m^3
21或以上	650	24
16～20.9	800	28
10～15.9	900	32

注：在24小时后未能取得最低最终浓度的情况下，可允许-5%的偏离，但须在处理结束后延长处理时间以获得所要求的CT值

表4-2 溴甲烷熏蒸木质包装材料达到要求的最低CT值的一个处理程序案例

温度 ℃	剂量 g/m^3	最低浓度 g/m^3		
		2h	4h	24h
21或以上	48	36	31	24
16～20.9	56	42	36	28
10～15.9	64	48	42	32

注：吸附或渗漏的情况下，初始剂量可能需要提高

溴甲烷熏蒸应考虑以下因素：在熏蒸的气体扩散阶段合理使用风扇以

确保熏蒸剂均衡，风扇应位于一定位置以保证熏蒸剂迅速有效地在熏蒸的密闭空间内充分扩散（最好在处理 0.5 小时内）。密闭的熏蒸空间装载量不超过其容积的 80%，且熏蒸空间应确保密封，气体不泄漏。堆放的木质包装材料可能需要分隔物，以确保堆放的木质包装材料最小切面不超过20cm。投放溴甲烷时应使用气体发生器，使熏蒸剂在进入熏蒸空间前能够完全气体化。在气体均匀分布后开始测量溴甲烷浓度，检测管应在距离气体释放点最远处，并分布在密闭空间的其他位置（例如前侧底部、中间中部和后侧顶部）测量。实施熏蒸处理的木质包装不要使用溴甲烷不能渗透的材料包装或包裹。

（4）硫酰氟处理

含有尺寸最小处切面超过 20cm 的木料的木质包装材料不得采用硫酰氟处理。对含水率高于 75%（干木料）的木质包装材料也不得采用硫酰氟处理。硫酰氟熏蒸的木质包装最低温度不得低于 20℃，最短处理时间不得少于表 4-3 所述温度和时间。如果在 24 或 48 小时内未能达到要求的最低CT 值，应当采取补救措施或重新熏蒸。

表 4-3　采用硫酰氟熏蒸木质包装材料 24 或 48 小时内要求的最低 CT 值

温度	要求的最低 CT 值 gh/m³	最低最终浓度 g/m³
24 小时内 30℃ 或以上	1400	41
48 小时内 20℃ 或以上	3000	29

如果到处理结束时，即 24 或 48 小时后未能取得最小最终浓度，可允许-5% 的偏离，但须在处理结束后延长处理时间以获得所要求的 CT 值。

采用硫酰氟处理木质包装材料达到要求的最低 CT 值的一个处理程序案例见表 4-4（在高吸附或渗漏的情况下，初始剂量可能需要提高）。

表 4-4　处理程序案例

温度℃	要求的最低CT值gh/m³	剂量g/m³	最低浓度（g/m³）						
			0.5h	2h	4h	12h	24h	36h	48h
30 或以上	1400	82	87	78	73	58	41	n/a	n/a
20 或以上	3000	120	124	112	104	82	58	41	29

注：n/a 表示不适用

6. 标识

经所在国家（地区）的检疫机构批准，生产者（制作木质包装材料）和处理措施提供者（应用已批准的处理措施）可对处理后的木质包装加施标识。标识由 IPPC 专用标志和代码组成，代码用于识别特定国家（地区）、生产商或处理商，采用的处理方法组成。

（1）标识及其应用（2018 年）

木质包装标识，由以下几个部分组成：IPPC 标志、国家（地区）代码、生产者/处理措施提供者代码、使用适当缩略语的处理代码（HT、DH、MB 或 SF）。符号的设计样式（可能按照程序，作为一个商标或一个认证/集体/受保护的标志进行了登记）必须与下面所描绘的样式高度相似，并置于其他部分的左边。

国家（地区）代码必须采用国际标准化组织（ISO）的两字母国家（地区）代码（在下面的样式中显示为"××"）。国家（地区）代码必须用连字符与生产者/处理措施提供者代码相隔开。生产者/处理措施提供者代码，是由国家植保机构授予使用标识的木质包装材料生产者或处理措施提供者或向国家植保机构负责的实体的一个特定代码，以确保使用经适当处理的木料并恰当地标识（在样式中显示为"000"）。数字以及数字和/或字母的次序由国家植保机构指定。处理措施代码是《国际植物保护公约》采用的已批准措施的一个缩略语，在示例中以"YY"表示（表 4-5）。处理措施代码必须在国家（地区）和生产者/处理措施提供者代码之后出现，而且必须在国家（地区）代码和生产者/处理措施提供者代码行之外的单独一行上出现，如与其他代码在同一行出现，则须使用连字符分开。

表 4-5　处理措施代码及类型

处理措施代码	处理措施类型
HT	热处理
DH	介电加热
MB	溴甲烷
SF	硫酰氟

（2）标识的应用

标识的大小、所使用的字体和位置可以变化，但其尺寸必须足够大，使检验人员无须使用视力辅助仪器就可以看清楚和辨认。标识必须是矩形或正方形，包括在一个边框内，同时用一条垂直线将符号与代码部分隔开。为便于模板刻印，边框上、垂直线上或标识中其他地方可能会显示出小缝隙。

在标识框内不能有任何其他信息。如认为附加标识（例如生产者商标、授权机构的标识）有利于在国家（地区）层面保护标识的使用，这种信息可置于标识框附近，但要在标识框外。

标识必须具备清晰易辨认、永久性和不可转移的特点，位于使用木质包装时易看见的位置，至少在木质包装的两个相对面上。标识不得手写，应避免使用红色或橘黄色，因为这些颜色用于危险货物的标签。当多个部分组装成一个单位的木质包装材料时，为了标识的目的，该组装的复合单位必须作为一个独立单位来考虑。在一个由处理过的木料和加工的木料（当加工的部分不需要处理时）共同组装的复合单元木质包装材料上，为了使标识位于容易看见的位置并有足够的大小，让标识显示在木质包装材料的加工部分也是合适的。这种标识使用方法仅仅适用于单一复合材料制件，不适用于临时性木质包装材料的成套组装件。

下面列举了一些常见的标识样式（图4-1）：

样式 1

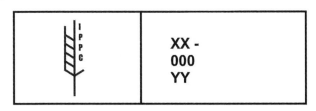

样式 2

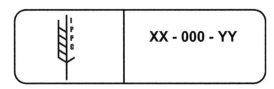

样式 3 （这是一种未来标识样式，边框带圆角）

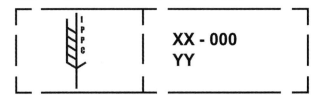

样式 4 （这是一种未来模板刻印标识样式，在边框上、垂直线上或标识中其他地方可能会出现小缝隙）

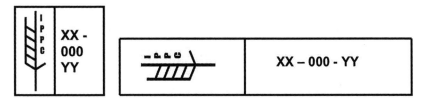

图 4-1　常见的标识样式

7. 木质包装的再利用

国家植保机构有责任确保和验证再利用、修复或再制造的木质包装符合国际标准要求。木质包装如没有进行过修复、再制造或其他的改造，不需要再处理或重新标识。

木质包装的修复是指更换材料未超过三分之一。木质包装如需修复，应使用按本标准处理的木材进行修复，且增加的每个部分都必须分别标识。如对修复的木质包装进行重新处理或出现多重标识，应去除原有标识，重新加施。

木质包装的再加工是指木质包装单元有三分之一以上的部分被替换。再制造的木质包装必须清除以前的标识，进行重新处理并按照本标准进行重新标识。

8. 不符合要求的木质包装材料处置措施

可采用下列方法对违反要求的木质包装进行处置：（1）烧毁。（2）深埋。掩埋的深度应根据气候条件和所截获的有害生物种类而定，但是建议至少2米深。深埋方法不适用于带有白蚁或受某些根部病原菌侵染的木料。（3）加工处理（如制造定向结构刨花板）。（4）国家植保机构认可的对目标有害生物有效的其他方法。（5）退回出口国（地区）。

第二节
进境木质包装检疫监管

一、进境木质包装检疫监管总体要求

进境货物使用的木质包装应当由输出国家（地区）植物检疫机构认可的企业按中国认可的检疫除害处理方法实施除害处理，并加施植物检疫机构批准的《国际植物保护公约》标识"IPPC"。进境货物使用木质包装的，货主或其代理人应当向海关申报，并配合海关实施检疫。海关加强与港务、船代等部门的信息沟通，通过审核货物载货清单等信息对使用木质包装的货物实施检疫。经检疫发现木质包装标识不符合要求或截获活的有害生物的，海关监督货主或其代理人对木质包装实施除害处理、销毁处理或连同货物做退运处理，所需费用由货主承担。需实施木质包装检疫的货物，未经检疫合格的，不得擅自使用。来自中国香港、澳门和台湾地区的货物使用的木质包装适用上述规定。

二、进境木质包装检疫监管程序

进境货物木质包装检疫监管程序主要包括现场检疫查验、实验室有害生物鉴定和检疫处理等环节。

（一）现场检疫查验

1. 资料审核

海关查验人员对申报材料进行分析和评估，同时结合以往的查验结果进行进境木质包装风险和疫情发生规律分析，有针对性地进行查验；对于来自携带疫情频率较高、违规情况频繁的高风险地区的木质包装以及同一出口商、同一标识企业出现多次违规的，可以通过增加抽查比例的方式实施重点查验；对于部分经常使用木质包装的货物应该重点查验。大部分散装钢船报检时均提供无木质包装声明，但实际查验时往往发现大量使用垫木。

2. 现场查验

现场查验是实现有效把关、防止有害生物传入的关键环节。在现场查验环节应该注意以下要点：

（1）采取防疫措施。运往指定地点接受查验的进境货物木质包装，须采取必要的防止疫情扩散的措施，集装箱装运的，不得擅自开启集装箱门，以防有害生物逃逸、扩散。

（2）核对货证。核对货物的提单号、产地、唛头，包装物类型、数量等是否与申报内容一致。

（3）运输工具及环境检查。检查运输工具、集装箱及货物堆放场地是否隐藏有害生物、动植物残留物、土壤等。

（4）标识检查。所有木质包装均应加施标识，重点关注撑木、垫木等不规则木质包装以及规格多样、来源复杂的木质包装。标识应内容完整、清晰易辨、非红色或橙色、标识框内无其他附加信息（如 DB、企业商标等）。标识应永久且不能移动，加施于显著位置。

（5）树皮情况检查。重点关注木箱、木框等内侧带树皮情况。如有树皮，其宽度应小于3cm，或宽度大于3cm但总表面积不大于$50cm^2$。

（6）有害生物查验。根据有害生物的生活特性和危害特征实施重点查验，包括检查木质包装新旧程度，陈旧木质包装长时间储存后不仅容易感染仓储性害虫，而且容易受大田有害生物或其他林木有害生物感染。根据仓储性害虫大部分隐藏于集装箱角落的特性，重点检查运输工具箱门内壁、门口及四周，可用射灯或强光照射底板、侧板及顶板等。检查木质包装的外表是否有蛾类害虫、虫茧或虫蛹。如果货物为集装箱装载的，在打开集装箱门时，应及时检查箱内木质包装及货物，尤其是旧机器设备，看是否有蛾类害虫、虫茧或虫蛹，要注意防止成虫外飞逃逸。某些蛾类害虫，如美国白蛾、舞毒蛾等，它们虽然不是木材钻蛀性害虫，但能随木质包装传播和扩散。检查木质包装是否带树皮。因为很多害虫常在树皮与树干之间取食与生活，对于带有树皮的木质包装，要剥开树皮，检查树皮下害虫情况，看是否有天牛、小蠹的成虫或木蠹象幼虫等。检查木质包装上是否有虫孔、其周围是否有木屑或排泄物。一般来说，如果虫孔口新鲜、其表面或下方有害虫咬出来的木屑或排泄物，则表明木质包装材料里面藏有害虫。因此应实施重点查验，可剖开孔道，看是否有害虫，进而采取掏箱等措施。

根据不同木质包装的特点进行查验：针叶类包装往往容易受松材线虫为害，而阔叶类包装往往容易受钻蛀性害虫为害。针叶类和阔叶类包装的区分特点是针叶类木材的年轮和树脂道比较明显且材质较软，阔叶类木材的年轮和树脂道不太明显且材质较硬。对针叶类包装仔细检查是否有发生蓝变的木料。对阔叶类包装检查是否存在虫孔、木屑等特征。对于撑木、垫木类包装，往往出现装箱公司因数量不够等临时使用未经处理的木质材料的情况，应加大查验力度。承载较大仪器设备的木质包装往往木材直径较大，国际标准中要求的处理方式和处理指标很难彻底达到，对于这类包装应该重点查验。

根据不同的来源国家（地区）进行查验：对于来自美国和日本的货物木质包装，现场检疫的重点应放在寻找带有受松材线虫为害症状的木质包装上。对于来自松材线虫疫区的货物木质包装，现场检疫时除关注钻蛀性木材害虫外，也应注意看木质包装上是否有松材线虫为害状。对于来自马来西亚、印度尼西亚、泰国、越南等东南亚国家的货物木质包装，现场检疫时应重点关注双钩异翅长蠹、双棘长蠹和大家白蚁等害虫。

3. 现场取样

现场查验时除按照随机抽样原则抽取木质包装样品外，应对具有以下情况的木质包装实施重点取样：有昆虫危害迹象的，包括残体、虫孔、虫道、虫粪、蛀屑等；木材截面呈现辐射状蓝变症状，且含水率较高的；带有树皮的、水分高的、蓝变及霉变等疑似病木；无标识的、标识不规范的、明显添加的木料等。

(二) 有害生物鉴定

实验室对收到的虫样、病木、样木，根据疑似症状分别进行室内检测工作。对虫样清理整形，对病木、样木分离、剖检、培养。对于截获的有害生物，按分类体系尽可能鉴定到最小单元，特别是疑似检疫性的有害生物，不可轻易放弃鉴定工作。难以鉴定的，制作、收集相关资料、图片，并送有资质的实验室或专家做进一步鉴定。鉴定工作结束，有害生物制作成标本，样木标记留样。

(三) 木质包装的检疫处理

经检疫查验，已加施《国际植物保护公约》专用标识且符合规定要求，未发现活的有害生物，且树皮未超标的，准予进境。

木质包装 IPPC 标识符合要求，发现活体有害生物或树皮超标的，对木质包装实施检疫处理；无法实施有效处理的，监督货主或者其代理人连同货物一起做退运处理；未加施 IPPC 标识或标识不符合我国规定的，对木质包装实施检疫处理；无法实施有效处理的，监督货主或者其代理人连同货物一起做退运处理。

未按规定向海关申报、未经海关许可擅自将货物卸离运输工具或者运递、申报与实际不符等情况，海关依照相关规定予以行政处罚。

三、进境木质包装检疫监管措施

除对进境货物木质包装实施查验外，为提高把关成效，海关对涉及进境木质包装的相关环节实施检疫监管，监管内容有：进境木质包装的装卸、运输、存放和检疫处理过程等。根据需要，在进境木质包装的装卸、运输、储存、加工场所实施外来有害生物监测。近年来，随着外贸形势的不断发展，木质包装检疫监管的任务也随之加重。海关在现有检疫监管模式的基础上，积极探索，开拓创新，有力地推动了木质包装检疫工作的开展。进出口商和输出国家（地区）木质包装标识企业的诚信体系管理、进境货物木质包装的分类管理模式已经在部分地区实施，取得了较好的效果。

(一) 诚信管理

海关根据检疫情况对进出口商和输出国家（地区）木质包装标识企业

实施管理，对木质包装除害处理质量、进出口商信用进行记录。对处理质量较高的标识企业、诚信较好的进出口商，采取减少抽查比例或先通关后集中检疫等便利措施。对处理质量较差的标识企业和诚信较差的进出口商，采取加大抽查比例直至批批查验的措施。

（二）视频查验

根据进口商的需要，海关在进境货物木质包装数量较大的企业建立视频查验平台，通过向企业发布指令实施视频查验。相对于原有的查验方式，这种监管方式不仅将口岸查验工作转移到企业，实现了远程监控，而且杜绝了企业不能掌握木质包装使用状况而造成的漏报、漏检现象，基本实现了从电子申报、电子监管到电子放行的检验检疫工作整体电子化的要求，既提高了口岸通关验放速度，减少了货物滞留时间，也减轻了海关人力不足的问题。

（三）违规通报

海关定期将进境货物木质包装中截获的检疫性有害生物、木质包装标识违规等情况向输出国家（地区）检验检疫机构通报，对多次出现问题的，暂停相关标识加施企业的木质包装入境。

四、进境木质包装违规典型案例

大多数国家对木质包装携带及传播有害生物具有深刻的认识，对出入境的木质包装进行了严格的检疫处理及监管，降低了木质包装传播疫情的风险。然而，由于木质包装在进出口贸易中用量巨大，难免会有些违规生产或不合格的木质包装用于进出口贸易（图4-2至图4-7）。这些不合格或违规生产的木质包装携带及传播有害生物的概率较高。我国出入境检疫机构多次在进出口货物木质包装检疫过程中发现危险性有害生物（图4-8至图4-16）。

图 4-2 标识不清晰

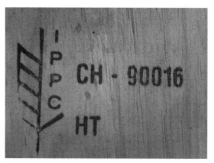

图 4-3 标识无边框

图 4-4 标识为纸质打印

图 4-5 标识可移动

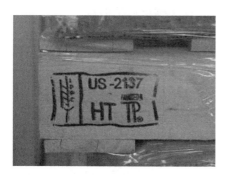

图 4-6 标识为手绘

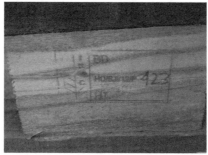

图 4-7 标识部分内容为手写

图 4-8　木包装残余树皮下　　　　图 4-9　木质包装残余树皮下
检出活体蠹虫幼虫　　　　　　　检出十二齿小蠹

图 4-10　木质包装带树皮并检出横坑切梢小蠹

 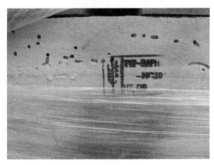

图 4-11　木质包装检出活体双棘长蠹

图 4-12　木包装截获大量
活体蠹虫

图 4-13　木质包装检出卡
肖乳白蚁

图 4-14　木质包装截获红火蚁

图 4-15　携带泥土

图 4-16　针叶木木质包装蓝变现象

案例1 1988年6月，植物检疫人员在对一艘名为"崇明"号的货轮进行检疫查验时，在一个棉包的外表发现了一头检疫性有害生物——欧洲榆小蠹死成虫。检疫人员进一步检查后，在棉包下面发现了具有小蠹虫为害状的垫舱木。经南京林学院林工系鉴定，该垫舱木为榆科榆属。这是我国口岸首次在进境船舶垫舱木上截获欧洲榆小蠹，江苏省政府对此非常重视，并专门作了批示。

案例2 2006年6月，检疫人员在对来自美国装载水质处理设备的进境集装箱实施检验检疫过程中，发现木质托盘携带断纹尼虎天牛（*Neoclytus caprea*）。断纹尼虎天牛的生长习性较为复杂，其在木材内钻蛀，潜伏期长，这决定了它很容易随未经除害处理或处理不彻底的木制品木质包装、垫木、木托盘传播到其他地方。我国地理位置与美国同在一个纬度，该天牛一旦传入，很容易传播和扩散，必将对我国的森林资源、生态环境造成严重危害。

案例3 2007年1月，检疫人员在对一批来自我国台湾地区的货物木质包装进行检疫时，发现数十只白蚁正在爬行。为防止疫情扩散，检疫人员当即关闭箱门对装载该批木质包装的集装箱进行除害处理。处理结束后掏箱检查，发现部分木质包装白蚁为害严重。经鉴定，该批白蚁为截头堆砂白蚁（*Cryptotermes domesticus*）。同年，在一批原产韩国经我国台湾地区中转的铝板中，发现箱门口有大量白蚁。检疫人员当即关闭箱门对集装箱实施熏蒸处理。处理完毕，掏箱检查，发现部分木质包装密布虫道，完全被白蚁蛀空。样品经鉴定为台湾乳白蚁（*Coptotermes formosanus*）。值得注意的是，该批木质包装先后在韩国、我国台湾地区进行了检疫处理，同时印有两地 IPPC 标识。

案例4 2008年11月，检疫人员在对来自我国台湾地区的货物木质包装（包装件数：12件、全部加施标识）进行查验时，发现木质包装受到钻蛀性害虫严重为害，并从中检出检疫性有害生物——北美西部松齿小蠹（*Ips latidens*），为我国口岸首次截获。北美西部松齿小蠹是严重危害林木的钻蛀性害虫，繁殖力强，为害隐蔽，筑坑道于树木韧皮部与边材之间，破坏树木输导组织，导致寄主林木成片死亡。此外，检疫人员在装载该批货物的集装箱地板上发现有散落的泥土，并从中检出大量检疫性有害生物大家白蚁（*Coptotermes curvignathus*）。

案例 5 2011 年 3 月,检疫人员在对一批来自泰国货物的木质包装实施现场检疫时,在该货物的包装缠绕膜中发现一活体昆虫。经鉴定,确认为检疫性有害生物墨西哥斑皮蠹(*Trogoderma anthrenoides*)。这是全国口岸首次截获该有害生物。

案例 6 2011 年 3 月,检疫人员在对装有巴西水晶的集装箱实施开箱查验时,发现货物木质包装带有多种害虫,涉及大量活体仓储害虫、天牛、小蠹等外来有害生物。经鉴定为弯斑桉天牛(*Phoracantha recurva*)、拉美毛小蠹(*Dendrocranulus* sp.)、家具窃蠹(*Anobium punctatum*)、米扁虫(*Ahasverus adven*a)等。据悉,弯斑桉天牛原产于澳大利亚,现已广泛分布于世界各地,其危害性极大,1963 年曾在突尼斯大规模暴发,导致 200 万棵桉树死亡。韩国农林部国家植物检疫局(NPQS)已于 2007 年 7 月 13 日将弯斑桉天牛增补为检疫性有害生物。

案例 7 2016 年 12 月,检疫人员从一批意大利进口的铁质盖板的木质包装中,截获检疫性有害生物松材线虫(*Bursaphelenchus xylophilus*)。据悉,该批木质包装来自德国并已加施 IPPC 标识,共计 16 个天然木托。检验检疫人员在对货物木质包装实施现场查验时,发现木质包装有明显蓝变现象,经初筛实验室筛查及动植物与食品检测中心专家鉴定后,确定为松材线虫。

案例 8 2019 年 5 月,检疫人员对一批来自美国的货物木质包装进行检疫查验时,发现部分 IPPC 标识不清晰,并有潮湿、发霉、蓝变迹象,现场查验人员随即截取代表性样品送技术中心检测。后实验室出具检验报告,检出松材线虫。

案例 9 2020 年 4 月,检疫人员在货物查验时发现,一批用于包装钢丝绳的中轴实木木盘无 IPPC 标识,第一时间责令企业隔离封存。据介绍,该批木盘系用于包装钢丝绳的中轴木盘,一直以来该企业的木盘均采用胶合板木盘,但近期由于其中一规格钢丝绳尺寸较大,重量较重,故在未与用户沟通的情况下,直接换成实木木盘。

案例 10 2021 年 6 月,检疫人员在对一票进境的花岗岩毛板进行查验时,在其木质包装周围发现大量蛀屑。经查验关员悉心查验,检获活虫成虫一只。经技术中心鉴定,为检疫性有害生物双钩异翅长蠹(*Heterobostrychus aequalis*)。

越来越多的国家（地区）采纳国际标准《国际贸易中木质包装材料管理准则》，很大程度上遏止了有害生物随木质包装材料在世界范围内传播扩散。然而，从以上案例可以看出，木质包装携带有害生物疫情的风险依然很大。这主要是由一些未经处理或处理不合格木质包装的违法违规使用造成的。因此，口岸对出入境木质包装的检验检疫工作仍不能放松警惕。

第三节
出境木质包装检疫监管

一、出境木质包装产业概述

我国的木质包装生产加工企业大致分为两类，一类是从事出境货物木质包装生产、加工的企业，获得海关授予的出境货物木质包装标识加施资质或委托具有资质的单位进行检疫处理的企业；一类是从事内销货物木质包装生产、加工的企业。木质包装的经营形式主要有两种：一种是使用企业采购木质包装并自己进行产品包装；第二种是木质包装加工企业到使用企业现场进行产品包装。由物流或包装公司制订包装方案并在物流中心进行产品包装这种形式才刚刚起步，采用的企业不多。

2000 年以前，我国木质包装生产企业绝大多数为家庭作坊型企业。这些企业大多仅有带锯、截锯、压刨、平面刨等简单设备，年产值一般不超过 100 万元。近年来，我国经济高速发展，木质包装需求快速增长，推动木质包装行业迅猛发展。2020 年，我国包装工业产值已经接近 1.9 万亿元人民币。但由于受市场经济模式不够成熟、产业政策导向不够明确、木质包装市场无序竞争、木质包装生产门槛较低等因素的制约，企业总体规模仍普遍较小，木质包装行业的产业化和标准化在整个包装行业中仍处于相对较低的水平。

自 2005 年《出境货物木质包装除害处理管理办法》颁布以来，我国获得出境货物木质包装标识加施资质的企业在海关的监督和管理下，无论

是管理体系还是硬件设备均有了大幅度提升，大部分企业建立了 ISO 9001
质量管理体系，配备了满足出境货物木质包装生产、检疫处理所需的厂
房，生产设备和检疫处理设施。

二、出境木质包装检疫监管总体要求及标识样式

出境货物使用的木质包装，须经由海关许可的木质包装标识加施企业
实施有效除害处理并加施标识。海关对出境木质包装的处理过程和加施标
识情况实施监管，并对流通过程中的木质包装实施抽查检疫，不符合规定
的，不准出境。输入国家（地区）对木质包装有其他特殊检疫要求的，按
照输入国家（地区）的规定执行。

出境木质包装标识式样见图 4-17。

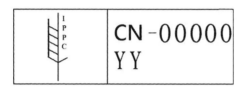

图 4-17　出境木质包装标识式样

其中：

IPPC——《国际植物保护公约》的英文缩写；

CN——国际标准化组织（ISO）规定的中国国家代码；

00000——出境货物木质包装标识加施企业的五位数登记号，按直属海
关分别编号；

YY——除害处理方法：溴甲烷熏蒸为 MB；热处理为 HT；介电处理为
DH；硫酰氟熏蒸为 SF。

出境木质包装标识还应注意以下几点：

（1）木质包装上《国际植物保护公约》标识"IPPC"的大小、使用
的字体及加施的位置，可根据需要进行变化，但必须是矩形或正方形（标
识样式见图 4-17）。标识内信息应符合规定，不得增加商标、防伪符号等
其他内容，用于防伪、追溯等需要的其他信息可在标识框外加注。

（2）标识颜色应为黑色，用喷刷或电烙方式加施于每件木质包装两个
相对面的显著位置，保证其永久性且清晰易辨。

三、出境木质包装检疫监管措施

(一) 标识加施资质许可

《出境货物木质包装检疫处理管理办法》对申请木质包装标识加施资质的企业从除害处理设施、质量管理体系和防疫条件等方面提出明确要求，具备这些条件的木质包装企业方可向海关提出标识加施资质申请。

申请标识加施资质的企业向所在地海关提出申请，并提交相关材料。海关对申请标识加施资质的企业进行考核。考核合格的，颁发除害处理标识加施资质证书。标识加施资质有效期为三年。直属海关定期将获得出境货物木质包装除害处理标识加施企业名单在其官网上公布，并报海关总署备案。

(二) 处理过程监管

木质包装标识加施企业在对木质包装实施除害处理前，须向所在地海关对除害处理及标识加施等实施监管。重点检查除害处理设施运行是否正常，除害处理过程是否达到规定的技术指标要求，标识加施是否符合规范，并对木质包装使用情况进行核销。

海关对木质包装标识加施企业实施日常监督管理，对企业的防疫设施、除害处理设施等关键设备和质量管理体系进行定期评审。如发现不符合认可条件或出现重大违规情况，海关暂停或取消其标识加施资格。海关对出境货物使用的木质包装实施抽查监督管理，重点检查木质包装是否加施标识、标识是否清晰规范、是否添加未经除害处理的木质材料、是否感染有害生物、是否带有输入国家（地区）关注的禁止进境物，以及木材含水率等情况。

四、出境木质包装检疫监管程序

出境木质包装检疫监管程序通常依次为处理计划审核、检疫查验、除害处理监管、核销监管等。

(一) 处理计划审核

标识加施企业在除害处理前向海关申报处理计划，内容包括编号生产批次、处理库号、处理时间、使用单位、拟输往国家（地区）、包装种类、规格及数量、材种、木材最大厚度等。海关对企业处理计划进行审核，重点关注除害处理方式是否合适、处理指标是否符合要求等。审核合格后，允许实施除害处理。

（二）检疫查验

海关根据标识加施企业分类情况和木质包装风险等级实施现场抽查。对于质量管理体系不完善、存在一定检疫隐患的企业，可以加大现场查验的比例。现场查验的内容主要包括申报内容是否与实际情况相符、除害处理设施是否完好、木质包装堆置方式是否符合要求、数据采集传输系统是否完好等，并根据拟输往国家（地区）的要求，对待处理的木质包装进行查验，检查木质包装是否带有活虫、蓝变、树皮等。

海关对出境货物进行查验时，一并对货物使用的木质包装进行抽查。对于需实施现场查验的批次，按照以下要求实施：核对木质包装种类、数量与申报情况是否一致，木质包装合格凭证是否有效；检查待处理木质包装是否携带昆虫、树皮、严重霉变等；检查木质包装上的 IPPC 标识加施是否清晰规范。口岸查验和使用企业抽查中发现不合格的木质包装，应由隶属海关监督使用企业整改或更换包装。

（三）除害处理监管

海关监管人员根据申报审核及现场检疫的结果决定除害处理监管的方式。除害处理监管的方式主要有电子监管、现场监管和处理结果审核等。除害处理监管的主要内容有：检查投药、供热、调湿设备，以及气体循环及排放系统、浓度监测系统、温湿度及水分监测系统、监控软件是否运行正常；检查岗位人员操作是否规范、安全防护措施是否到位等。进行热处理的，检查木材中温度、干湿球温度及相对湿度是否达到指标值，热处理持续时间是否符合要求。采取溴甲烷熏蒸处理的，检查投药剂量、温度、最低浓度及熏蒸处理时间是否符合要求，并按相关规范散毒，残留药剂浓度符合要求。

经除害处理，符合热处理/熏蒸处理技术指标及其他相关规定的，评定检疫处理合格，海关签发结果报告单，准予加施标识。热处理/熏蒸处理技术指标、相关要求不达标的，评定为不合格，海关在结果报告单上签署意见，不准予加施标识。

（四）核销监管

海关对已经加施标识的木质包装实施核销放行，确保标识企业销售的木质包装全部经过有效处理。标识企业将除害处理合格并已加施标识的木质包装销售给木质包装使用企业时，须同时出具《除害处理合格凭证》，并报海关备案。海关凭《除害处理合格凭证》对木质包装销售情况进行核查，并对木质包装流向进行跟踪抽查。

各主要贸易国家（地区）均已采纳 ISPM15，不再要求出具植物检疫证书或除害处理证书，但对于少部分未采标国家（地区），要求出具《植物检疫证书》或《熏蒸消毒证书》的，海关审核申报单、除害处理结果报告单、合格凭证等单证，结合现场查验情况，对符合要求的出具相关证书。通过市场及境外反馈获悉出境木质包装在输入国家（地区）被采取除害处理、退货、销毁等措施的，海关将进行溯源调查，尽快分析查明原因。

五、出境木质包装检疫监管技术

（一）木质包装除害处理远程监管

除害处理过程监管是海关对出境木质包装实施检疫监管的主要内容之一。木质包装国际标准和《中华人民共和国出境货物木质包装检疫处理管理办法》批准的除害处理方式包括熏蒸处理和热处理两种。其中熏蒸处理要求木质包装在密闭的环境中，根据环境温度投入相应的溴甲烷药剂，24h 后药剂浓度不得低于投药浓度的 50%。热处理要求使用湿热空气对木质包装进行处理，以有效杀灭木质包装携带的各类有害生物。热处理必须保证木材中心温度至少达到 56℃，并持续 30 分钟以上。因此，海关监管人员必须对熏蒸处理的投药浓度、散毒浓度和持续时间以及热处理的木心温度和持续时间进行监测。

起初，海关监管人员对除害处理过程相关数据的监测主要依靠人工手段，如对熏蒸过程的监测采用手持式浓度检测仪，来检测投药浓度、散毒浓度，并手工记录；对热处理过程的监测通过观察温湿度计，人工记录，随后发展到使用温度记录仪，在记录纸上自动绘制曲线。随着出口规模的不断增长，出境木质包装批次逐年增长，人工监测、手工记录的方式存在严峻的考验，这种监管方式在记录结果的准确性和可靠性方面存在一定的隐患。随着计算机、通信传输、控制技术等的发展，新技术和新设备也被逐步引入木质包装除害处理监管工作，推动了木质包装除害处理远程监管、电子监管和视频监管技术的发展。

木质包装熏蒸处理远程监管则是通过仪器实时采集熏蒸处理所关注的温度、溴甲烷浓度的变化，再通过转换器输入计算机成为数值数据，并在此基础上进行合格评定的技术。在实现木质包装除害处理数据自动采集的基础上，把其他监管过程如申报审核、结果评定和核销监管等流程整合形成检疫除害处理综合业务管理系统。木质包装热处理远程监管技术是通过温度、湿度探头自动采集木心温度、湿度和木材含水率，再通过转换器输入计算机成为数值数据，实现数据的自动采集、记录和结果的评定的技术。木质包装电子监管技术的应用，极大地提高了海关的监管效率，同时也保证了木质包装的除害处理质量。

（二）木质包装标识防伪技术

木质包装标识防伪技术按照《出境货物木质包装检疫处理管理办法》的要求，标识企业在处理合格的木质包装上加施 IPPC 专用标识，代替原先的植物检疫证书、熏蒸消毒证书，海关对流通环节的木质包装标识进行查验。这种措施一方面节约了社会成本，提高了物流速度和通关效率；但另一方面，由于 IPPC 标识防伪水平低，给非诚信企业留下了可乘之机。近年来，各地海关在口岸查验和监管过程中屡屡发现伪造的标识。伪造标识行为不但扰乱了正常的木质包装生产、贸易和监管的市场秩序，使正常的木质包装标识企业利益受到损害，未经有效除害处理的木质包装流出国门，也损害了中国对外贸易形象。为此，近年来海关逐步将现代防伪技术应用于出境木质包装的检疫监管。

六、出境木质包装违规案例

案例1 盗用 IPPC 标识

2013 年 7 月，海关查验人员在对出口货物木质包装使用企业进行抽查监管时，发现部分木托与木箱未加施生产批号，且所加施的 IPPC 标识与原版的 IPPC 标识有显著差别。经调查确认，该木质包装涉嫌盗用其他包装的 IPPC 标识。经进一步调查核实，该使用企业承认为节约成本，购买未经处理的木质包装后使用假冒标识加施在包装上。根据相关法律法规，没收违法制作的 IPPC 标识章，并对该企业实施行政处罚。

案例 2　IPPC 标识"嫁接"

检疫人员实施监管时，发现某出口雨花石企业使用的 100 只木托盘无热处理痕迹。进一步检查发现，所有木托盘均只有 1 个标识，其中约 50 只木托盘无流胶、锈迹等热处理痕迹，也无木质包装 15 位流水号。经询问，该批包装是从当地一家不具备出境木质包装标识加施资格的企业购买的，且不能出具出境木质包装合格凭证。经调查，木质包装生产企业承认，出口企业从其那儿购买了 100 只具有标识的木托盘，但为了节约成本，他们只将其中的 50 只送至有资质的企业实施除害处理，送回后将加施标识的木墩各取下一个安装在另外 50 只未经处理的木托盘上。这种将合格包装上的标识"嫁接"在未经处理的木质包装上的行为尚属首次发现。这种行为属于《中华人民共和国进出境动植物检疫法》及其实施条例中列明的"伪造、变造动植物检疫单证、印章、标志、封识"行为。

案例 3　IPPC 标识加施不合格

2013 年 1 月，检疫人员对出口货物使用木质包装进行抽查时发现，某企业所用出境木质包装标识不清晰；加施混乱，同一面出现多个标识，而相对面没有；去皮标志 DB 在矩形边框内；出境货物木质包装与境内使用木质包装混合堆放。检疫人员将相关要求向该企业做了宣讲，督促指导企业在采购和使用出境货物木质包装时应加强验收，并做好暂存期间的保管工作。

第五章
林木有害生物实验室检疫鉴定技术

第一节
林木有害生物鉴定方法

————◇————

森林是生命的源泉，孕育着无数的动物、植物、微生物等生物群落，这些生物群落组成了陆地上面积最大、生物量最大、结构最复杂的生态系统。保护森林资源对于人类及地球生物的生存至关重要。森林有害生物的发生、入侵等每年给世界带来大量损失。因此，快速准确地对各类有害生物进行鉴别，对后续及时开展针对性防控措施、保护木材资源、降低经济损失、保护生态环境具有重要意义。

一、检疫鉴定方法

实验室检疫（laboratory testing）是由检疫人员在实验室中依据相关专业知识、标准或资料，并借助一定的仪器设备对样品进行深入检查的植物检疫法定程序，以确认有害生物是否存在或鉴别有害生物的种类。检疫人员依据相关的法律法规以及输入国（地区）所提出的检疫要求，对进出境的植物、植物产品和其他应检物进行有害生物的检疫鉴定。这一环节对专业技能的要求较高，需要专业人员利用仪器设备和鉴定方法对病原物、害虫、杂草等有害生物进行快速且准确的鉴定。

随着现代生物技术，特别是分子生物技术的发展，植物检疫技术也有了长足的进步，为我国的病虫害检测作出了巨大贡献。但植物检疫技术与横向的相关领域如人类医学诊断、动物医学诊断以及食品微生物检测等相比，在总体水平上还存在着较大的差距。提高检疫性有害生物诊断技术检测的准确性、灵敏度和缩短检验时间、简化检测程序是植物检疫工作面临的重要课题。

实验室检疫是植物检疫程序中非常重要的环节，技术要求高，专业性很强。实验室检疫的方法很多，包括以传统技术和现代技术为基础的各类方法，通过这些技术与方法可以实现对有害生物的快速、准确鉴定。除检疫方法以外，实验室为保证鉴定结果的准确性和可追溯性，实验室设施与环境、仪器设备、样品管理（如收样、标识、分样、检疫鉴定、出证、记录、废弃物处理和保存）、标本及菌毒株管理等方面都要满足相应的要求；同时，检出危险性有害生物确认、检疫鉴定溯源和生物安全管理等方面也要符合相应的规定。

针对进境的原木、锯材、木质包装等各种木材产品，实验室检疫常用的主要方法包括形态学鉴定方法、病原菌的分离培养鉴定方法、分子生物学检疫鉴定方法以及利用计算机和网络系统进行有害生物远程鉴定方法等。

（一）形态学鉴定技术

形态学鉴定是通过对生物的外部形态、内部结构，以及宏观和微观特征来识别某一物种。形态鉴定法简单易行，具有较大的稳定性，是当前最重要的鉴定方法之一。形态鉴定依赖于四个方面：一是鉴定者对各类物种或工作涉及范围内的物种的识别能力和熟悉程度；二是求助于专业参考书籍和有关资料；三是与有正确名称的物种标本的比较、核对；四是高性能的显微镜和成像等辅助观察设备。形态鉴定最难解决的问题是区别具有细微差异的近缘种或近似种，尤其是对于鉴定经验不够丰富的鉴定者而言，更加困难。

形态学特征是分类学中最常用、最基本的特征，广泛用于昆虫、线虫、真菌和杂草等有害生物的检疫鉴定中。

1. 昆虫类的检疫鉴定

昆虫在动物界中是最繁盛的一个类群，其种类、数量和分布都居于其他类动物之上。全世界已知的昆虫种类有 100 多万种，约占动物界的三分之二。在所有昆虫中，约有 50% 是植食性昆虫，约 30% 是肉食性昆虫，剩下的 20% 包含有腐食性昆虫和杂食性昆虫。这些昆虫根据其各项鉴别特征，被生物分类学家系统地分类至 33 个目（分类系统处在不断完善和变化中），如天牛、蠹虫所在的鞘翅目，蚂蚁、蜜蜂所在的膜翅目，蝴蝶、蛾类所在的鳞翅目等。这些昆虫在木材检疫上我们都能碰到，只是它们携带的概率各有不同，这和它们不同的生物学特性密切相关。截止到 2021 年 6 月，《中华人民共和国进境植物检疫性有害生物名录》中涉及的昆虫有 148 种（属），其中和进口木材关系密切的主要是天牛、吉丁、象甲、蠹虫等鞘翅目昆虫，以及白蚁、蚂蚁、树蜂和蚧壳虫等类别的昆虫。因此，日常鉴定时除需要重点掌握这些检疫性昆虫的外观形态特征外，还有必要掌握其他类别昆虫的形态特征。

昆虫属小型至微小的分节动物。在其分类中可以选择的依据的特征很多，主要包括形态学、生理学、生态学、地理和遗传学等特征。其中，形态学特征是分类学中最常用、最基本的特征，包括体长、体宽、体色等直观的外部形态；外生殖器、各种腺体等特殊构造；消化道、神经系统等内部形态；胚胎学特征及胚后发育特征等。

鉴定人员日常鉴定时借助镊子、解剖针、蜡盘等小工具，通过肉眼、放大镜、解剖镜等对昆虫外部特征进行观察，观察其头、胸、腹上的宏观特征，以及眼、腿、翅、触角、刚毛、鳞片等微观特征，通过显微镜、测微尺、刻度尺等度量特征部位的长、宽，然后比对参考资料进行判定。针对到种的鉴定，有时还需要通过解剖后在显微镜下观察其生殖器等内部器官的形态特征。对涉及木材检疫新进或转岗的人员，则急需掌握基础的昆虫形态学特征理论知识，以便更好更快地面对日常的木材检疫工作。

（1）昆虫的形态

昆虫最大的特征是身体可分为三个区段：①头、胸和腹。头部是感觉和取食中心，具有口器（嘴）和1对触角，通常还有复眼及单眼；②胸部是运动中心，是昆虫体躯的第二体段，由三节组成，分别称前胸、中胸和后胸。共具3对足，每个胸节分别着生一对足，依次为前足、中足和后足，一般还有2对翅，分别着生在中、后胸上。③腹部是生殖与代谢中心，其中包含生殖器和大部分内脏；一般为9~11节，第1~8节两侧常具有气门1对。昆虫在生长发育过程中要经过一系列内部及外部形态上的变化，才能转变为成虫。这种体态上的改变称为变态。因此，昆虫的基本特征可以概括为：体躯三段头、胸、腹，2对翅膀6只足；1对触角头上生，骨骼包在体外部；一生形态多变化，遍布全球性家族。蝗虫形态结构特征如图5-1所示。

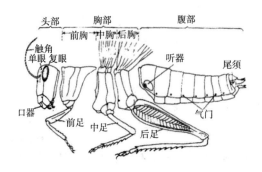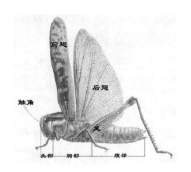

图5-1　蝗虫形态结构特征图

（2）鞘翅目成虫分科检索表

第1节腹板被后足基节窝所分割，左右各呈1三角形骨片，中间不相连，前胸背板与侧板间有明显的分界线，捕食性或肉食性 ……（肉食亚目）
肉食亚目跗节5节。幼虫胸足可分5节，有1或2个爪。

第1节腹板完整，中间不被后足基节窝所分割。前胸背板与侧板间无明显的分界线，多愈合在一起；食性复杂 ……（多食亚目）
多食亚目当有胸足时，跗节和胫节合并，只具1爪。

（一）肉食亚目分科检索表

1. 腹板4~5节 ……………………………………………… 2
　 腹板6~8节 ……………………………………………… 3

2. 腹板5节，触角11节，体长而扁，第1节腹板不被后足基节窝所划分，多发现于室内 ……………………………… 长扁甲科
　 腹板4节，触角多为2节（或6~11节），有的生活在蚁巢内，有的攀爬在木材表面，末端膨大，体长而扁，第1节腹板被后足基节窝划分，生活于蚁巢内 ……………………………… 棒角甲科

3. 复眼上、下分离，好像背、腹两面各有1对复眼，触角粗短不规则，中足和后足短而扁，多在水面旋转游动 ……………… 豉甲科
　 复眼正常，触角细长，丝状，中、后足不短小，水生或陆生 ……… 4

4. 后足基节向后扩展成极大的板状，遮盖腿节和腹部的大部分，触角10节，水生 ……………………………… 沼梭科
　 后足基节不向后扩展成极大的板状，触角11节。水生或陆生 ……… 5

5. 后胸腹板无横沟，无基前片，后足为游泳足，水生 …………… 龙虱科

后胸腹板有 1 横沟，在基节前划出一块基前片，后足步行足，陆生 …
…………………………………………………………………………… 6

6. 触角生于上颚基部的额区，两触角间的距离小于上唇的宽度 … 虎甲科
触角生于上颚基部与复眼间，两触角间的距离大于上唇的宽度 ………
………………………………………………………………………… 步甲科

（二）多食亚目分科检索表

1. 头多少延伸成喙状，2 条外咽缝末端并合成 1 条，前胸后侧片在前胸腹
板后左右相遇 ………………………………… （象虫组 Rhyncophora）51
头不延伸成喙状，2 条外咽缝分离，前胸后侧片绝不在腹板后相遇 …
…………………………………………………………………………… 2

2. 触角端部数节（3~7 节），呈鳃片状，或呈栉状而膝状弯曲……………
………………………………………………………………… （鳃角组）55

3. 下颚须与触角等长或更长，触角末端数节膨大 ……………… 水龟甲科
下颚须比触角短 …………………………………………………………… 4

4. 3 对足跗节数目不等，前、中足为 5 节，后足为 4 节（5—5—4）……
………………………………………………………………… （异节组）41
3 对足跗节数目相同，如不同则非 5—5—4 ……………………………… 5

5. 各足跗节均"似为 4 节"，而实为 5 节，其第 4 节很小，藏在第 3 节的
分叶中，触角非球杆状………………………………………… （植食组）53
各足跗节非"似为 4 节"，少数为"似为 4 节"，但触角为球杆状 … 6

6. 前足基节突出，锥形，往往左右相遇，少数基节圆形不突出，则前翅甚短
…………………………………………………………………………… 7
前足基节球形或横轴形或扩大成板状，几乎绝不突出并为腹板所隔开
…………………………………………………………………………… 24

7. 触角为棍棒状或球杆状，少数为念珠状或丝状等，前翅多短小，腹部除
前 2 节外背板均为角质 ………………………………………… （短鞘组）8
触角为锯状、栉状，少数为丝状或端部数节膨大而扁，前翅无甚短者
…………………………………………………………………………… 12

8. 前翅很短，只盖住前 2 节腹节的背板，少数较长，则除前 2 腹节外背板
均为角质 ………………………………………………………………… 9
前翅长或较长，至少盖住前 3 节或 4 节的背板，故背板除此数节外均为

22. 触角丝状或念珠状 ··· 蛛甲科

触角端部 2~3 节膨大 ·· 23

23. 触角端部 2 节膨大，头向前突 ····································· 粉蠹科

触角端部 3 节膨大，头倾斜且为前胸所包盖 ············· 长蠹科

24. 后足基节横轴形，向后扩展，上有容纳腿节前缘的槽，左右基节几乎
完全相遇 ·· 25

后足基节圆形，不向后扩展。左右基节远离 ············· （锤角组）30

25. 跗节 4 节，前足胫节外缘有许多大刺适于掘土 ············· 长泥甲科

跗节 5 节，前足胫节不如上述 ····································· 26

26. 第 5 跗节极长（等于前 4 节之和），爪也很大 ············· 泥甲科

第 5 跗节不极长，爪也不很大 ····································· 27

27. 前胸腹板有一楔形突，向后插入中胸腹板的槽内，触角锯状或栉状 ···
··· 尖胸组 28

前胸腹板无楔形突，触角端部多膨大 ······················· （短跗组）29

28. 前胸背板与鞘翅相接处凹下，前胸腹板的楔形突插在中胸腹板的槽内，
能动，可借以弹跳 ·· 叩头虫科

前胸背板与鞘翅相接处不凹下，而在同一弧线上，前胸与中胸密接，
不能动 ··· 吉丁甲科

29. 鞘翅上无刻点列，但多有细沟 ····································· 皮蠹科

鞘翅上有刻点列而无细沟 ·· 丸甲科

30. 前足基节显然为横形 ··· 31

前足基节近乎圆形 ··· 32

31. 跗节 5 节（稀有异节者），第 4 节特别小，第 1 节不短小 ··· 露尾甲科

跗节 5 节，第 4 节不特别小，第 1 节特别小 ············· 谷盗科

32. 3 对足跗节数目为 5—5—5（有时雄为 5—5—4），或"似为 4 节"，即
第 4 节极小，藏在第 3 节的分叶间 ····························· 33

3 对足跗节数目为 4—4—4（有时雄为 3—4—4），3—3—3 或"似为 4
节"，即第 3 节极小，藏在第 2 节的分叶间 ················· 37

33. 中胸后侧片伸达中足基节臼 ·· 扁甲科

中胸后侧片不伸达中足基节臼 ····································· 34

34. 跗节为 5—5—5（有时雄虫为 5—5—4） ······················ 35

49. 每个爪均由基部分为 2 片 …………………………………… 芫菁科

    爪简单，不再分为 2 片 ……………………………………………… 50

50. 触角锯状、栉状或羽状，头向前平伸 ………………………… 赤翅甲科

    触角丝状，头向下弯 ……………………………………………… 51

51. 跗节倒数第 2 节很小，隐藏在前 1 节的分叶间，头部在复眼后面缩小，

    复眼大 ……………………………………………………… 伪细颈甲科

    跗节倒数第 2 节不特别小，并分为 2 叶，头部在复眼后面空一段距离

    才缩小，复眼较小 ……………………………………………… 52

52. 复眼边缘不完整，后足基左右接近 …………………………… 细颈甲科

    复眼边缘完整，后足基左右远离 ……………………………… 蚁形甲科

53. 触角锯状或栉状，11 节，头部额区略向下延展成方形的喙状，鞘翅短，

    腹部露出倾斜的臀板，后足基节左右靠近 ………………………… 豆象科

    触角丝状、鞭状、念珠状或末端渐膨大，极少数为锯状，11 或 12 节，

    头部额不呈方形的喙状，鞘翅一般都长，盖住整个腹部，少数较短，

    则后足基节左右离开 ……………………………………………… 54

54. 触角一般长于身体的 2/3 或远超过体长（个别有甚短者），多为鞭状，

    也有丝状或锯状者，复眼呈肾形环绕触角，头背面大而方形，前胸背

    板多不具边 …………………………………………（广义的）天牛科

    触角一般短于体长的 2/3 或远超过体长（个别有长者），多为丝状、念

    珠状或向端部膨大，稀有锯齿者，复眼一般完整，不环绕触角，头背

    面小而向前倾斜，前翅背板多具边 ………………（广义的）叶甲科

55. 触角呈膝状弯曲，端部数节为栉状，雄虫上颚极发达 ………… 锹甲科

    触角非膝状弯曲，端部 3~7 节呈鳃片状或栉状 ………………… 56

56. 触角末端数节呈栉状并逐渐弯曲，体扁，前胸与鞘翅间有一段颈状故

    不密接………………………………………………………… 黑蜣科

    触角末端 3~7 节呈鳃片状，体一般不扁，前胸与鞘翅间无颈状而密接

    ………………………………………………（广义的）金龟子科

57. 头部延伸的"喙"很明显，一般都长于其宽度，有时很长，触角一般

    为膝状，端部多膨大或为念珠状、丝状等，前足胫节外侧无强大的齿

    或刺 …………………………………………………………… 58

    头部的喙很短或不明显，触角短小，端部数节密接膨大如球，前足胫

节外侧有强大的齿和刺 ··· 60
58. 触角念珠状而直伸，"喙"很直也向前平伸，体狭长 ······ 三锥象虫科
触角丝状或膝状，端部多膨大，"喙"长或短 ······················ 59
59. 触角丝状或末端膨大，但非膝状弯曲，有时极长，"喙"短而宽 ······
··· 长角象虫科
触角丝状或末端膨大，多呈膝状弯曲，"喙"短或长，有的极长 ······
·· （广义的）象虫科
60. 前足第 1 跗节等于其余 3 节之和，头比前胸宽 ············· 长小蠹科
前足第 1 跗节短于其余 3 节之和，头比前胸窄 ······ （广义的）小蠹科

2. 病原微生物的检疫鉴定

植物病原菌的常规检验方法有很多，包括肉眼或手持放大镜观察、过筛检验、洗涤检验、保湿培养检验（如吸水纸法、琼脂平皿法、砂土萌芽法、试管法）、血清学检验、自发荧光显微学鉴定、种植观察等，不同种类的病原菌适用的方法不同。除此以外，植物病原菌检疫方法还包括染色检验、X 射线透视、生理生化反应、噬菌体检验、解剖鉴定、电镜以及PCR 技术等。针对原木及木质包装等植物材料而言，主要是病原菌的分离培养及鉴定方法。

（1）真菌类病害的检疫鉴定

真菌病害鉴定的依据是症状和病原菌形态，但不同真菌和其他微生物侵害的植物引起的症状相似，如溃疡、叶斑、叶枯、枝枯、肿瘤、整株枯萎等。因此，鉴定此类病害时，首先应确定是由真菌，还是由细菌、病毒、线虫或其他原因引起。有的还需经过分离、培养、接种或生理生化测定等一系列工作才能最后认定。

症状观察：林木受病后，在生理、代谢等方面受到一定的干扰，其中生理改变的进一步持续和深化，必然导致形态和解剖上表现出不正常的特征，外表上出现变色斑、瘤肿、溃疡、枯萎、流胶或流脂、花叶等特征为病状，而病原物在感病植株上形成的繁殖器官或营养器官（子实体、菌丝等），用肉眼或放大镜观察到的特征为病症。病状、病症合称症状。

标本采集：调查中见到林木病害时，应采集标本进行鉴定，标本应具备明显的典型症状，最好附有成熟的病原体，采集到的标本应附上标签，填写寄主名称、采集地点、采集日期等，当寄主不明确时，应采集植物花

果或可供鉴定的枝叶等材料。每种标本要有一定数量，有转主寄主的病害还要采集转主寄主标本。

鉴定方法：

①直观检验：用肉眼或利用放大镜直接识别，仔细观察各种植物材料，如苗木、种子、接穗、木材、花卉等是否有坏死、溃疡、流脂、腐朽等，发现有病变时，可取寄主的感病组织，放在加有一滴纯净水的载玻片上，在显微镜下检视病原菌的形态，作出鉴定。

②组织切片检验：做组织切片，直接放在载玻片上的水滴中，在显微镜下进行镜检。

③组织浸离检验：将病组织消毒水浸泡、染色后，取一滴稀释液在显微镜下观察孢子和菌丝的形态并作出鉴定。

④分离培养检验：分离培养应在清洁无菌的（在超净工作台上）条件下进行。选择新近发病的邻近健康组织的部分，最好是健康组织与病变组织交界处的植物组织，原因是这部分病变组织是新鲜的，然后进行组织消毒，再在培养基上培养，等形成菌落后再进行检验。组织分离培养方法有平板病组织培养、平板孢子稀释法培养、单孢子分离法培养。

⑤致病性检验：分离到的真菌，要经过接种，才能确定它的致病性。接种的方法有喷洒法、涂抹法、注射法、针刺法、传媒接种等。

（2）细菌的检疫鉴定

细菌病害的鉴定与真菌病害相似，但由于细菌很小，作为分类根据的形态学性状比较少，因此又与真菌的鉴定有所不同。

细菌病害表现为各种类型的症状，有叶斑、叶（枝）枯、瘤肿、萎蔫、软腐等，不同属的细菌侵染植物后，引起的症状有所不同。另外，许多细菌病害的病斑带有水渍状（并非所有细菌病害都是这样），有时有灰白色或黄色菌脓溢出。病原细菌的分离和培养检验可以通过培养皿稀释法、平板划线分离法使病原细菌与杂菌分开，形成分散的菌落，容易得到纯培养的菌种。致病性测定分离到的细菌，经过接种确定它的致病性。接种的方法有针刺接种、喷雾接种和摩擦接种。

（3）植物线虫类的检疫鉴定

植物线虫也是一类重要的植物病害，它能寄生于植物的根、茎、芽、叶和果实等部分，几乎每一种植物都有线虫寄生。

植物线虫病害鉴定的依据是线虫的形态特征和对植物的危害症状，由于线虫形体一般比较小，只能借助于解剖镜或显微镜来做形态观察。植物线虫危害寄主的症状与真菌、细菌危害的症状相似，如表现为变色、萎蔫、枯死等。常用于植物寄生线虫的分离方法有过筛法、漏斗法和漂浮法三种。根据不同的样品和不同种类的线虫采用的分离方法也不完全相同。过筛法适用于从大量土壤中分离各类线虫，漂浮法适用于少量含有胞囊的土样，利用相对密度差异特性进行分离，而对于分离少量植物材料中有活动能力的线虫，如松材线虫，适合采用改良的贝尔曼漏斗法。具体做法如下：基本装置是一个直径适当的漏斗，漏斗末端接一段乳胶管，用弹簧夹夹住。漏斗放置在支架上，其内盛满清水。把待检验的材料洗掉泥土后，切成小段，用纱布包裹后浸入漏斗内水，线虫从植物组织中逸出，沉落到漏斗颈底，经几小时或过夜，打开弹簧夹使乳胶管前端的水流到玻璃皿内，进行镜检鉴定。

线虫类病原物的一般检疫鉴定步骤：采集新鲜的植物病变组织、器官或根围土壤；用贝尔曼漏斗法或浅盘分离法分离病原线虫；将病原线虫用酒精杀死后，置入盛有无菌水的培养皿中，在显微镜下观察或用固定液固定，在载玻片上观察，根据线虫的形态特征进行种类鉴定。

（4）病毒类的检疫鉴定

病毒的检验主要靠电镜，检查病毒在细胞中所形成的粒子结构。病毒类病原物的检验检疫步骤如下：观察树木的发病症状，并与典型的病毒病害症状相比较。采集发病的植物组织，做组织切片，在电子显微镜下观察病毒粒子的形状。采集病害样品，用摩擦接种法接种健康植株，观察发病情况，并与先期植物发病症状相比较，鉴定病毒的种类。

3. 有害植物的检疫鉴定

（1）杂草成株的鉴定方法

木材上携带杂草的情况偶尔发生，一般是由原木野外装箱时木材未清理干净、人为带入或原木表面寄生造成，基本都呈枯黄状态。不完整和易碎的状态影响杂草后续的鉴定。观察植株的颜色（包括花），是否有特殊气味，甚至特殊味道，有否乳汁或水汁；根的形态，有否地下根茎或块茎、块根等，以及其他一目了然的特点。观察茎的形态，其上有否毛茸或特殊颜色；叶是对生还是互生，其颜色及毛茸的情况等。观察的花的组成、形态、类型，其花瓣、花萼、花序、雄蕊等的形态、类型等。切开子房，看有几室，由几个心皮构成，根据胚珠的着生方式，确定胎座类型。观察果实和种子，果实的形状，有否毛茸及遗存柱头等附属物，果实的类型。

观察要领是依外观、根、茎、叶、花、果、种子为序，即循由外到内，由粗到细的原则；边观察边记录主要观察到的特征，必要时配合绘制简图；解剖花及果实也按由外到内的顺序，一层层剥下或剖开并展开，子房可做横切面，必要时再做纵切面，心皮的确定，除观其室数及室间连接外，还可根据花柱及柱头的数目参考确定。

（2）杂草种子的鉴定方法

杂草种子一般散落在集装箱的地板或角落，以及部分携带的杂草植株上。杂草种子的形状、大小、颜色以及表面的特征较多，在同一科中的种或属之间虽有差别，但种子内部结构的特征较少，而且比较稳定。如果单纯根据外部形态特征进行鉴定或分类，往往很繁杂，有的种子容易区分，有的种子不易辨别。因此，会把不相关的属、种甚至科在归类时弄得很紊乱，难以确定。应用内部结构特征却比较简明，而且较易鉴别和归类相近的种。

检验主要是根据形态特征。有害植物的检疫检验步骤：在有害植物的生长季节进行实地调查，采集有害植物的新鲜植株，根据有害植物的叶部、茎部、花絮以及果实的形态特征进行种类鉴定，分别在有害植物营养生长期、花期、果实期采集叶子、花絮以及果实，制成标本，与植物标本馆的馆藏标本比较，并鉴定种类。

（二）分子生物学检疫鉴定

形态分类是昆虫、真菌、线虫、杂草分类学的基础。外部形态比较直观，容易得到，这些分类依据在大多数情况下能清晰地反映一个物种的分类地位或系统发育关系。但昆虫幼虫在种下分类研究、近缘种的系统发育研究和探讨物种进化趋势的研究中，遇到了一些传统方法难以解决的困难。例如，有时对一些近缘种很难确定其分类地位，对于种群、生态型的研究更是如此。寻找更精细的分类特征，如局部刚毛的形态、分布等，则容易将一些非遗传稳定的性状当作分类特征。又如，由于物种间可供比较的形态学性状是有限的，一些进化距离较远的类群难以统一分析，这对于高级分类阶元的研究尤为突出；由于趋同进化的存在，不同类群的物种可能表现出相似的形态特征。

现代生物技术的飞速发展及广泛应用，给检疫鉴定带来了深刻的影响，基于抗原—抗体反应的免疫血清学技术、基于病原核酸检测的分子生物学技术等的应用，为有害生物的诊断、检测、监测、处理等提供了更为快速、准确和高效的技术与方法。

1. 昆虫分子生物学检疫鉴定方法

用于昆虫分子系统学研究的主要方法有核酸序列分析或者称为 DNA 条形码技术（DNA barcode）、限制性片段长度多态性分析（restriction fragment length polymorphism，RFLP）、分子杂交技术（molecular hybridization）、随机扩增 DNA 多态性分析（random amplified polymorphic DNA，RAPD）、扩增片段长度多态性（amplified fragments length polymorphism，AFLP）等。

（1）DNA 条形码技术（DNA 序列分析）：通过直接比较不同类群个体同源核糖核苷酸的排列顺序来鉴定物种，是一种分子生物学和生物信息学相结合的方法，由加拿大学者 Hebert 在 2003 年根据自己的实验结果总结得出。DNA 条形码的运用取决于 3 个因素：①任何物种都能得到目标 DNA，即鉴定物种的 DNA 标准区域；②目标 DNA 序列信息易于分析；③目标 DNA 序列的位点信息能成功鉴定所有的物种。近几年国内外对 DNA 条形编码进行了广泛的研究和应用。在动物中最常用的 DNA 条形码技术是细胞色素 c 氧化酶 1 号基因（COI）的部分序列。国内外学者已对许多昆虫线粒体 DNA（mt DNA）及核基因组中的核糖体 DNA（rDNA）进行了序列测定。随着标准数据库的建立，DNA 条形码在动物分类学中必将得到越来越广泛的应用。

（2）RFLP 分析：应用限制性内切核酸酶切割不同类群个体的基因组 DNA 或某一基因，产生不同长度的限制性片段，根据酶切图谱，计算类群之间的遗传距离，构建系统树。此方法的优点是快速、经济、简便，而且结果也比较可靠，因此特别适合大群体的遗传、进化关系的研究。通常用于 RFLP 研究的是线粒体基因组 DNA（mtDNA），因为昆虫的线粒体 DNA 较小，基因结构较清楚，用限制性内切酶切割后可直接进行分析。而昆虫核基因组 DNA 复杂，酶切后片段很多，很难确定其同源性，需进行分子杂交后才能分析，所以用 mtDNA 进行 RFLP 分析的研究较多。RFLP 分析通常只用于种类鉴定或种内种群间的遗传进化研究，很少用于种上阶元的系统发育分析。

（3）分子杂交技术：基本原理是具有一定同源性的两条核酸单链，在一定的条件下可按碱基互补原则退火形成双链，杂交过程是高度特异性的。用于杂交的双方是待测核酸序列和探针。用带有标记的已知核苷酸片段作为探针，来检测目的基因或 DNA 片段的存在及变异情况。此方法用于昆虫近缘种和复合种的鉴定效果较好。

（4）RAPD 技术：此技术的基础是聚合酶链式反应（polymerase chain reaction，PCR）。理论依据是：不同物种的基因组中与引物相匹配的核苷酸序列的空间位置和数目都有可能不同，所以扩增产物的大小和数量也有可能不同，这些差异可以通过凝胶电泳显示出来。这种扩增产物的多态性本身可以用于分类研究和系统推测，也可以和其他分子生物学技术（如 DNA 指纹、DNA 杂交等）相结合。基于这种理论，Williams 将通常 PCR 扩增中使用的两个特定序列的引物改为单一的由 10 个碱基构成的随机序列引物，并运用大量不同序列的引物进行扩增，使 DNA 多态性充分展现。在昆虫中，RAPD 大多用于近缘种、复合种和种内生物型的识别和鉴定，以及地理种群的遗传进化研究。

（5）AFLP 技术：其原理是基于基因组 DNA 经限制性内切核酸酶双酶切后，形成分子质量大小不等的随机限制性片段，将特定的接头连在两端，形成一个带接头的特异片段，通过接头序列和 PCR 引物 3 端的识别，特异性片段得到扩增，最终通过聚丙烯酰胺凝胶电泳分子筛，将这些特异限制性片段分开，在凝胶上形成 DNA 指纹多态性。AFLP 标记技术适合对遗传背景了解不多的种类进行遗传多样性分析、种质资源鉴定和分子系统学研究。但该技术不能区分某一位点是杂合体还是纯合体，不能很好地估算种群遗传的变异，不适用于属和科水平的分类研究，更适用于对近缘种、隐种等亲缘关系较近的种间亲缘关系的界定，以及种下水平的研究，如种群的结构和分化等分子生物学与生物化学方法以及生物信息学的结合应用，使分类特征深入到分子的水平，过去所不能解决的某些近似种类的区别和种下分类的问题得以解决，过去建立的分类系统，得到了验证与修订。但是，不管新的检测技术如何发展，形态学观察仍然是昆虫分类最基本的手段。

（6）实时荧光 PCR 技术：其原理是以标记特异性荧光探针杂交技术为特点，集 PCR 和探针杂交技术的优点为一体，直接探测 PCR 过程中的荧光变化，还可获得 DNA 模板的准确定量结果。实时荧光 PCR 技术有明显的优势，实行闭管式实时测定，扩增与检测同时完成，既简化了操作步骤，又防止扩增产物交叉污染，从而提高了检测的特异性。在昆虫检测中应用的实时荧光 PCR 技术包括 SYBR Green 实时荧光 PCR 和 TaqMan 实时荧光 PCR 两种。实时荧光 PCR 技术已广泛应用于实蝇、天牛等昆虫的种类鉴定。

（7）基因芯片技术：基本原理是将核酸片段作为识别分子，按预先设置的排列固定于特定的固相支持载体的表面形成微点阵，利用反向固相杂交技术，将标记的样品分子与微点阵上的核酸探针杂交，以实现多到数万个分子之间的杂交反应，通过特殊的检测系统来高通量大规模地分析检测样品中多个基因的表达状况或者特定基因分子的存在。现阶段我国生物芯片主要产品包括基因表达谱芯片、转基因农产品检测芯片、新生儿基因检测芯片，以及肝炎病毒、艾滋病病毒基因检测芯片。其中肿瘤检测、肝病检测、自身免疫疾病诊断芯片即将或已经进入临床应用和商业化运作。物种鉴定检测芯片研制仍处于起步阶段，如应用于临床致病真菌鉴定和水产食品中常见病原微生物鉴定等。迄今为止，已有报道将基因芯片技术应用于检疫性实蝇的快速检测鉴定。

2. 植物病原菌分子生物学检疫鉴定方法

对于植物病原菌而言，仅靠传统的分离培养、生物学测定等常规方法进行检测诊断困难较大，并且效率低、速度慢、时间长。随着分子生物学的深入发展和推广应用，许多分子生物学技术已被引入病原菌研究的各个方面，其应用潜力不断被挖掘出来，应用优势也日益上升。PCR 技术、酶联免疫吸附技术（ELISA）、免疫荧光技术（IF）、免疫电镜技术（ISEM）、DNA 序列分析、限制性片段长度多态性（RFLP）、简单重复序列（simple sequence repeat，SSR）、随机扩增多态性 DNA（RAPD）、扩增片段长度多态性（AFLP）、电泳核型分析、核酸序列分析等 DNA 多态性的各种分子标记技术的先后问世和应用，为植物病原菌鉴定提供了丰富的遗传标记，为人们准确、快速诊断植物病害提供了一个前景广阔的手段。

PCR 技术在病原菌的鉴定中得到了广泛应用。例如，《松树脂溃疡病菌检疫鉴定方法》（SN/T 2345—2009）中建立了巢式 PCR 检测方法，先利用一对通用引物（G1：5'-GCGGTGTCGGTGTGCTTGTA-3' 和 G2：5'-ACTCACGGCCACCA AACCA-3'）扩增出 873 bp 的 PCR 产物，然后利用一对特异性引物（S1：5'-CTTACCTTGGC TCGAGAAGG-3' 和 S2：5'-CCTACCCTACAC-CTCTCACT-3'）扩增出 364 bp 的目的条带，作为判定检出松树脂溃疡病菌的依据之一。

RFLP、RAPD、AFLP 和 DNA 序列分析等分子生物学技术的发展为病原菌的系统发育和分类鉴定提供了更为准确可靠的方法，但是这些方法首先要对靶序列进行大量而费时的筛选，不能满足大规模研究的需要，而且许多标记并不稳定。近年来发展的以核糖体基因转录间隔区为靶区域，DNA 序列分析为病原菌的系统发育和分类鉴定提供了新的方法。

核糖体基因转录间隔区（internal transcribed space，ITS）是介于 16S rDNA、5.8S rDNA 和 23S rDNA 之间的区域，该区域进化速度较编码区快，在种内不同菌株间高度保守，尤其在真菌的种间存在着丰富的变化，可以为研究真菌的系统发育、分类鉴定和分子检测提供丰富的遗传信息。

总之，分子生物学技术，尤其是 PCR 技术，检测快速、灵敏、准确，这些优越性已使它在植物检疫检测和科研等方面的运用越来越广泛。

（三）远程鉴定技术

远程鉴定是在现代化的网络及信息技术基础上发展起来的一种集成技术，是通过图像采集及传输技术，计算机编程技术，多媒体通信技术，网络技术及视音频采集、压缩、传输等硬件设备相结合，通过异地视频图像实时传输，辅助语音视频交流，实现远程鉴定、出证及业务流程管理的一种技术形式。

远程鉴定技术早期主要用于医疗领域的远程诊断，随着技术的不断改进，其应用领域逐渐拓宽。无须将样品寄送实验室，便可在千里之外对现场样品进行实时鉴定的有害生物远程鉴定技术在我国出入境检验检疫领域得到了发展与应用。最初，检疫人员通过网络将有害生物图片发送给分类专家，由专家通过图片来识别有害生物的种类，实现远程鉴定。但由于图片所反映的信息有限，不能实时完全展示鉴定所需的图像信息，尤其是技术专家不能自主地选择具有重要识别特征的部位和角度进行观察，鉴定的准确性受到很大影响。随着网络技术的发展，出现了通过网络视频传输来进行有害生物远程鉴定的方式。但由于受网络传输带宽、传输系统、网络安全，以及远程鉴定专家不足等因素的限制，采用以上方式的远程鉴定系统存在传输实时性差、传输速度慢及对于细微形态图像传输清晰度低等问题，在实际应用中受到较大的技术制约，但该种技术相关的应用企业仍在不断地完善和技术更新中。

（四）移动图像智能自动识别技术

随着移动互联网、大数据、云计算、人工智能和深度学习的技术发展和应用，在生物特征自动识别、指纹识别、人脸识别等领域都已取得极大进步，达到了实用化的水平。特别是近几年以 Google 公司为代表的深度学习等人工智能技术，使得基于海量训练素材的自动识别应用得到了跨越式的发展。

从识别原理上来说，稳定的特征有利于提供更高可靠度的识别结果。植物的花是生殖器官，也是传统分类学中的重要特征点，成熟应用的植物识别软件大多以此为主要识别部位。基于深度学习的人工智能对叶片等器官的分类识别能力甚至优于人类。应用市场上基于花和叶的植物识别 App 有"花帮主""形色识花""花伴侣"等，对常见植物的识别能力已达到可用的程度。昆虫与植物相比，在自动识别上更有挑战性，其困难来自几个方面：一是个体小、拍照要求高；二是不同角度的照片在二维空间上有完全不同的特征表现，相对植物而言，需要更多角度的照片作为训练素材；三是口岸截获涉及的有害生物种类异常繁多，大大超过常见的植物种类数。因此，虽然已有"昆虫判定机""上海昆虫""3D 昆虫"等与昆虫有关的 App，以及中科院动物所开发的"甲天下"等昆虫鉴定自动识别系统或平台，但若要大范围成熟使用，仍需在这些已开发的 App、平台的基础上不断改进、完善，努力实现。

二、检疫鉴定过程

在接到有害生物检疫鉴定任务时，首先要进行目和科的初步检索，确定大类，这一工作往往需要借助有害生物分类的教科书或目科检索表等资料来完成。检索到有害生物所属的目科后，则需使用更低一级（如科、亚科、属、种等分类阶元）的分类专著，进行有害生物最低分类阶元的鉴定。植物有害生物种类极其丰富，与种有关的分类鉴定文献资料很多，因而，要尽可能多地收集有害生物分类鉴定方面的文献资料。只有积累了大量的有关有害生物检疫鉴定的标准和文献资料，才有条件开展对有害生物的鉴定工作。

由于分类学家对有害生物系统发育所持的理论观点和方法论不同，对同一分类阶元，可能会有许多分类系统，甚至同一属、同一种就有几个不同版本的分类体系专著。如镰刀菌属的真菌，其分类方面的专著就有美、英、日、德4国分类学家的十多个分类系统，对同一种镰刀菌采用不同的分类系统进行检索可能会得出完全不同的结论。在实际工作中，对某一种有害生物进行鉴定时，面对众多的分类鉴定方面的文献资料，首先要做的是对各个分类系统进行综合研究，找出其共性的、能代表分类水平最前沿的、分类特征比较稳定的体系加以采纳，然后在有害生物的鉴定记录中，要注明所采用的分类体系和资料来源，以便对鉴定资料进行溯源，对有害生物进行复核。

同样地，对于众多技术标准，技术人员也应首先进行选择和评价，换言之，在实际工作中，要按照现有资源条件，将几种不同的技术资料和标准进行多次比较试验，以筛选并建立一种适合于本实验室的最稳定、有效的标准方法。根据产地、寄主和有害生物类别等信息，搜索网络新闻和专业期刊，看是否有该产地的类似货物中的有害生物截获信息。根据网络搜索到的截获信息中对应的学名，通过国内外网络搜索引擎进行搜索，查找鉴定材料和图片，看是否正好有近似于手头截获有害生物的图片，缩小鉴定范围。

有害生物种类繁多，鉴定人员稀少，所有的专家都仅能熟悉或擅长某一个或几个类群，无法做到全部都能鉴定。因此日常鉴定中，应了解一些有害生物鉴定专家擅长类群，并注重联系方式的积累，加强交流，以便需要时可以寻求帮助。同时，也可以借助论坛和社交软件上有关有害生物鉴定的聊天群，综合大家的鉴定力量。同一种有害生物，在某一口岸可能没有见过，但也许在其他口岸是截获的常见种类，可立刻给出初步结果，或一些专家、爱好者正好熟悉这类群，可大大缩小鉴定范围，以便进一步鉴定。在平时鉴定过程中，应注意积累和保存国内外有关有害生物鉴定的网站和数据库。

各类有害生物鉴定技术的积累，最好的途径就是进行实物标本的观察。日常工作中可以通过购买、交换、采集等途径收集各类标本，尤其是一些专家复核过的标本。这些标本应该分类摆放、有效管理，便于使用。同样可以通过外出交流、跟班学习、专项培养等方式增加实物标本的学习机会和鉴定能力。要经常收集整理熟悉资料并对照应用加快辨认速度，对分类研究基础较差的类群，可做到以下几点：完成文献、标本、经验三个积累；日常把纷乱的文献整理出头绪；理解、判断、筛选特征鉴别；熟练利用分类系统，由大到小缩小范围。对分类研究基础较强的类群可做到以下几点：充分利用分类专著、图鉴等工具书；理解和准确把握鉴别特征；与鉴定图/图谱做比较、查检索表；核对种类的详细记述；注意地理分布应用。需要分子生物学方法鉴定的，及时纯酒精浸泡，保证 DNA 的提取，防止变质腐烂后标本损坏。现场截获后撕咬力强的有害生物应及时灭活或单独保存，防止个体间撕咬，损坏个体，影响后续鉴定特征的观察。

三、林木害虫饲养技术

昆虫基础研究和害虫防控技术研究，需要大量生理指标统一的试虫。人工饲料不仅可以饲养发育整齐的昆虫，还不受季节性饲料短缺的限制，实现昆虫的连续饲养，可满足相关科学研究的持续开展。同时在日常检疫截获中，除了成虫，往往还有卵、幼虫和蛹等很难用形态学进行鉴别的虫态，需要经过室内人工饲养至成虫后进行形态学鉴定。鳞翅目以及膜翅目等农林业害虫以及一些天敌昆虫的人工饲养已经趋于成熟与完善，进入规模化生产研究阶段，但是鞘翅目昆虫，尤其是林木蛀干害虫，由于种类繁多、取食环境特殊，以及幼虫隐蔽的生活习性，使用人工饲料饲养相对困难。

（一）人工饲料研究概况

昆虫人工饲料的研究经历了不同的发展阶段，从 1908 年 Bogdanow 配制人工饲料饲养黑颊丽蝇（*Calliphora vomitoria* Linne），已有 100 多年的历史。在这 100 多年的发展历程中，从昆虫人工饲料配方研制进展及饲养昆虫种类来看，20 世纪 50 年代以前是昆虫营养以及人工饲料研究初级阶段；50 年代初至 60 年代中期，是以饲养植食性昆虫人工饲料为主的发展阶段，该阶段随着有机杀虫剂的大量生产和应用，农林害虫防治研究和昆虫生理、毒理等基础学科研究对试验昆虫种类和数量需求激增，促进了昆虫人工饲料的研究；60 年代中期以后是昆虫人工饲料的全面发展阶段。另外，从饲养的昆虫类型来看，经历了植食性昆虫、捕食性昆虫和寄生性昆虫人工饲养几个阶段

在我国，一些昆虫人工饲料和昆虫饲养方面的重要著作促进了昆虫人工饲料的发展。如《昆虫、螨类和蜘蛛的人工饲料》和《昆虫、螨类和蜘蛛的人工饲料（续篇）》对多种昆虫、蜘蛛和螨类的人工饲料进行了总结。王延年等编写的《昆虫人工饲料手册》中收集了 166 种昆虫饲料配方和配制方法。Sing 和 Moore 编写了《Handbook of Insect Rearing》，收集了 100 多种昆虫的最佳饲料配方和饲养方法，对昆虫人工饲料成分的来源、加工及饲养器具的规格等都有详细的叙述。曾凡荣和陈红印等编著了《天敌昆虫饲养系统工程》，张礼生等编著了《天敌昆虫扩繁与应用》，曾凡荣等编著了《昆虫及捕食螨规模化扩繁的理论和实践》，介绍了一些昆虫饲养的关键技术以及一些成功实例。

（二）昆虫人工饲料类别和营养要素

昆虫人工饲料大致分为 3 个类型：全纯饲料，又称化学规定饲料或规定饲料，所有成分均为纯化学物；半纯饲料，多数成分为纯化学物，另含一种或几种粗制动植物材料；实用饲料，又称半合成或半人工饲料，主要由粗制的动植物材料组成。配制昆虫人工饲料时，一定要注意各种营养的平衡及各种营养成分之间的比率。在这些饲料的配制中，为了维持昆虫的生长发育，必须考虑下列人工饲料组成的营养要素：

碳水化合物：碳水化合物是昆虫能量的主要来源，是昆虫生长发育的基本营养要素之一，当人工饲料中蛋白质或氨基酸不足时，葡萄糖将增加

天敌幼虫的成活率。植食性昆虫一般有较强的蔗糖酶活性，能使蔗糖分解。碳水化合物除了营养作用之外，也是昆虫重要的取食刺激物质。

蛋白质和氨基酸：人工饲料中最常用的蛋白质补充成分是麦胚、大豆、酵母粉和酪蛋白。不同的昆虫对蛋白质的需求是不一样的，每一种昆虫都有一个最适合它们生长的蛋白质浓度，超过这个浓度时昆虫的生长、发育或繁殖就会受到抑制。

脂类和固醇类：人工饲料中常用的不饱和脂肪酸营养成分来自植物油，如玉米油和大豆油，这两类植物油都含有亚油酸和一定的亚麻酸，大多数昆虫都需要亚油酸或亚麻酸，缺少这类不饱和脂肪酸，蛹发育不良，成虫的羽化和展翅都会受到影响。胆固醇又称甾醇，同样在昆虫体内不能合成，昆虫必须从食物中获得。

维生素：维生素分为水溶性和脂溶性两大类。水溶性维生素一般从食物中摄取。昆虫人工饲料中常用的这类维生素一般为 B 族维生素、维生素C、肌醇和胆碱等。

无机盐：昆虫的组织和血液中都含有许多无机盐。这类物质在昆虫的生理、生化代谢、组织构成和昆虫生长发育过程中具有重要作用。昆虫的人工化学饲料中必须含有少量的无机盐混合物。但含有植物性物质的昆虫人工复合饲料往往不需要另外添加无机盐，一般认为植物材料中已含有此类物质。

天然营养物质：可供昆虫人工饲料添加的天然营养物质很多。筛选人工饲料天然营养物质的原则是，该物质具有昆虫所需的全部或大部分营养成分，来源经济可靠，加工方便。常见的昆虫人工饲料天然营养添加物有酵母、豆类、植物叶粉、麦胚和来自动物的组织如肝脏等。

(三) 几类重要害虫的培养

1. 天牛类幼虫人工培养

天牛成虫的食性，已知有取食花粉、嫩树皮、嫩枝、叶、根、树汁、果实、菌类等不同习性。一般说来，花天牛类常以花粉为食，沟胫天牛类常食害嫩树皮、嫩枝和叶，其他亚科的成虫亦有取食的，亦有一部分可能并不取食。在同一亚科内食性的变异亦很大。天牛的幼虫主要蛀食树干和树枝，影响树木的生长发育，也有一部分为害草本植物，幼虫生活于茎或根内等。天牛生活史的长短依种类而异，有一年完成 1 代或 2 代的，也有二三年甚至四五年完成 1 代的，同一种类在不同地域的生活史有时亦很不同。由于寄主植物的条件，如老幼、健康、干湿程度等，对幼虫的生长发育影响很大，因此不良条件常引起幼虫的滞育而使生活世代大大地延长。天牛幼虫饲养时大体操作方法简述如下。

（1）人工饲料配方：天牛幼虫人工饲料，以重量份为单位，琼脂 3～9 份，食用植物油 2～5 份，10% 乙酸 1～3 份，75% 酒精 2～4 份，食品用防腐剂 1～3 份，纤维素 2～8 份，复合维生素 1～4 份，维生素 C 0.2～0.6 份，麦麸 40～80 份，酵母粉 2～8 份，水 100～400 份。其中食用植物油可用花生油、玉米油、菜籽油、大豆油中的任意一种，或任意两种组合，或两种以上的任意组合。防腐剂可用山梨酸、山梨酸钾或苯甲酸钠中的任意一种。纤维素为化学品纤维素或粗纤维素，复合维生素为复合维生素 B。

（2）配制方法：用洁净容器取 100～400 份水，向其中加入琼脂 3～9 份，加热并不断搅拌，煮沸 3～5 分钟，待琼脂完全溶解，将其冷却到 60℃～80℃。向容器中依次加入植物食用油 2～5 份，麦麸 40～80 份，10% 乙酸 1～3 份，75% 酒精 2～4 份，食品用防腐剂 1～3 份，纤维素 2～8 份，复合维生素 2～4 份，维生素 C 0.2～0.6 份，酵母粉 2～8 份，边加料边用灭菌的细棒搅拌。搅拌均匀，冷却至室温，即得到天牛幼虫饲料。

（3）饲养方法：将人工饲料装入直径 1～3cm、长 5～10cm 的清洁带盖的塑料管或玻璃管中，直至饲料装至管 3/5～4/5 处，压实，用灭菌的细棒在饲料中间钻一相当于 3～4 龄幼虫体粗细的孔道，并在盖子上打一透气孔，将天牛幼虫小心地放在饲料中间的孔道里，然后将养虫管置于人工气候箱中饲养，每隔 7～10 天更换新鲜饲料，幼虫在管中自由生长和取食，化蛹直至羽化为成虫。

（4）松墨天牛（*Monochamus alternatus* Hope）

①人工饲料配方：松树木屑 100g+琼脂 40g+蔗糖 20g+酵母粉 12.5g+苯甲酸钠 2g+山梨酸钾 1g+0.5mol/L H_2SO_4 10mL+麦胚粉 25g+胆固醇 1.5g+抗坏血酸 4g+酪蛋白 20g+氯化胆碱 1g+水 800mL。

②配制方法：松树木屑过孔径为 0.8mm 筛，60℃ 干燥灭菌 8h 待用。取消毒后的 4L 不锈钢锅，加入 800mL 双蒸水煮至沸腾后加入 40g 琼脂，待琼脂完全融化后加入除松树木屑和 H_2SO_4 以外的所有组分，充分煮沸后，用 0.5mol/L 的 H_2SO_4 滴定调节饲料的酸碱度，再加入灭菌的木屑，③充分

搅拌。之后倒入洁净的瓷盘中使其冷却凝结成块，最后用保鲜膜封好，置于4℃冰箱中保存备用。

饲养方法：将配制的饲料切成直径20mm、高30mm的圆柱体，中间钻一个直径5mm、深10mm的小孔，放入20mL的塑料管中。当幼虫孵化后，用1%的福尔马林对虫体进行表面消毒，放入饲料孔内，盖上具有通气孔的盖子后，放入光照培养箱，在相对湿度70%~80%、（25±2）℃、光暗周期均为12h的条件下饲养。每天检查和记录幼虫发育情况，隔3天更换新饲料。

2. 树皮蠹虫类有害生物的人工培养

树皮蠹虫类主要取食韧皮部和边材中的淀粉纤维，在树皮内生活的虫态主要有卵、幼虫和蛹，卵和蛹都不取食，仅对湿度和温度有一定要求。在养虫时，可将试虫的卵、蛹与幼虫分别对待。大体操作方法简述如下。

（1）卵的培养

先剥取新鲜树皮一块，在树皮上刻出一小坑，放入产卵期成虫。再用两块干净的玻璃板（5cm×10cm）将树皮及成虫夹在中间。之后，观察成虫产卵情况，把产出不久的卵取出，放入垫有滤纸的培养皿内。滤纸可用2层或3层，用湿棉球保温，含水量以刚好保持湿润为宜。若培养皿内水汽蒸发快，也可在卵粒表面再盖上一层湿润滤纸。此后，将培养皿置入恒温培养箱内，定时观察。按照这种方法，可以直接观察到卵产出和孵化情况，卵期记录比较准确。为保证供试卵的数量，可在同一组玻璃夹内放几头成虫，或多做几组重复试验。

（2）幼虫的饲养

先准备一根新鲜寄主木段。木段长短粗细根据试虫大小确定。一般选用直径10cm、长30cm木段即可。木段两端锯整齐，然后涂上石蜡，以阻止水分从木段端部蒸发。养虫时，先用小刀轻轻撬开木段韧皮部，然后在已撬开树皮的下方刻一小坑，放入初孵幼虫，把撬开的树皮盖上，再用塑料胶布封固。所刻小坑的大小对保证幼虫存活很重要。坑太大，幼虫难以借助腹部挤压在树皮内活动，影响正常取食，容易导致饥饿死亡；坑太小，树皮盖上时会将幼虫压死。幼虫在树皮内的取食活动，只有剥开树皮才能观察到。每次观察时轻轻剥开树皮，记录幼虫的龄期和运动方向，以便确定下一次观察的时间和位置，然后将剥开的树皮盖上，用塑料胶布封住树皮伤口。为减少对幼虫的影响，每根木段可放入十几头幼虫，同时设置几根木段做重复试验。这样，可轮换进行检查，一次抽查一两根木段，每次检查的幼虫可以不同。当用木段饲养幼虫发育到老熟时，再把幼虫移到用玻璃夹持的树皮内饲养，直到化蛹。

（3）蛹的培养

幼虫一经化蛹，便可放入培养皿培养，直到羽化为成虫。培养蛹的方法与培养卵的方法一样。蛹较之卵更易失水，培养期间要求保持一定的湿度。

3. 食菌蠹虫类有害生物的人工培养

食菌蠹虫有材小蠹、长小蠹等种类，它们一般钻蛀木质部，通过钻蛀坑道，传播身上携带的孢子，取食萌发生长出的真菌菌丝和孢子。可通过虫道真菌和半人工饲料培养。由于不同的有害生物生活习性和发育各有不同，实际操作中需要不断调整和尝试。

（1）真菌培养

大体的培养方法如下，在植物被危害的虫道内和害虫身上的贮菌器中分离出真菌。一般真菌在 PDA 培养基斜面上培养后在 4℃冰箱中保存备用。将真菌接种在 PDA 平板的人工坑道中，在 25℃下黑暗培养 7d，将表面小蠹的雌性成虫接入人工坑道，并在 25℃人工气候箱中黑暗饲养，让其取食并产卵。在超净工作台上、体视显微镜下检查坑道中雌成虫的产卵情况，发现卵粒后立即将卵取出培养。卵可放在垫有湿滤纸的已灭菌的培养皿中黑暗条件下培养。孵化的幼虫在无菌条件下移入真菌生长 5d 的 PDA 平板上，在与培养卵相同的温度条件下单头饲养，每 5d 更换 1 次食物。虫体表面消毒方法为：将雌成虫放入 70%酒精中 10s，然后放入无菌水中洗 3 次。

（2）半人工饲料饲养方法

以光滑足距小蠹为例，田间砍回其寄主植物葡萄树枝干，用植物粉碎机粉碎。将粉碎的新鲜葡萄树组织、淀粉、啤酒酵母粉、蔗糖按 10∶1.5∶1∶1 的比例混合装入试管（直径 2.5cm、长 15cm）中，高度为 5cm 压紧；管口塞上棉塞 120℃下灭菌 20min 即为半人工饲料。对雌成虫虫体进行表面消毒。将表面消毒后的雌成虫放入半人工饲料中每管 1 头，放入人工气候箱中黑暗条件下饲养。每天观察记载试管中蠹虫的发生情况。虫体消毒具体方法为：将雌成虫先后分别置于潮湿和干燥的无菌环境下各12h、25℃下循环3次（共72h）。再在无菌条件下将雌成虫放入70%酒精中10s，然后放入无菌水中洗3次。

（四）简易饲养

根据各类有害生物的生物学特性和检疫工作的特点，为害木材的有害生物，最便捷的方式就是将其连同寄主一起锯样带回后临时饲养，或接种至人为造成的蛀孔、具坑道的对应寄主植物木块中进行饲养。在现场检疫过程中，如果采集到的是卵、幼虫、蛹等虫态，要特别注意保护幼体标本，可将虫样暂存于指形管中，并使其保湿和透气，及时送实验室。

1. 养虫缸饲养

实验室一般饲养所用的器材是长形养虫缸。如饲养蛀木的长蠹，可将干木块锯成30cm×10cm×2cm的板块，置于玻璃养虫缸内，缸底放纸条以利于成虫落下时翻转身体。每个缸放3块板，将虫体用小毛笔挑至板材上，然后用不锈钢纱网盖封缸口。饲养长蠹类害虫，温度一般控制在20℃~30℃，最适宜的温度为25℃左右。适宜的相对湿度为70%~80%，湿度过低，容易引起虫体内水分的过分蒸发，对其生长不利，甚至死亡；湿度过高，使昆虫生长软弱，或助长细菌、真菌繁殖而死亡。在玻璃皿中饲养时，维持湿度的方法可用滤纸或吸墨水纸敷底，另加一个小的吸水棉花团，以保持湿度。每天观察其活动情况，检查时取出板块，观察记录卵孵化、幼虫取食、化蛹、羽化及各虫态历期和坑道等情况。

2. 养虫箱饲养

林木害虫通常具有蛀木特性，因此，养虫箱的架子可全部采用不锈钢材料制成。制作规格可以多种多样。一种是顶部和后壁是不锈钢板或者有机玻璃，两侧为铁纱、铜纱或不锈钢纱网，前面是可开关的玻璃门，底部装上用不锈钢皮做的抽屉，屉内装小木块或木屑，以供昆虫在其中化蛹或产卵。另一种除了前面为玻璃门外，其他各部分均为不锈钢板或者有机玻璃。可将目标害虫的寄主木材锯成一定规格的木块（根据养虫箱宽度而定），放入养虫箱中。为了使养虫箱保持一定湿度，可在其中放置浸润的棉球或者盛水的小烧杯。在冬季饲养昆虫时，如果温度不够，在养虫箱中可以装电灯泡或其他加温设备。

有条件的实验室可将养虫笼、养虫箱等放入可自动控制温湿度的人工气候箱、恒温培养箱、养虫室、生物饲养仓等设施设备内饲养，确保有害生物饲养做到全过程防逃逸。

第二节
林木有害生物检疫鉴定技术

—————◇—————

一、天牛科的检疫鉴定

（一）基本概况

天牛科（Cerambycidae）隶属于鞘翅目叶甲总科（Chrysomeloidea），全世界已知25000种，是鞘翅目中最具多样性的一个类群。天牛在全世界分布，种类的分布与自然地理条件有关，在热带地区种类最多。一般在低海拔地区，寄主植物以阔叶树为主；在中海拔地区，寄主植物种类比较丰富，天牛种类也较多；而在海拔较高的地区，气候比较寒冷，分布的天牛种类较少。

（二）生物学及为害

天牛的寄主范围因种类不同而不同，很多种类如星天牛、桑天牛、云斑天牛等，食性广泛，能为害多种不同科的植物。天牛对寄主的为害也以幼虫期最为严重，成虫虽然由于产卵及取食枝叶，有时也能引起或多或少的损害，但一般并不严重。树木内部受到幼虫的钻蛀，阻碍其正常生长，减低产量，削弱树势；受害严重时，更能导致树木的迅速枯萎或死亡。被蛀食的树木常易引起其他害虫及病菌的侵入，并易受大风的吹折。木材受蛀害后，质量必然会降低，甚至失去它们的工艺价值及商品意义。所以天牛的经济意义是十分重大的。

天牛主要以幼虫钻蛀为害植物组织，其食性大致可分为三大类群：第一类是生活在生长的植物上，包括重要的林木、果树、农作物、花卉等，常常造成经济林和果树林等严重的损失；第二类是生活在枯木、腐木上，有助于有机物质的循环作用；第三类是生活在木料、干材、竹材等干燥环境中的天牛，为害建筑木结构、堆放的木材、家具、竹木制品、仓库商品、中草药材，乃至铅皮包装、电线电缆等，实际上已成一类新的城市害虫。

初孵天牛幼虫一般先在树皮下蛀食，经过一段时期后才深入到木质部分，少数种类仅在皮下蛀食，也有的种类则钻蛀不深，仅在韧皮及边材部为害。许多种类侵害基干或粗枝，有的在根干，有的则在枝条蛀食。幼虫蛀食时穿凿各种坑道，或上或下、或左或右、或直或弯，随种类而异，坑道一般不规则。在坑道内常充满虫粪及纤维质木屑，虫孔外有虫粪及木屑排出，有时受害处有树汁流出。幼虫成熟时在坑道末端蛀成较宽的坑穴，构筑蛹室，两端以纤维木屑闭塞，于其中化蛹。

（三）形态特征

天牛科成虫具有咀嚼式口器，上颚强大；触角着生在额下突起的触角基瘤上，并且可以向后伸展活动。触角细长，大多数呈丝状，绝大多数 11 节，多数超过体长之半，最长可达体长的 5 倍，少数较短的仅超过前胸背板后缘。复眼大多数为肾形，围绕触角基部，有的内缘深凹，上下两叶间仅有一线相连。有的上下两叶完全分离，少数种类复眼完整，呈圆形或椭圆形［如眼花牛属（*Acmaeops*）］，复眼表面布满蜂巢般的小眼面。大部分种类中胸背板具发音器，但锯天牛亚科除狭胸天牛属（*Philus*）外，不具发音器。跗节隐 5 节，第 4 节很小，第 3 节常呈二叶状。

天牛科与叶甲科最为接近，两者的跗节均为 5 节，主要区别特征是：天牛科触角着生于额部的突起且能向后披；中胸背板多数具发音器。

二、长蠹科的检疫鉴定

（一）长蠹科基本概况

长蠹是重要的蛀木和仓储害虫。全世界记述有 500 余种，多发生于热带或亚热带，为害木材、竹器、谷物、薯干和其他一些植物的储藏根茎，可依靠木材、竹材、贮粮的运输传播。Lesne 最早对长蠹科进行了系统分类的研究，他鉴定了许多新种，为长蠹科昆虫的分类奠定了基础；Fisher 记述了北美的长蠹科 32 属 92 种；国内最早研究的柳晶莹（1956）记录了我国已发现的长蠹科 14 属 30 种。据初冬等（1997）统计，我国的长蠹科昆虫已记述 18 属 39 种，经济意义重要的有异翅长蠹属（*Heterobostrychus*）、竹长蠹属（*Dinoderus*）、谷蠹属（*Rhyzopertha*）和双棘长蠹属（*Sinoxylon*）等。

（二）生物学及为害

长蠹科害虫 1 年发生 1 代至数代，因地区而异。长蠹在各个发育期表现活跃，一旦适应新环境，将给发生地区带来严重后患。有些长蠹类害虫专在生长着的葡萄藤、无花果、柽柳、油橄榄等寄主的木质部中寄生。成虫侵入木材与长轴平行，或沿年轮穿孔，在端处产卵，孵化后的幼虫向各个方向穿孔，在终端处化蛹，羽化后穿孔外出另觅寄主。此类害虫是林木的重要害虫，食性复杂，钻蛀力强，无论是木材、藤枝、竹枝、树木以及木质包装、家具、建筑木料、木制手工艺品等均遭其害。此外，有些种类还为害粮食谷物，具有很大的破坏性。

我国各口岸频繁地从进境原木和木质包装中截获长蠹害虫，被害原木一般表面虫孔密，粉屑多。据不完全统计，截至 2008 年底，全国口岸截获长蠹科昆虫共 69 种，其中检疫性的有 10 种，多为双棘长蠹属种类。截获频次较高的属种有：双钩异翅长蠹、黑双棘长蠹、黄足长棒长蠹、竹竿粉长蠹、红艳长棒长蠹、黑小长蠹、截面噬木长蠹、细齿叉尾长蠹、双齿长蠹、尖齿木长蠹、三胝双棘长蠹、拟双棘长蠹、棕异翅长翅、大角胸长蠹、日本双棘长蠹、双窝短跗长蠹等。截获来源较为广泛，主要是东南亚、非洲、南美等一些原木进口国家和地区以及欧洲、北美等一些木包装贸易交流频繁的地区。

（三）形态特征

主要形态特征：成虫小型至大型，体长 3 ~ 20mm。一般呈长圆筒状，黑色、暗褐色、赤褐色或黄褐色。头：多数种类头缩入前胸，由背方不可见，下口式。复眼圆球形鼓出。有上唇。触角：9 ~ 11 节，短而直，着生于复眼之前，末 3 节或 4 节膨大成触角棒，棒节各节具或不具感觉孔。前胸背板：光滑或粗糙，在后一种情况下前半部往往具多数锉状齿列、瘤突或粒突，尤以侧缘前半部及前缘最显著；前方平截或凹缘；侧面不完全具缘，少数在每一边的后方具侧隆线。足：短，前足基节窝开放，前基节球形或圆锥形突出，左右基节相接；胫节着生距；跗节 5 节，细长且简单，

第 1 节多数短小，第 2、5 节长；后足跗节等于或长于胫节。鞘翅：背面显著隆起，光滑或布刻点，两侧近于平行，后端圆隆或斜削而形成截形的斜面，斜面上常具特征性的齿突或棘突。

三、小蠹科的检疫鉴定

(一) 基本概况

许多学者将小蠹作为象虫总科（Curculionoidea）中一个独立的科（Scolytidae），而目前国际上普遍认为小蠹为象虫科（Curculionidae）中的一个亚科，即小蠹亚科（Scolytinae）。多年来，在已知的森林害虫中，小蠹一直被视为危险性最大的种类。只要有森林和木材，就会有小蠹虫发生。据资料记载，全世界已知的小蠹虫种类有 6000 余种，分属于 4 个亚科 25 个族；我国记录的有 500 余种，其中 126 种在我国发生比较普遍，常见的有落叶松八齿小蠹（*Ips subelongatus*）、华山松大小蠹（*Dendroctonus simplex*）等。由于小蠹体形微小，为害隐蔽，往往难以被人们所发觉，再加上繁殖迅速，寄主植物种类多，常见的针、阔叶林树种都是小蠹的寄主；此外还有经济作物，如果树（尤其是蔷薇科果树）、桑、茶、橡胶、椰子、咖啡、蓖麻等；以及大田作物，如玉米、棉花、甘蔗、葫芦、扁豆等，小蠹可为害健康的活树、砍伐的干材，衰弱的树株、枯死的枝条、树皮、材心，根干、枝叶、乔木、灌木和草本植物，涉及几乎所有林木，因此容易造成大规模危害。据估计，森林和木材受小蠹科昆虫为害造成的损失，约占全部害虫为害损失的 50%，由此可见其严重性。如华山松大小蠹曾在我国秦岭、大巴山一带大量发生，毁灭了大片华山松林，甚至个别地区因为该虫而华山松绝种；再如，在北美，山松大小蠹（*Dendroctonus ponderosae*）及西松大小蠹（*D. brevicomis*）常大面积暴发成灾，造成成片松林枯死，并且难于防治。小蠹虫除危害森林和木材外，还可以危害许多经济类作物和传播危险性植物病害，如我国禁止进境的检疫性有害生物欧洲榆小蠹（*Scolytus multistriatus*），就是传播榆树的毁灭性病害—榆枯萎病的媒介昆虫。

(二) 生物学及危害

小蠹按照食性可分为两大类：树皮小蠹类（bark beetles）和食菌小蠹

类（ambrosia beetles）。树皮小蠹钻蛀在树皮与边材之间，直接取食树株组织。由于该类害虫的入侵使树木的营养和水分的输导系统堵塞或被切断，破坏了树木的正常生理活动，使林木生长发育受阻而树势衰弱，从而导致树木死亡。如大小蠹类、切梢小蠹类、星坑小蠹类及齿小蠹类等都属于此类害虫。食菌小蠹钻蛀木质部内部，坑道纵横穿凿在材心中，坑道周缘有真菌及其他微生物与之共生，食菌小蠹往往携带病原真菌，通过侵入树木，将随身携带的病原真菌带入健康树木并在树木内繁殖，这类小蠹就以取食这些真菌的菌丝和孢子为生，如材小蠹、木小蠹等。

小蠹终生潜伏于树干中，只有当成虫刚羽化时，会有短暂时间飞离树身，在林中活动、觅食、交配，另筑坑道入侵新寄主。高温少雨的季节常造成树势衰弱，小蠹虫往往大量发生成灾，在针叶林区，这种现象比较明显。

小蠹是社群性昆虫，各穴的两性比数和两性分工均确定，性比因属而异，有一雄一雌、一雄数雌和一雄多雌等类型，雌虫修筑母坑道，同时在坑侧筑卵龛依次前进产卵，雄虫在侵入孔端头守候或在交配室内部，排出坑道中的木屑和代谢废物，并与雌虫交配。小蠹的坑道有繁殖坑道和营养坑道两种。繁殖坑道是由配偶成虫组成的窝穴，其中包括母坑道（或称卵坑道）、子坑道、蛹室、羽化孔等。母坑道有纵向、横向或呈放射向的，有一条、数条或多条的，即单纵坑、复纵坑、单横坑、复横坑或星坑等，坑道类型是鉴定小蠹科害虫的重要依据。营养坑道为新成虫羽化后因取食树株干皮造成的痕迹，特征不明显。

小蠹是鞘翅目中进化程度最高的一个类群，由于体形微小，该类害虫极易随寄主树种的原木、木材、苗木、木质包装物、种子等调运而传播蔓延。为防范外来危险性小蠹传入我国，亟须加强口岸检验检疫工作。我国各口岸检疫机构从20世纪50年代起就开展了此项工作，对进境植物及植物产品中可能传带入境的小蠹类害虫进行调查和检疫鉴定，积累了丰富的资料和标本。

（三）形态特征

小蠹虫为小型甲虫。体长一般为0.8~9.0mm；呈圆柱形或长椭圆形，少数呈半球形如球小蠹属（*Sphaerotrypes*）。成虫体色多为褐色至黑色，或混有黄褐、红褐和紫褐等色。头狭于前胸，头部无喙，眼长椭圆形、肾形或完全分作两半，触角顶端 3~4 节构成大的锤状部，锤状部的形状变化很大。一般头部与前胸背板色较深，翅鞘稍浅，全体一色，少数有花斑或条纹等。小蠹的胫节横断面扁平，胫节外缘有一齿列，或有一端距；第 1 跗节不特别长，约与后两节等长。

四、长小蠹的检疫鉴定

（一）基本概况

长小蠹科（Platypodidae）隶属于鞘翅目（Coleoptera）多食亚目（Adephaga）象虫总科（Curculionoidea），被称为食菌甲虫（Ambrosia beetles）或针孔甲虫（Pinhole beetles），主要发生于热带、亚热带以及与亚热带邻近的温带地区，并以赤道为中心向南、北扩展呈梯次分布，北可达英国、朝鲜和美国北部的犹他州，南至津巴布韦、澳大利亚和阿根廷。但越偏离赤道，种类越少，直至没有分布。该科已记述 40 余属 1500 余种。我国现有文献记载的有 5 属 40 余种，主要分布于海南、云南、广西、广东、福建等省（自治区、直辖市）。

（二）生物学及为害

一般情况下，新伐木或风倒木会释放树汁芳香从而吸引长小蠹成虫；而长势衰弱树，则会因树汁发酵而吸引长小蠹入侵。雄虫先挖掘浅坑道，雌雄成虫交尾后，由雌成虫挖掘坑道，雄成虫运出木屑，在挖掘过程中长小蠹会产生一种油性分泌物，以调节随身携带的真菌的生长。虫体携带的真菌随油性分泌物带出体外。起初，这些菌体利用涂抹在虫道壁上的分泌物开始生长繁殖，随后利用长小蠹自身分泌的类脂物以及排出的尿素、尿酸等作为氮源而在植物体内生长，继而在虫道四周形成一薄层的菌被或散生至互相愈合的分生孢子座，长小蠹即以它们作为食物，卵孵化后的幼虫也以此为食料。因此，长小蠹也称为食菌小蠹。长小蠹的这一生物学特性也使其成为一些植物病原体的传播媒介。雌成虫在母坑道经常成堆产卵，大约产下 10~12 堆，每雌成虫产卵 100~200 粒。幼虫在坑道中可快速运动，但不会伤害卵或低龄幼虫。幼虫期 5~6 周，当幼虫接近成熟时，老熟幼虫在坑道上或下壁挖掘扩大蛹室并在其中化蛹。成虫羽化后，需一定时间才飞出寻找新的寄主植物入侵。当它们蛀入木质部时，可以分泌一种活性物质——集合信息素，以吸引异性，同时也吸引同性，属群集性害虫。

长小蠹很少危害健康或生长旺盛的树木，主要入侵由干旱、病害、老龄、虫害落叶、受伤或其他原因引起的衰弱树，通常选择长势严重衰弱、濒死树、新倒木或潮湿的原木入侵；喜欢选择较大直径的树干入侵，侵入孔周围常有白色纤维状粉末。在很潮湿的情况下，坑道分布紧密呈绞绳状延伸；在较干燥情况下，坑道在寄主树木基部周围分布松散。从寄主木材解剖中显示，母坑道从树皮入侵后穿透边材，并直入心材。当树木或原木湿度较低时，坑道会出现分支或再分支，然后形成环状，众多短而垂直的蛹室会出现在坑道的上下壁。长小蠹为害虽然不会将树木直接致死，但会加速树木衰弱甚至死亡，尤其是对木材的大面积危害会导致其经济价值大幅下降。

长小蠹多数种类寄主选择性不强，包括裸子植物和被子植物的许多科属，但寄主选择呈多样化，如外齿异胫长小蠹（*Crossotarsus externedentatus*）的寄主就有42科的69种植物，其中既包括裸子植物松科、红豆杉科又包括被子植物的棕榈科、漆树科、夹竹桃科、五加科、紫草科、橄榄科、云实科、木麻黄科、藤黄科、使君子科、第伦桃科、大戟科、苦苣苔科、莲叶桐科、樟科、玉蕊科、豆科、楝科、桑科、蔷薇科、红树科、肉豆蔻科、鼠李科、芸香科、山橄榄科、梧桐科、椴树科、榆科等，在部分地区，寄主范围还有所扩大。平行长小蠹（*Euplatypus parallelus*）也是明显的杂食性昆虫，它的寄主包括21个科的65种植物。长小蠹的这种特性，有利于自身种群扩散，也加大了对林木的危害程度。

少数长小蠹种类还侵害活树，尤其是当活树瘦弱、受伤或遭遇干旱等不利因素时，更容易被长小蠹为害。尽管这种为害可能不会导致树木的死亡，但这类树木长成的木材已不适合做成板材或家具。如 *Platypus mutatus* 仅为害活树，并不钻蛀原木及病树。再如斐济和萨摩亚的外齿异胫长小蠹为害桉属 *Eucalyptus* L' Heritier 活树以及其他的引种林木。此外，*Diapus pusillimus* 及 *D. quiquespinatus* 有时也为害活树，但其主要攻击倒木并钻蛀大量的虫道。另据研究，长小蠹既是食菌性蠹虫，部分种类又是植物性病原体的传播媒介。作为食菌小蠹，长小蠹虫体所携带的真菌可以分解寄主植物组织，从而加速寄主衰弱。真菌在虫道中溶解寄主植物中的木质素和纤维素，合成可利用的有机分子，得以大量繁殖，帮助长小蠹在寄主植物上定殖。而长小蠹传播的寄主植物病原真菌对寄主植物的危害则非常严重。蛀栎长小蠹（*Platypus quercivorus*）的共生真菌（*Raffadea* spp.）使寄主植物心材的木质部变色，并失去功能，使导管功能紊乱导致心材受伤，从而导致栎树枯萎。

（三）形态特征

长小蠹形态特征：长小蠹科与小蠹类近缘。体圆筒形，体长一般在1cm以内，头宽短，与身体纵轴近垂直，宽度等于或宽于前胸背板，复眼圆而突出，触角短，不呈膝状，一般鞭节4节，锤状部大。前胸长方形，侧缘有沟，以容纳前足腿节，腿节、胫节宽大，跗节5节，第1跗节等于或长于其余各跗节之和，前足第3跗节不扩张呈叶状，前足胫节末端斜生一显著端距，并在外侧下面有粗糙皱褶。

五、白蚁的检疫鉴定

（一）基本概况

等翅目（Isoptera）昆虫通称白蚁，分类学上简称"蟁"，现被归入蜚蠊目（Blattaria）。白蚁为社会性昆虫，生活于隐藏的巢居中，有完善的群体组织，由有翅和无翅的生殖个体（蚁后和雄蚁）与多数无翅的非生殖个体（工蚁和兵蚁）组成，是一类世界性分布、危害极大的林木害虫。

白蚁生活习性与蚂蚁相似，属于社会性昆虫。虽同称为蚁，但在分类地位上，白蚁属于较低级的半变态昆虫，蚂蚁则属于较高级的变态昆虫。从进化系统上看，白蚁与蜚蠊近缘。根据化石判断，白蚁可能是由古直翅目昆虫发展而来，最早出现于2亿年前的二叠纪。因此白蚁是至今地球上最为古老的社会性昆虫。

白蚁绝大多数分布于热带、亚热带地区。东洋区种类最多，有800余种，是白蚁分布的一个中心；其次是非洲和南美洲一带，近1000种；澳大利亚有200多种；少数种类分布在北美及亚洲北部，以及欧洲地中海沿岸。我国已知白蚁500多种，主要分布于华南一带，大部分种类分布于云南、广东、广西、福建及台湾等地。

（二）生物学及为害

白蚁营群体生活，是多型性的社会性昆虫，在同一群体内，个体在形态与机能上分为许多不同的类型，主要有下列几个类型：

1. 生殖型：能交尾产卵繁殖后代，因其来源与形态的不同又可分 3 个类型。

（1）长翅型：是原始繁殖蚁。每巢内每年出现许多长翅型的繁殖蚁，到一定时期，群体出巢飞舞，脱翅，觅偶交尾，找寻适合的场所，建立新的群体。一般 1 个群体内只有 1 对原始蚁王和蚁后，但在有些种类中有 2 对或 3 对蚁王蚁后，另外还有多王多后者。

（2）短翅型：是补充繁殖蚁，常见于地栖种类，只有 2 对发育不全的翅芽。只有当雌蚁夭折或产卵能力减退时，可以成为生殖个体，其生殖能力比原来的雌蚁小。

（3）无翅型：是完全无翅的个体，形似工蚁，仅腹部膨大而已，一般极少见，只存在于极原始的种类失去了原来的蚁王蚁后的群体中。

2. 非生殖型：不能繁殖后代，形态也与生殖型不同，都是完全无翅的个体。

（1）工蚁：头圆，触角长，有雌雄之分，但生殖器官退化，失去生殖能力。在群体中为数最多，其职能是，收集食物、筑巢和修补巢穴、开路、清洁、饲育雌蚁与兵蚁、照料若蚁、搬运卵、培养菌圃等。高等类群，如白蚁、土白蚁及象白蚁等具有二态，即有小型及大型两种个体。有些种类缺工蚁，其职能由若蚁来完成。

（2）兵蚁：体形较大，复眼退化，有雌雄之分，但不能生殖。兵蚁的职能是在群体中起保卫作用，主要对付蚂蚁或其他捕食者，因口器退化而不能取食，由工蚁饲喂。有些种类，如黄翅大白蚁、直鼻象白蚁等的兵蚁有大小两型。兵蚁从其头部及上颚的形态可分两类：大颚型兵蚁，头部长，高度骨化，上颚发达，形成各种奇特的形状；象鼻型兵蚁，头部延长成象鼻状，上颚退化，有额腺。

白蚁的营养物质主要来源于植物，食性很广，主要包括：生活的植物体，许多土栖白蚁和土木栖白蚁均能取食植物的根、茎；干枯的植物与木材，木栖性白蚁取食于木材，以木材中的纤维素为主要食料；土木栖白蚁取食干枯植物与木材。有许多种类能取食含纤维的加工产品，如纸张、布匹、塑料等。还有些种类能培养菌圃，繁殖真菌，以其菌丝为食料供蚁后和若蚁食用。它们的消化道中常存在着大量的原生动物、细菌或真菌，能分泌消化酶消化纤维素，利于消化与吸收营养。

（三）形态特征

白蚁的体躯构造和其他昆虫一样，具有三个明显的部分，即头、胸、腹。头部有重要的感觉器官如触角、眼睛等，取食器官为典型的咀嚼式口器，前口式。有翅成虫有一对大的复眼，但大多数成员复眼发育极差，甚至消失。除复眼外，还有一对单眼和一对念珠状触角。唇基可分为前后两部分，上颚具强烈咀嚼齿，下颚外颚叶片状，内颚叶强壮具齿，下颚须5节。下唇分裂4叶，下唇须3节。胸部由前胸、中胸、后胸三个体节组成，分别着生一对分节的足。有翅成虫的中胸和后胸各生一对狭长、膜质的翅。前后翅的形状、大小几乎相等，为此被称为等翅目。平时前后翅平叠于腹背，并向后延伸，远超过腹部末端。腹部10节，雄性生殖孔开口于第9与第10腹板间；雌虫第7腹板增大，生殖孔开口于下，第8节和第9腹板缩小。

白蚁属于多形态昆虫，其成熟个体按生理机能的不同，可分为两个类型，即生殖类型（繁殖型）和非生殖类型（不育蚁）。在这两大类型中，一般又可分为若干品级。非生殖类型中有工蚁和兵蚁等品级，生殖类型内有大翅型（即第一型）、短翅型（即第二型）及无翅型（即第三型）等分化。

白蚁的各个品级，从系统发育的观点，按其外部形态的变化可归为两类：一类为原始型，其形态特征保持原始状态，尤其是头部和胸部没有特殊变化，包括繁殖蚁及工蚁；一类为蜕变型，包括兵蚁，其外部形态发生了剧烈的变化，完全脱离了原始类型的构造，特别在头部和胸部更是变化较大。由于结构稳定，往往作为分类鉴定上的主要依据。

六、吉丁虫的检疫鉴定

（一）基本概况

吉丁虫科（Buprestidae）隶属于鞘翅目（Coleoptera）、多食亚目（Polyphaga）的一个类群，世界已知种类约1.5万种，分属于12个亚科，即土吉丁亚科（Julodinae）、花吉丁亚科（Polycestinae）、窄吉丁亚科（Agrilinae）、金吉丁亚科（Chrysochroinae）、铜吉丁亚科

（Chalcophorinae）、圆吉丁亚科（Sphenopterinae）、星吉丁亚科（Chrysobo-thrinae）、吉丁亚科（Buprestinae）、孔吉丁亚科（Thrincopyginae）、筒吉丁亚科（Schizopinae）、痣颈吉丁亚科（Stigmoderinae）及直胸吉丁亚科（Mastogeninae）。中国已知有 9 个亚科、约 450 种。该科昆虫是一类重要的农业及林业害虫，其幼虫在枝干皮层内纵横蛀食，危害轻者使树势变弱，重者造成枝干逐渐枯死，甚至整株死亡。该虫亦可随苗木传播，危害性很大。国外学者在吉丁虫研究中取得了较大成就，Obenberger 是研究吉丁虫的大师，他在世界甲虫目录的吉丁虫部分（1929、1930、1934—1937），记载有中国种类 270 种；А. А. Рихтер 是俄罗斯研究吉丁虫的专家，于 1949—1952 年完成了《苏联昆虫志》Ⅷ.1-5 吉丁虫科共五卷的编写，对苏联及其毗邻国家吉丁虫科昆虫的区系进行了详细描述；И. А. 柯茨金（1983）在其编写的《哈萨克斯坦危害林木的甲虫》一书中，记载了与中国毗邻的哈萨克斯坦吉丁虫种类约 120 种，分属于 23 个属，并对吉丁虫的地理分布及危害进行了阐述。

我国对吉丁虫科的分类研究与国外相比差距较大，对吉丁虫的区系及地理分布的研究较少，对吉丁虫的生物学及危害性同样研究不够。1937 年，胡经甫《中国昆虫名录》中记有吉丁虫种类 67 种，但星吉丁亚科（Chrysobothrinae）、窄吉丁亚科（Agrilinae）、潜吉丁亚科（Trachyinae）及长吉丁亚科（Cylindrophinae）等种类未作记载。从 20 世纪 80 年代开始，彭忠亮通过查阅 1864—1985 年《动物学记录》122 卷以及其他文献，整理出我国《吉丁虫种类名录》共 409 种，分属于 10 个亚科、45 属。近几年，也有一些关于吉丁虫的报道，但都集中在某几个属种的生物防治上，还没有一个较为系统的报道。

（二）生物学及为害

吉丁虫属于完全变态昆虫，幼虫可在活的、枯衰的或死亡的木本植物组织中发育；成虫也取食寄主植物以补充营养。吉丁虫与天牛的取食方式相似，其幼虫发育有的在木本植物的枝干中，有的在草木枯茎中或植物的根中，但最典型的是在乔木和灌木植物的枝干中。吉丁虫按其寄主范围的多寡，分为寡食性、单食性、多食性，寡食性指其发育依赖于一个属或近似属的植物，单食性的种类指其发育依赖于一个植物种或某些近似种中。吉丁虫中仅少量种类为多食性，如 *Melanophila*、*Dicerca* 等属的吉丁虫。

为害松柏类的吉丁虫，多数为广寡食性。典型寡食性的如 *Lampra* 属种类，扁头吉丁属（*Sphenoptera*）多数种属于寡食性。现在研究表明吉丁虫中寡食性种类占有很大比重。通常寡食性与多食性种类的区分是前者分布较为狭窄，这可解释为它们具有较低的生态适应能力，其发育基本完全依赖于寄主植物的分布。

吉丁虫产卵一般为单粒或几粒产在一起，产卵数量依种类不同，如 *Capnodis tenebrionis*，*Sphenoptera foveola* 雌虫产卵平均为 50~100 粒，个别较多（如 *Capnodis tenebrionis*）达 128 粒（Рекк，1932）。在巴勒斯坦，Ривнея（1946）报道，吉丁虫的繁殖力明显较大，如 *Capnodis carbonaria* 平均产卵 478 粒，最高达 2971 粒，*C. tenebrionis* 达 1696 粒，*C. cariosa* 达 999 粒。这样高的繁殖力同雌成虫具有很长的寿命有关。吉丁虫一般仅在温度较高和光照较强的情况下活动，只有很少类群夜晚活动。吉丁虫幼虫的坑道较扁，这与其幼虫身体较扁相一致。吉丁虫的坑道一般在皮下呈弧形弯曲，不规则，幼虫在根下往往蛀成宽而平坦的坑道。羽化孔一般较特殊呈"D"形，垂直于树木的体轴，这与吉丁虫的体型有关，易于辨认。

（三）形态特征

吉丁虫科昆虫体型从小型（某些种类不大于 3mm）至大型（个别个体达到 80mm），但大多数是中等大小的昆虫，体长为 10~30mm。体壁坚硬，身体具金属光泽，特别是腹部多具铜黄色光泽。触角短，锯齿状。

七、象甲的检疫鉴定

（一）基本概况

象甲科（Curculionidae）是鞘翅目（Coleoptera）最大的科，也是动物界最大的科，种类极多，分布广泛，遍及全世界。全世界已经记录种类接近 7 万种，估计世界象甲的种类至少在 10 万种，并有可能达到 15 万种；我国的象甲种类应该在 1 万种以上，已记载 1200 余种。象甲属鞘翅目（Coleoptera）、多食亚目（Phytophaga）、象甲总科（Curculionoidea）。一般而言，象甲包括象甲科、锥象科、长角象科、卷象科等。其中象甲科最为复杂，种类最多，约占所有象甲的 80%，包括 30 个左右的亚科、3000 多个属和 7 万个种。

（二）生物学及为害

绝大多数象甲是陆生的，没有明显的趋光性，对花也没有明显的趋性。象甲通常是雌雄两性交配产卵而进行繁殖的，即两性繁殖，但也有极少数种类可以进行孤雌生殖，如耳喙象的部分种类。大部分象甲的活动迟缓，不善于飞翔，有些种类甚至后翅退化，不能飞行。为了逃避攻击，当它们感受到危险信号时，便从寄主突然掉入草丛，并以假死的方法取得自我保护。象甲的假死行为较之其他甲虫更为普遍。而隐喙象和龟象的假死性更为显著。它们的胸部有或长或短的胸沟。在假死时，它们的喙和触角纳入胸沟，把足紧紧收拢，似一粒鸟粪或土块。多数象甲 1 年发生 1 代，以幼虫在植物组织内越冬；但也有些象甲成虫期很长，两年发生 1 代，幼虫和成虫都能越冬，如大灰象等；还有些种类 1 年发生数代，条件合适时没有明显越冬现象。

象甲是植食性的，它们的寄主植物及为害部分各不相同。有些象甲的亲缘关系和它们寄主的亲缘关系结成平行关系，使象甲和它们的寄主互相提供了可靠的鉴别依据，也互相表达了亲缘关系，即依据寄主的亲缘关系可以确定象甲的亲缘关系，依据象甲的亲缘关系也可以确定寄主的亲缘关系。这种亲缘关系充实了鉴别和分类的依据，提高了鉴别准确性。有些象甲属的每一个种各有一个不同的寄主。例如，我国樟子松木蠹象（*Pissodes validirostris*）仅寄生樟子松，这种关系进一步显示了象甲和寄主的关系是密不可分的。另外有些象甲的寄主植物和寄主植物的被害部分也结成了不可分解的关系。例如，树皮象为害松柏科植物的树桩；木蠹象为害松柏科植物的顶梢、树干或树皮、球果；根瘤象为害豆科作物的根瘤；弯喙象为害竹类植物的芽或幼苗等等。这种关系进一步提高了鉴别象甲的依据。

八、树蜂的检疫鉴定

（一）树峰基本概况

树蜂是林业昆虫群体中的一个重要组成部分，隶属膜翅目（Hymenoptera）、广腰亚目（Symphyta）、树蜂总科（Siricoidea）、树蜂科（Siricidae）。截至 1981 年，全世界已报道树蜂科昆虫 103 个种和亚种，隶属于 4 个亚科 15 个属（包括化石昆虫 6 属、7 种）。国内已知有 2 个亚科、

6 个属共计 54 个种及亚种。从分类意义上讲，树蜂科是膜翅目中的一个小科，多数种类经济意义不大，国内对该类昆虫研究不多，资料较少。如云杉树蜂原产于欧洲和北非，现已传入南非、澳大利亚、亚洲北部和南美地区。

（二）生物学及为害

树蜂成虫约于 5~9 月出现，大多喜在阳光下飞翔。通常雌多于雄。雄虫栖息于树顶或高地，并在这些地方交尾。大多数种类可侵害生长势弱的树木，可使树木死亡、木材质量下降等。最近，国外就某些种类对于林业发展的危害和潜在威胁屡有报道。我国口岸检疫机关近年来也多次在进境货物木质包装上截获树蜂的幼虫和成虫，如云杉树蜂 ［*Sirex noctilio* (Fab.)］、黄肩长尾树蜂 ［*Xeris spectrum* (L.)］ 等。多数种类的树蜂为害针叶树，如蓝树蜂 (*Sirex cyaneus* Fab.) 在美国、加拿大、英国和哥伦比亚为害云杉与松树。但有些种类也为害落叶阔叶树，典型代表有鸽形树蜂 (*Tremex columba* L.) 在新北区美洲大陆为害山毛榉属、槭属、榆属、山核桃属及栎属等阔叶树。

由于分布区内经济林种类的原因，树蜂寄主多为针叶树种类。发现所有松树均可受树蜂侵害。另据报道，树蜂对寄主选择与树干中散发出的某些挥发性物质有关。

附 录
主要林木有害生物形态鉴定

APPENDIXES

主要林木有害生物形态鉴定

一、天牛科重要种类介绍

1. 暗褐断眼天牛 *Tetropium fuscum*（Fabricious）

分类地位：天牛科（Cerambycidae），幽天牛亚科（Aseminae），断眼天牛属（*Tetropium*）。

分布：欧洲、亚洲、北美洲。

寄主：主要为害欧洲云杉，其次为害冷杉、落叶松及欧洲赤松。

形态特征：体长8~19.7 mm。头部及前胸为黑色。前胸背板色暗，具皱纹刻点，两侧具颗粒，前胸长胜于宽，两侧棱角状，中区基部的刻点密，相互融合。鞘翅棕黄，淡黄或棕色至红棕色，具2~3条明显的纵脊。翅基具一较宽的灰棕色绒毛带。灰黄色短毛覆盖鞘翅基部1/4。触角仅为体长一半，红棕色；足短，暗褐色（图1~图4）。

图1 暗褐断眼天牛背面　　图2 暗褐断眼天牛侧面

图3 暗褐断眼天牛鞘翅背面 **图4 暗褐断眼天牛头部和**
前胸背板背面

2. 北美家天牛 *Hylotrupes bajlulus* L.

分类地位：天牛科（Cerambycidae），天牛亚科（Cerambycinae），希天牛属（*Hylotrupes*）。

分布：美国、阿根廷、澳大利亚、新西兰、埃及、南非等。

寄主：松属、云杉属、冷杉属、杨属、栎属、合欢属、黄杉属、胡桃属等。

形态特征：体长8~20mm。体壁色泽变异大，从黄褐色到栗色，有的几乎漆黑色，特别是前胸背板更是如此。雄虫：中等宽，体壁黑色或漆黑色，很少褐色，触角暗红褐色；绒毛苍白色，长而直立，胸部和腿部密，翅面绒毛短，倒伏；头部具甚密的中等粗糙刻点；触角稀达鞘翅中部，第3~5节具绒毛，前胸横宽，两侧具十分粗糙而甚密刻点，中区具细小稀疏刻点，具3个光亮的平滑无刻点的显著突起的胝状突；前胸腹板具粗糙刻点；鞘翅几近平行延伸，基部具细疏刻点，端部后2/3多皱，每鞘翅基部1/3具一对细刻点坑，中部后亦具一对略凹陷的刻点坑，其上密被倒伏的苍白色绒毛；腿节棍棒状；腹部具光泽，细疏刻点，绒毛细，第5节腹板短于第4节，端部浅凹。雌虫：体长10~20mm。触角很少超过鞘翅基部1/3；前胸背板长，两侧宽圆，刻点细；前胸腹板具光泽的细疏刻点；鞘翅两侧几不平行，绒毛凹陷甚显；腿节较细长；腹部第5腹板端部窄，端缘亚平截形，产卵器常突出（图5~图6）。

图5　北美家天牛背面　　　　　图6　北美家天牛侧面

3. 光肩星天牛 _Anoplophora glabripennis_（Motschulsky）

分类地位：天牛科（Cerambycidae），沟胫天牛亚科（Lamiinae），星天牛属（*Anoplophora*）。

分布：中国、日本、朝鲜、美国、英国。

寄主：槭、枫、苦楝、泡桐、花椒、榆、悬铃木、刺槐、苹果、梨、李、樱桃、樱花、柳、杨、马尾松、云南松、桤木、杉、青冈栎、桃、樟、枫杨、水杉、桑、木麻黄、黄桉、桦等50余种多年生树木。

形态特征：本种与星天牛很相似，主要区别在于：肩部无瘤突，体形较狭，体色基本相同，常常黑中带紫铜色，有时微带绿色。鞘翅基部光滑，无瘤状颗粒，表面刻点较密，有微细纹，无竖毛，肩部刻点较粗大，鞘翅面白色毛斑大小及排列似星天牛，但更不规则，且有时较不清晰。触角较星天牛略长。前胸背板毛斑，中瘤不显著，侧刺突较尖锐，弯曲。中胸腹板瘤突比较不发达。足及腹面黑色，常密生蓝白色绒毛（图7~图8）。

图7　光肩星天牛背面　　　　　图8　光肩星天牛侧面

4. 青杨脊虎天牛 _Xylotrechus rusticus_（L.）

分类地位：天牛科（Cerambycidae）、天牛亚科（Cerambycinae）、脊虎天牛属（*Xylotrechus*）。

分布：中国、日本、朝鲜、伊朗、土耳其等。

寄主：栎树、杨属、柳属、山毛榉属、椴属、榆属。

形态特征：体长 11.5~18mm；体宽 4~6mm。体褐色至黑褐色，头部与前胸色深暗。眼肾形。头顶中间有两条隆线，至眼前缘附近合并，直至唇基附近，呈倒"V"字形，隆线上被刻点。后头中央至头顶有一纵隆线，至"V"字形凹陷处渐不明显；头部除隆线外均密被淡黄色绒毛与刻点，尤以头顶中央与额前端各有二堆同色绒毛最明显；后头两侧各有一堆同色绒毛。触角向后伸，与头及前胸等长或超过 2~4 节，基部五节的端部光滑无绒毛，似呈球状，第 1 节较第 3 节为短，与第 4 节约等长，末节长度显然大于宽。前胸球面形，宽略大于长，两侧中央微凸，被短绒毛，中区有四个淡黄色至黄色斑纹，排列呈"｜｜"形，两侧缘亦各有稍呈弧形的同色斑纹，胸部腹面绒毛较密。小盾片钝圆形，密被淡黄色绒毛。鞘翅基部阔，端部窄，内外缘末端呈圆形，翅面有排列不规则的淡黄色至黄色波纹。足正常。腹部腹面密被淡黄色绒毛（图 9~图 12）。

图 9　青杨脊虎天牛背面

图 10　青杨脊虎天牛侧面

图 11　青杨脊虎天牛鞘翅背面

图 12　青杨脊虎天牛头部和前胸
背板背面

5. 桉天牛 *Phoracantha semipunctata*（Fab.）

分类地位：天牛科（Cerambycidae），天牛亚科（Cerambycinae），弗天

牛属（*Phoracantha*）。

分布：阿根廷、智利、秘鲁、乌拉圭、澳大利亚、新西兰、巴勒斯坦、南非、赞比亚、埃及、毛里求斯等。

寄主：桉属，尤其是蓝桉、棒头桉和巨桉、大花序桉、*E. viminalis*。在大叶桉、细叶桉、柳桉、*E. diversicolor*、*E. longifolia*、*E. sideroxylon*、*E. leucoxylon*、*E. salubris*、*E. triantha* 与 *E. cerbra* 上也有报道。在以色列该种还可为害赤桉，在南美洲主要为害蓝桉和 *E. viminalis*。

形态特征：雄虫体长 13~29mm，雌虫 15~29mm。头、前胸背板深红棕色，鞘翅深红棕色或黑褐色。触角 3~8 节内侧端角具刺突，雄虫触角为体长的 1.5 倍，第 3 节短于第 4 节；雌虫触角略长于体长，第 3 节长于第 4 节，略长于第 5 节。前胸背板表面具 5 个光滑瘤突，中间瘤突椭圆形，前面一对瘤突圆形，后面一对形状不规则。鞘翅近基部具一黄棕色"Z"形窄带，翅中部之前具一稍宽而直的黄棕色扁带，翅端部具不规则椭圆形斑。触角 3~8 节内侧端角具刺突，雄虫触角为体长的 1.5 倍，第 3 节短于第 4 节；雌虫触角略长于体长，第 3 节长于第 4 节，略长于第 5 节。近似种弯斑桉天牛（*Phoracantha recurva*）鞘翅多乳黄色，近端部 1/3 处为深棕色；触角下方具密而长的金黄色毛。桉天牛（*P. Semipunctata*）鞘翅大部分深棕色，"Z"形带二等分鞘翅基部的乳黄色区域。触角无金黄色长毛（图 13~图 15）。

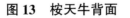

图 13　桉天牛背面　　图 14　桉天牛鞘翅背面

图 15　桉天牛侧面

6. 白带长角天牛 *Acanthocinus carinulatus*（Gebler）

分类地位：天牛科（Cerambycidae），沟胫天牛亚科（Lamiinae），长角天牛属（*Acanthocinus*）。

分布：欧洲、日本、朝鲜等。

形态特征：体长 8.0～12.0mm。体略扁平。体长与触角之比，雄虫 1∶2.5～3，雌虫为 1∶1.5～2；触角被白色绒毛，每节端部近 1/2 左右为棕红或深棕红色，雄虫的第二至第五节下沿密被短绒毛，触角柄节表面刻点粗糙，略呈粒状，第三节柄节稍长，雌虫从第三节起，各节近似等长或依次递短，末节最短，雄虫自第三节以下各节均较前节略长，末节最长。身体腹面和鞘翅上密布灰白色绒毛，一般绒毛多分布在鞘翅的中部及末端，各成一条白色的宽横带。鞘翅长而扁平，翅端钝圆。足粗壮，前足基节窝圆形，后足跗节第一节长度约与其他 3 节的总和相等。雌虫产卵管外露，极显著（图 16～图 19）。

图 16　白带长角天牛背面

图 17　白带长角天牛腹面

图 18　白带长角天牛鞘翅背面　　　**图 19　白带长角天牛头部和**
前胸背板背面

7. 松墨天牛 *Monochamus alternatus* Hope

分类地位：天牛科（Cerambycidae），沟胫天牛亚科（Lamiinae），墨天牛属（*Monochamus*）。

分布：中国、日本、老挝。

寄主：马尾松、落叶松、雪松、冷杉、云杉、短叶松、欧洲赤松、松属、华山松、思茅松、栎、花红、鸡眼草、苹果、湿地松、银杏、桉等。

形态特征：体长 15~28mm，宽 5~9mm。体中型，赤褐色。头布皱纹及细刻点，额及头顶中央具细纵沟，头顶中央微凹。触角红褐色、细长。第 2、3 节基部被灰白色绒毛。第 3 节明显长于第 4 节，约为柄节长度的 2 倍。前胸背板横宽，侧刺突粗大，尖端钝。胸面刻点粗密、多皱纹，散布黄褐色毛斑，中部有 2 条由黄褐色绒毛组成的宽纵纹。小盾片舌状，密被黄褐色绒毛。鞘翅端部略收窄，端缘平切，缘角圆钝。翅面刻点细密，具 5 条由长方形黑色和灰白色毛斑组成的纵条纹，基部具瘤状颗粒。体腹面被稀疏黄褐色绒毛。雄虫触角约为体长的 2 倍。雌虫触角约为体长的 1.3 倍，第 5~8 节大部被灰白色绒毛，腹末节两侧具黑色毛丛（图 20~图 23）。

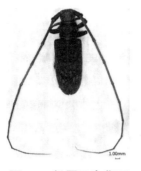

图 20　松墨天牛背面　　　　图 21　松墨天牛侧面

图 22　松墨天牛　　　　　图 23　松墨天牛头部和
　　鞘翅背面　　　　　　　前胸背板背面

8. 黑腹尼虎天牛 *Neoclytus acuminatus acuminatus*（Fab.）

分类地位：天牛科（Cerambycidae），天牛亚科（Cerambycinae），尼虎天牛属（*Neoclytus*）。

分布：欧洲、北美洲。

寄主：食性广泛，主要寄主为桦属、栎属、山核桃属、美洲柿、朴属，次要寄主为桦属、槭属、葡萄属、李属、栗属、梨属、胡桃属、水青冈属、美洲铁木、楝木属、紫荆属、冬青属、丁香属、忍冬属、皂荚属、鳄梨属、*Cercocarpus* 属、*Maclura* 属、洋槐、檫木属、北美鹅掌楸、柘橙等。

形态特征：体长 4～18mm。体型较狭长，体表淡红棕色，触角端部，鞘翅端部 3/4 以及身体腹面均为黑褐色，刚毛细小，在鞘翅上形成 4 条窄的黄带。头部钝圆，分布浓密刻点；触角伸达鞘翅中部，末端数节稍膨大。前胸背板长宽约等长，表面分布颗粒式刻点，前后边缘通常黑褐色，中部具几条横向隆脊。前、中、后胸腹板密布刻点和绒毛。鞘翅长约为宽的 3 倍，其基部窄于前胸背板，中部稍宽，至端部渐狭。鞘翅刻点细密，被细密淡黄色绒毛，形成四条黄带如图 24 所示。鞘翅端部斜截，缝角尖，或呈刺状。足细长，腿节棍棒状，端部不具刺，后足超过鞘翅端部部分约为其本身长度的 2/5。腹部光亮，腹板散被细小刻点和浓密绒毛，第一和二腹板的前缘具淡黄色绒毛组成的带，第 5 腹板比第四腹板长，端部钝圆。

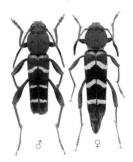

图 24　黑腹尼虎天牛背面

（来源：http：//www.cerambyx.uochb.cz/neoclytus_ acuminatus_ acuminatus.php）

9. 辐射松幽天牛 *Arhopalus syriacus*（Reitter）

分类地位：天牛科（Cerambycidae），幽天牛亚科（Aseminae），梗天牛属（*Arhopalus*）。

分布：最早分布于欧洲，现扩展至亚洲、大洋洲、非洲。

寄主：主要为害松属中的多数种，如海岸松、辐射松、湿地松、地中海松，极少为害云杉、冷杉和落叶松。

形态特征：体长 11.4~22.1mm。体红褐色至黑褐色。头近于圆形，窄于前胸；触角中等长度，第 3 节约 3 倍于第 2 节长，雌虫触角明显短于体长，仅达鞘翅中部，雄虫触角等于或短于体长；上颚较短；复眼小眼面粗，小眼之间无长毛；下颚须末节端部中等宽，长约为端部宽的 1.3 倍。前胸两侧圆形，背面稍扁平；小盾片舌状，末端圆形。鞘翅长形，两侧近于平行，端部稍窄，翅面密布颗粒状细皱纹，散布小刻点，各具 2~3 条纵隆脊，缝角圆。后足跗节第三节双叶状，分裂至基部；雄虫第八背板顶端微凸（图 25、图 26）。

图 25　辐射松幽天牛背面　　　图 26　辐射松幽天牛头部背面

（来源：http：//coleonet. de/coleo/texte/arhopalus. htm）

10. 赤斑白条天牛 *Batocera rufomaculata*（Degeer）

分类地位：天牛科（Cerambycidae），沟胫天牛亚科（Lamiinae），白条天牛属（*Batocera*）。

分布：中国、印度、巴基斯坦、泰国、毛里求斯等。

寄主：杂食性，寄主植物近 50 种，主要取食杧果、无花果和鳄梨、腰果、木棉花、木菠萝、橡胶、桑树。

形态特征：体长 45～53mm。体黑色具光泽，前胸背板有 2 枚条状斑纹，相距较远。小盾片黄色。鞘翅基部具瘤状的颗粒，在下方具稀疏的黄色斑纹，翅后半近前缘处各具黄色条状斑纹（图 27）。

图 27　赤斑白条天牛背面

（来源：http：//www. cerambycoidea. com/foto. asp？Id＝152）

11. 刺角沟额天牛 *Hoplocerambyx spinicornis*（Newman）

分类地位：天牛科（Cerambycidae），天牛亚科（Cerambycidae），沟额天牛属（*Hoplocerambyx*）。

分布：马来西亚、印度、泰国、菲律宾等。

寄主：婆罗双属（*Shorea* spp.）、柳桉（*Parashorea stellata*）、橡胶（*Hevea brasiliensis*）、石摩罗（*Pentacme suavis*）、异翅龙香脑（*Anisoptera glabra*）、八宝树（*Duabanga sonnalides*）等。

形态特征：体型变化大，长20~65mm，宽5~15mm。头、胸部黑或黑褐色。口器明显前伸，触角第3~10节内缘有尖刺，雄虫触角长于体长1/5~1/3，雌虫触角短于体长，复眼深裂，头部额区在两复眼间深陷如沟。前胸背板中央有一光滑的长椭圆形隆起区，其余部分强烈横皱。鞘翅颜色变化大，从沥青色至浅褐色，鞘翅末端截面呈弧形，翅缝处各生1刺（图28）。

图28　刺角沟额天牛背面

（来源：https：//commons.wikimedia.org/wiki/File：Hoplocerambyx _ spinicornis（Newman，_ 1842）

二、长蠹科重要种类介绍

1. 双棘长蠹 *Sinoxylon anale* Lesne

分类地位：长蠹科（Bostrichidae），大长蠹亚科（Bostrichinae），双棘长蠹属（*Sinoxylon*）。

分布：全世界热带、亚热带广泛分布。

寄主：食性广泛，可危害白格、黑格、华楹、黄檀、凤凰木、木槿、橡胶树、黄桐、厚皮树、翻白叶、山龙眼、黄牛木、山荔枝、小叶英哥、轻木、大叶桃花心木、杧果树等。

形态特征：成虫鞘翅侧缘在端部拐角处中断或消失，代之以斜面下半部具一条尖细的宽边，斜面基部无横形肋状突。斜面具较多毛，触角棒第2节宽大于整个触角棒长度，鞘翅基缘具锐边，腹突窄，两侧平行，斜面翅缝的下半部呈锯齿状，额具瘤，雌雄无差别（图29~图32）。

图29　双棘长蠹背面

图30　双棘长蠹鞘翅背面

图31　双棘长蠹前胸背板背面

图32　双棘长蠹鞘翅斜面

2. 咖啡黑长蠹 *Apate monachus* Fabricius

分类地位：长蠹科（Bostrichidae），Apatinae 亚科，奸狡长蠹属（*Apate*）。

分布：原分布于非洲，现分布于热带和亚热带地区。

寄主：范围广泛，主要有阿拉伯咖啡、可可、非洲油棕榈、杧果、木豆、番石榴、桃花心木等。

形态特征：雄虫，长 10~18.5mm，额具刻点，中部较少，两侧颗粒明显。前胸钩状齿，背面观，基部一般总是大于顶部。翅上纵隆线在斜面上方形成齿突，鞘翅刻点漏斗状，在斜面两侧形成一或数个皱褶。后胸腹板多少具密毛。后足基节间突基部多少凸出，端部不可见或仅少可见。爪间突末端鬃一般 2 根。雌虫，长 11.5~19mm，额无齿，翅上隆线末端不强烈或仅稍前突，斜面端部内侧刻点小，间隙具小颗粒，爪间突末端鬃一般不为2根（图33～图35）。

图33　咖啡黑长蠹背面

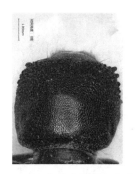　

图34　咖啡黑长蠹前胸背板　　**图35　咖啡黑长蠹鞘翅斜面**

3. 双钩异翅长蠹 *Heterobostrychus aequalis*（Waterhouse）

分类地位：长蠹科（Bostrichidae），大长蠹亚科（Bostrichinae），异翅长蠹属（*Heterobostrychus*）。

分布：亚洲、美洲、非洲。

寄主：白格、香须树（黑格）、楹树、凤凰木、黄桐、合欢、海南苹婆、杧果、翻白叶、柳安、翅果麻、厚皮树、黄檀、青龙木（印度紫檀）、柚木、榆绿木、洋椿、榄仁树、大沙叶、黄牛木、山荔枝、箣竹、桑、龙竹、嘉榄、榆树、龙脑香属、橄榄属、省藤属、木棉属、琼楠属等植物。

形态特征：圆柱形，赤褐色。雌虫长6～8.5mm，雄虫长7～9.2mm。头部黑色，具细粒状突起。上唇前缘密布金黄色长毛。触角10节，锤状部3节，其长度超过触角全长一半，端节呈椭圆形。前胸背板前缘呈弧形凹入，前缘角有1个较大的齿状突起，两侧缘具5～6个锯齿状突起与之相连。前胸背板前半部密布粒状突起。小盾片四边形。鞘翅具刻点沟，沟间光滑无毛。鞘翅两侧缘自基缘向后几乎平行延伸，至翅后1/4处急剧收缩。在斜面的两侧，雄虫有2对钩状突起，上面的1对较大，呈尖钩状，向上并向中线弯曲，下面的1对较小，无尖钩，仅稍隆起。雌雄异形，雌虫两侧的突起仅微隆起，无尖钩（图36~图38）。

图36 双钩异翅长蠹雌虫侧面

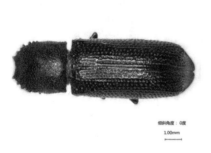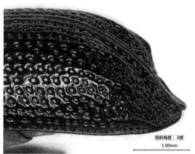

图37 双钩异翅长蠹雌虫背面　　图38 双钩异翅长蠹雌虫侧面

4. 黄足长棒长蠹 *Xylothrips flavipes*（Iliger）

分类地位：长蠹科（Bostrichidae），大长蠹亚科（Bostrichinae），长棒长蠹属（*Xylothrips*）。

分布：中国、日本、越南、印度、印度尼西亚、马来西亚、菲律宾、马达加斯加。

寄主：铁刀木、可可、锥栗等。

形态特征：成虫体长6.5~9.5mm。体栗褐色，有强光泽，鞘翅后半部暗褐色，触角和足黄褐色。触角10节，末节长椭圆形；端部3节长度之和是基部7节长度的2倍，其上毛不分叉。头部背面基半光滑，端半有颗粒瘤状突起。前胸背板基部2/3有鳞片状突起，侧缘及端部1/3光滑无毛；前缘几乎直，有非常浅的"V"字形凹入；两侧缘基部1/3处各有3个明显的齿状突，其中在最前面的为 1 对强的钩状齿，齿端弯向上方。中胸小盾片近圆形。两鞘翅侧缘近平行，鞘翅光滑，刻点小，稀少且很浅而不明显，刻点内无毛；鞘翅斜面基半上的刻点明显，但端半的刻点浅而不明显，斜面两侧各有 3 条近平行的胝状突；鞘翅后缘呈波状弯曲（图 39～图 41）。

图 39　黄足长棒长蠹背面

图 40　黄足长棒长蠹头部和
前胸背板侧面

图 41　黄足长棒长蠹前胸
背板背面

5. 粗双棘长蠹 *Sinoxylon crissum* Lesne

分类地位：长蠹科（Bostrichidae），大长蠹亚科（Bostrichinae），双棘长蠹属（*Sinoxylon*）。

分布：印度、缅甸、柬埔寨、老挝、越南、泰国、马来西亚、菲律宾等。

寄主：儿茶、印度黄檀、娑罗双（龙脑香科）、榄仁树、牧豆树、吉纳（囊状紫檀）、黄豆树（合欢属）等。

形态特征：成虫体形圆筒状，体长 6～9mm，赤褐色至黑褐色。头缩入前胸，由背方不可见，下口式。额部有短毛，头额前角有小齿状突起。上颚强壮，短而阔，端部成截切形，两侧缘圆，关闭时，一边的截切缘与另一边的截切缘密接，极尖锐。触角10节，末3节向内急伸膨大成触角棒，触角棒纵向弯缩，呈宽锯齿状，触角棒第2节宽大于整个触角棒长度，触角棒头晦暗，感觉孔较密。复眼圆球形鼓出。前胸背板粗糙；前半部密布小齿状突起，尤以侧缘前端半部及前缘最显著；前缘平截，前缘后方无凹陷；前胸后缘中凹成亚圆弧状。鞘翅较阔而短，翅基粗糙，体中不缩窄；背面隆起，具强大刻点、隆脊和微毛；鞘翅端部内侧成沟状。鞘翅侧缘在端部外侧不中断，延伸至缝角。鞘翅末端急剧向下倾斜成斜面；斜面粗糙，斜面基部的横肋无或模糊；斜面中部的翅缝两侧具一对棘状突起，缝齿大，三角形，立于缝上，紧密相连，与斜面外侧缘齿水平，斜面侧齿不太突出。斜面端部毛成毡状，下半部缘边简单，无宽阔的延展（图42~图43）。

图 42　粗双棘长蠹背面　　　图 43　粗双棘长蠹头部和
　　　　　　　　　　　　　　　　　前胸背板侧面

三、小蠹科重要种类介绍

1. 长林小蠹 *Hylurgus ligniperda* Fabricus

分类地位：象虫科（Curculionidae），小蠹亚科（Scolytinae），林小蠹属（*Hylurgus*）。

分布：欧洲、大洋洲、亚洲、美洲。

寄主：松科。

形态特征：成虫体圆筒形，黄褐色至黑色，触角和足淡褐色，触角鞭节6节，锤状部4节，复眼长椭圆形，无凹陷；额面密被茸毛且额面的茸毛较头顶的茸毛粗大，在额面正下方有一黑色瘤；前胸背板上具刻点且背板上的茸毛明显地拢向中央；鞘翅两侧平行，基缘具颜色较深的锯齿状边缘；鞘翅沟上的刻点较圆大，每刻点的中央稍向前方各具一黄色短茸毛，向后延伸；沟间粗糙，具横皱褶，每沟间具有4~5排排列不甚规则且向后斜伸的茸毛，鞘翅两侧的茸毛比前胸背板两侧的要短，且鞘翅上的茸毛愈向翅末愈长，在斜面上，茸毛形成簇状，似小毛刷；斜面具颗粒状突起，鞘翅第1和第2沟间自斜面开始强烈扁平，斜面上第2沟间的颗粒不显著；后胸背板与腹部几乎等长。体长4~5.7mm（图44~图47）。

图44　长林小蠹背面

图45　长林小蠹头部和
前胸背板背面

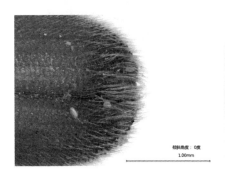

图46　长林小蠹鞘翅尾部

图47　长林小蠹头部和
前胸背板侧面

2. 横坑切梢小蠹 *Tomicus minor* Hartig

分类地位：象虫科（Curculionidae），小蠹亚科（Scolytinae），切梢小蠹属（*Tomicus*）。

分布：中国、日本、俄罗斯、丹麦、法国等。

寄主：马尾松、油松、云南松。

形态特征：成虫体长 3.4~4.7mm。本种与纵坑切梢小蠹（*Tomicus pimiperda*）极其相似，本种的特征是鞘翅斜面第 2 沟间部不凹陷，上面的颗瘤和竖毛与其他沟间部相同（图 48~图 51）。

图 48　横坑切梢小蠹背面

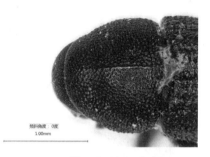

**图 49　横坑切梢小蠹前胸
背板背面**

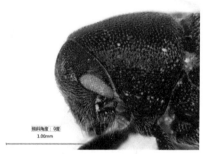

**图 50　横坑切梢小蠹头部和
前胸背板侧面**

图 51　横坑切梢小蠹鞘翅背面

3. 咖啡果小蠹 *Hypothenemus hampei*（Ferrarie）

分类地位：象虫科（Curculionidae），小蠹亚科（Scolytinae），咪小蠹属（*Hypothenemus*）。

分布：非洲、亚洲、美洲。

寄主：主要寄主为咖啡属植物的果实和种子。此外，曾在灰毛豆属、野百合属、距瓣豆属、云实属（苏木属）和银合欢的荚果；木槿属、悬钩子属和一些豆科植物（如菜豆属）的种子；*Vitis lanceolaria*，*Ligustrum pubinerve* 的果实；酸豆和茜草科的一些植物的种子中有发现。据报道，咖啡果小蠹仅在咖啡属植物上能正常生活及产卵。

形态特征：雌成虫体长 1.4~1.6mm，宽约 0.7mm，暗褐色到黑色，有光泽，体呈圆柱形。头小，隐藏于半球形的前胸背板下，最大宽度为 0.6mm。眼肾形，缺刻甚小。额宽而突出，从复眼水平上方至口上片突起有一条深陷的中纵沟，额面呈细、皱的网状。在口上片突起周围几乎变成颗粒状；触角浅棕色，锤状部 3 节。前胸背板长为宽的 0.81 倍，背板上面强烈弓凸，背顶部在背板中部；背板前缘中部有 4~6 枚小颗瘤，瘤区中的颗瘤数量较少，形状圆钝，背顶部颗瘤逐渐变弱，无明显瘤区后角；刻点区底面粗糙，一条狭直光平的中隆线跨越全部刻点区，刻点区中有狭长的鳞片和粗直的刚毛。鞘翅上有 8~9 条纵刻点沟，鞘翅长度为两翅合宽的 1.33 倍，为前胸背板长度的 1.76 倍。沟间部靠基部一半不呈颗粒状。第 6 沟间部的基部有大的凸起肩角；刻点沟宽阔，其中刻点圆大规则，沟间部略凸起，上面的刻点小，不易分辨，沟间部中的鳞片狭长，排列规则。鞘翅后半部逐渐向下倾斜弯曲为圆形，覆盖到整个臀部，但活虫臀部有时可见。腹部 4 节能活动，第 1 节长于其他 3 节之和。足浅棕色，前足胫节外缘有齿 6~7 个。腿节短，分为 5 节，前 3 节短小，第 4 节细小，第 5 节粗大并等于前 4 节长度之和。雄虫形态与雌虫相似，但个体较雌虫小，体长 1.05~1.20mm，宽 0.55~0.60mm。腹部末端较尖（图 52~图 54）。

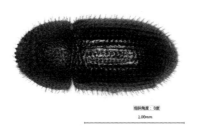

图 52　咖啡果小蠹背面

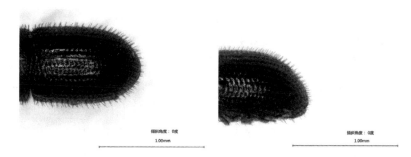

图 53　咖啡果小蠹鞘翅背面　　　图 54　咖啡果小蠹鞘翅侧面

4. 南部松齿小蠹 *Ips grandicollis*（Eichhoff）

分类地位：象虫科（Curculionidae），小蠹亚科（Scolytinae），齿小蠹属（*Ips*）。

分布：美国、加拿大、澳大利亚。

寄主：班克松，加勒比松，多针松，萌芽松，山松，卵果松，长叶松，西黄松，拟北美乔松，*P. resinosa*，刚松，类球松，欧洲赤松，火炬松，*P . ltenuifolia*，矮松。

形态特征：体长约 2.9~4.6mm，长是宽的 2.7 倍，体色为深红褐色。额凸，前额上的颗粒较大，数量较少；口上片上方有一小的（雌）或明显的（雄）瘤，触角棒椭圆形。前胸背板的长是宽的 1.26 倍；刻点变化大，从细小到很粗糙的都存在，两侧较粗糙。鞘翅长是宽的 1.5 倍；鞘翅沟间部无刻点或至少基半部无；第一刻点沟深陷，其余较浅；刻点很粗糙，深而密集；沟间部光滑有光泽，是刻点沟宽的 1~1.5 倍；沟间部刻点细小到粗糙，通常存在于 5~9 沟间部上，由斜面延伸到基部，而 2~4 上几乎只在后部 1/4 处存在。斜面翅盘每侧有齿 5 枚，第一枚齿着生在第二沟间部上，第三枚齿较大且顶端钝圆、末端有尖。前足跗节有 3 枚齿，雌性有 4 枚齿。卵长约 0.9mm，宽约 0.5mm（图 55~图 57）。

图 55　南部松齿小蠹背面

图 56　南部松齿小蠹头部和
前胸背板侧面

图 57　南部松齿小蠹鞘翅斜面

5. 山松大小蠹 *Dendroctonus ponderosae* Hopkins

分类地位：象虫科（Curculionidae），小蠹亚科（Scolytinae），大小蠹属（*Dendroctonus*）。

分布：加拿大、美国、墨西哥。

寄主：在正常年代，在一特定地区，本种显示对某一特殊树种的偏爱，进攻同一树种，即便当地有其他松种存在也不入侵。本种最喜树种有西黄松、扭叶松、柔松、山白松等。而在大发生年代，只要是松属树种均能危害，甚至非松属的其他针叶树种。本种的寄主植物如下：美国白皮松、狐尾松、扭叶松、大果松、食松、黑材松（极少）、糖松、单针杉、山白松、玛利亚那松、西黄松、类球果松。

形态特征：雄虫：体长 3.5~6.8mm，平均体长 5.5mm，体长为体宽的 2.2 倍（体长因地区、生态条件而有变化）。老熟成虫黑色或黑褐色。体毛细弱，不明显。额面从口上突至两眼之间广阔地呈圆饼状凸起，无低平狭窄的纵中线穿越其间；额表面生刻点颗粒和褶皱，十分粗糙，尤以额心为甚。口上片边缘凸起，光滑明亮。口上突基部全宽与两眼间连线距离之比为 0.5；口上突侧臂与水平线的夹角为 30°；侧臂本身凸起，尤以其端部明显，口上突表面洼陷而光平，但纵长很短，犹如额面下端的一段细窄缘边；口上突水平部分的端缘与口上片端缘相平齐，水平端缘之下生一排黄色鬃毛。额毛细柔，自额心倒向额的周缘。前胸背板长宽比为 0.75，背板两侧缘后部的 3/5 由基向端轻微收缩，前部的 2/5 急剧收缩，最大宽度在背板基部；背板前缘中部的缺刻微弱，呈弧线状；前胸背板的亚前缘横缢凹陷显著；背板表面平坦光亮，上面的刻点略小，其大小和分布均匀，刻点平均间隔小于刻点直径；沿背板基缘的刻点变得小而稠密，有时呈粒状；前胸两侧面的刻点呈小粒状；有光平无点的背板纵中线，其宽窄不定，时断时续；背板上的毛细短，只在背板前半部，横向散生少许长毛。鞘翅的长宽比 1.5，翅长为胸长的 2.1 倍；鞘翅两侧缘基部的 2/3 基本平行，后端的 1/3 宽阔地收狭；鞘翅基缘向体前弓凸，呈弧线形，基缘上的锯齿约 10 枚，基缘之后在翅基部还有一些亚基缘齿分布在第 2~5 沟间部中，尤以第 2、3 沟间为多；刻点沟浅弱，沟中刻点较小而深，刻点间距清晰；沟间部宽度约为沟宽的 2 倍；沟间部自身略隆起，其表面遍生细碎的横堤和不规则的陷坑，十分粗糙；斜面弓凸而陡峭，在鞘翅末端，第 1 刻点沟直向通入翅端，与环翅侧缘而行的第 10 沟相汇，第 2 沟不达翅端而与第 9 沟相汇，其末端曲向翅缝，第 3 沟直向前进时，依次与第 4、5、6、7沟相遇，最终与第 8 沟汇合，其末端也曲向翅缝；斜面刻点沟较翅前部变得狭窄而深陷，刻点变得细小而稠密；斜面沟间部的正中各有 1 列小颗粒；鞘翅上的毛起自颗粒之后，斜向竖立，最长的毛长于沟间部的宽度。雌虫：与雄虫无根本差别，只是口上突不如雄虫发达（图 58~图 61）。

图 58　山松大小蠹背面　　　　**图 59　山松大小蠹头部和**
　　　　　　　　　　　　　　　　　　　　　　前胸背板侧面

图 60　山松大小蠹鞘翅背面　　　**图 61　山松大小蠹头部和**
　　　　　　　　　　　　　　　　　　　　　　前胸背板背面

6. 红脂大小蠹 *Dendroctonus valens* LeConte

分类地位：象虫科（Curculionidae），小蠹亚科（Scolytinae），大小蠹属（*Dendroctonus*）。

分布：中国、加拿大、美国、墨西哥、危地马拉、洪都拉斯。

寄主：油松，扭叶松，大果松，萌芽松，食松，灰叶山松，黑材松，糖松，劳森松，光叶松，加州山松（山白松），玛利亚那松，卵果松，西黄松，拟北美乔松，辐射松，多脂松，刚松，加州大籽松（沙滨松），欧洲赤松，类球果松，北美乔松，细叶松，矮松，科罗拉多冷杉，美加落叶松，白云杉，欧洲云杉，红云杉。

形态特征：平均体长较大，7.3mm。体红褐色。额面基本平坦，有倒V字形或品字形低平凸起；口上突极宽阔，两侧臂凸起甚高，口上突中部横向洼陷。前胸背板的刻点细腻均匀，刻点间隔坦平。鞘翅斜面刻点沟中的刻点极其圆小，或完全消失。雄虫：体长 5.3~8.3mm，平均约 7.3mm，体长为体宽的 2.1 倍，为大小蠹属中平均体长最大的种类。体粗壮，红褐色，毛少。头盖缝起自颅顶，直延向额部的两眼之间。额面总体平坦，自头盖缝终点起，额面略呈倒 V 字形凸起，或只在倒 V 字形的 3 点端头呈品字形凸起，这种凸起的显著与否，因个体而有差异，一般说来，雄虫倒 V 字形者较多，雌虫品字形较多，但绝非必然。口上片边缘光滑而凸起；口上突极宽阔，其全部宽度与两眼间连线距离之比为 0.6；口上突侧臂相当倾斜，与水平线之间的夹角仅约 20°，侧臂本身强烈凸起，光亮，两臂遥相对峙；口上突表面横向洼陷，其结构与额面相同；口上突的水平部分（端缘），不达口上片端缘，口上突端缘之下，生有一排黄色鬃毛，遮住了口上片的中部；额面刻点在两眼之间及其以上部分，较细小稠密均匀，两眼以下刻点浅大而粗糙，刻点间隔极狭窄，呈不规则的堤状或粗糙的颗粒状；额毛纤细而稠密，自额心倒向额周缘。前胸背板长宽比为 0.73，两侧缘基部的 2/3 平行，端部的 1/3 收缩，但不甚急剧，背板前缘中部的缺刻微弱，呈弧线形；背板表面坦平，刻点圆形，平浅细腻，大小均匀，刻点间隔光坦；有平滑无点，断续而长直的纵中线；背板上的毛柔细短小，前后部的毛以背板横中线为界，反向倒伏。鞘翅的长宽比为 1.5，翅长为前胸长度的 2.2 倍；两侧缘基部的 3/4 平行，端部的 1/4 收狭；鞘翅基缘前凸呈弧形，基缘上的锯齿 12~13 枚，基缘之后呈横堤状的亚基缘齿较多，分布在翅缝与肩角之间的各沟间部的基部，在沟间部它们横向排有 2~3 枚，尤以第 2~3 沟间部较多；刻点沟浅弱，沟中的刻点圆大略深，边缘清晰，排列稠密而规则；沟间部宽阔，为沟宽的 2~2.5 倍；其表面粗糙，亚基缘齿之后，横堤渐次缩小，成为横向小颗粒，大小不等，密麻地排在沟间部。鞘翅斜面弓凸下曲，第 1 沟间部仅稍高于或同高于其余沟间部；刻点沟较翅前部变狭窄，沟中刻点变得极圆小，或完全消失，只留下细窄的陷沟；斜面沟间部与翅前部同样粗糙；各间中部有 1 列小圆颗粒。鞘翅的毛不多，较短，长毛仅沿翅缝两侧分布，斜面的毛不长，也不稠密，其间偶有几根长毛。雌虫：在外形上与雄虫相同（图 62~图 64）。

图62　红脂大小蠹背面

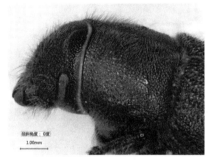

图63　红脂大小蠹头部和
前胸背板侧面

图64　红脂大小蠹鞘翅背面

7. 赤材小蠹 *Xyleborus ferrugineus*（Fabricius）

分类地位：象虫科（Curculionidae），小蠹亚科（Scolytinae），材小蠹属（*Xyleborus*）。

分布：北美洲、南美洲等。

寄主：可能在其分布范围内所有落叶树，稀栖于松属（*Pinus* spp.），据记载该种有约168种寄主。除此以外，在美国还能危害洋椿、柠檬、密果、轻木、普罗梯乌、西班牙李、洪都拉斯桃花心木、槲寄生等10多种植物。

形态特征：雌虫：体长2.0~3.3mm，体长为体宽的2.7~3.0倍，红褐色。额部宽阔，微凸；表面呈细网状；刻点稀少细小，较浅；表被稀疏不明显的茸毛；口上片边缘有毛刷。前胸背板长为宽的1.2倍；背板基部2/3两侧平直且平行，端部呈窄的半圆形；背板最高点在中部；前端鳞状瘤区粗糙，后端刻点区较光亮平滑，其上刻点细小较浅；胸部侧面呈网纹状；前胸背板边缘区域表被稀疏的茸毛。鞘翅长为宽的1.7倍，为前胸背板长的 1.4 倍。鞘翅基部 2/3 两侧平直且平行，后端缓慢收缩成宽阔的半圆形；刻点沟内陷不明显，其上刻点较杂乱；沟间部宽度为刻点沟宽度的 1.5 倍，平滑光亮，其上刻点细小、单列。斜面陡峭，隆起；第 1 沟间部于上缘有几个小齿，第 3 沟间部有一大的突出的齿，第 4、5、6 沟间部有几个小齿。鞘翅刻点沟茸毛细小，不明显，沟间部生有成列的直立刚毛。雄虫：体长 1.8mm。头部形态与雌虫相似，但额部中央有一明显的沟；鞘翅斜面第 3 沟间部的齿不如雌虫那么突出；鞘翅长为前胸背板长的 1.3 倍；前胸背板前端鳞状瘤区不明显，且适度凹陷。与橡胶材小蠹（*Xyleborus affinis*）的区别：额部表面细网状条纹不如橡胶材小蠹明显（图 65~图 68）。

图 65　赤材小蠹背面

图 66　赤材小蠹侧面

图 67　赤材小蠹鞘翅斜面背面

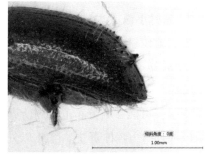

图 68　赤材小蠹鞘翅斜面侧面

8. 欧洲榆小蠹 *Scolytus multistriatus*（Marsham）

分类地位：象虫科（Curculionidae），小蠹亚科（Scolytinae），小蠹属（*Scolytus*）。

分布：伊朗、丹麦、瑞典、波兰、匈牙利、德国、瑞士、荷兰、比利时、卢森堡、英国、爱尔兰、法国、西班牙、葡萄牙、意大利、罗马尼亚、保加利亚、希腊、埃及、阿尔及利亚、澳大利亚、加拿大、美国等。

　　寄主：主要危害榆树，偶尔也危害杨树、李树、栎树等。

　　形态特征：体长1.9~3.8mm，长约宽的2.3倍。体红褐色，鞘翅常有光泽。雄虫额稍凹，表面有粗糙的斜皱纹，刻点不清晰，额毛细长稠密，环聚在额周缘；雌虫额明显突起，额毛较稀、较短。触角锤状部有明显的角状缝，呈铲状，不分节，触角鞭节7节。眼椭圆形，无缺刻。前胸背板方形，表面光亮，刻点较粗、深陷，相距很近，相距约刻点直径的2倍；光滑无毛。鞘翅长为宽的1.3倍；刻点沟凹陷中等，沟间部略凹陷，刻点沟和沟间部的刻点单行排列，很小，中等凹陷，较近，沟间部的刻点常较刻点沟中的刻点稍小；鞘翅后方不构成斜面。第2腹板前半部中央有向后突起的圆柱形的粗直大瘤。雄虫从第2腹节起，腹部向鞘翅末端水平延伸。第2~4腹节的侧缘有1列齿瘤，两性腹部形态基本相同，但雌虫2~4腹板后缘的刺瘤突较小，第3、4腹板后缘中间光平无瘤（图69~图71）。

图69　欧洲榆小蠹背面

图70　欧洲榆小蠹侧面　　　　**图71　欧洲榆小蠹头部和**
　　　　　　　　　　　　　　　　　　　　前胸背板侧面

9. 欧洲大榆小蠹 *Scolytus scolytus*（Fab.）

分类地位：象虫科（Curculionidae），小蠹亚科（Scolytinae），小蠹属（*Scolytus*）。

分布：奥地利、比利时、英国、保加利亚、捷克、斯洛伐克、丹麦、法国、希腊、匈牙利、意大利、荷兰、挪威、波兰、葡萄牙、罗马尼亚、西班牙、瑞典、瑞士、澳大利亚、克罗地亚、爱尔兰、立陶宛、卢森堡、俄罗斯、乌克兰、亚美尼亚、阿塞拜疆、印度、伊朗、塔吉克斯坦。

寄主：白杨、山榆、黑杨、桦叶千金榆、胡桃、欧洲栲、榆属。

形态特征：体长 3.5~5.5mm，短粗，有光泽。头、口须末端、前胸背板、后胸为黑色；触角、口须基部、前胸的前后缘、鞘翅、足、腹部盾片红褐色。触角鞭节七节，锤状部呈铲状，不分节。额扁平，有皱纹和结突，密生褐色短毛，眼后有横纹。前胸背板有圆形刻点，靠近侧缘和顶部较密。鞘翅上有明显的刻点组成的刻点沟；沟间部宽大，在沟间部上的刻点比刻点沟中的刻点小。鞘翅基缝深，鞘翅末端光滑无齿。第 3 和第 4 腹节后缘中央有 1 尖突起。雄虫腹板 5 的端部有一排长的刚毛，而腹板 2~4 两侧无刺，腹部多毛，腹部末节的长毛呈水平分布，似小毛刷，在中央有一凹窝，此毛刷两侧通常露出鞘翅外，好像两个赤黄色小穗。前足胫节上的毛较短，较平伏。中、后足胫节上的毛较长。雌虫腹部末节无毛束，体较宽大，额较突出（图 72~图 78）。

图 72 欧洲大榆小蠹背面　　图 73 欧洲大榆小蠹侧面

图 74　欧洲大榆小蠹鞘翅背面

图 75　欧洲大榆小蠹鞘翅和
腹部侧面

图 76　欧洲大榆小蠹腹部

图 77　欧洲大榆小蠹头部和
前胸背板背面

图 78　欧洲大榆小蠹头部正面

（来源：http：//www.padil.gov.au）

四、长小蠹重要种类介绍

1. 伴随异胫长小蠹 *Crossotarsus cliens* Schedl

分类地位：长小蠹科（Platypodidae），长小蠹亚科（Platypodinae），异胫长小蠹属（*Crossotarsus*）。

分布：印度尼西亚。

寄主：山地榄属。

形态特征：雄虫体长约 3.3mm。额部具长椭圆形刻点，每刻点具一根向背上方弯曲的金黄色绒毛。头顶中线较长，可深达额面下部。前胸背板两侧足窝前角大于后角。后胸腹板较长，后足着生的位置外观上接近于体端，与中足相距较远，后足基节突起高。鞘翅末端 1/3 处，除第一对沟间外，其余各沟间部隆起呈脊条状，每脊条密布排列整齐的金黄色绒毛并有许多小齿。鞘翅末端两侧向后延伸，形成两个尖角，使翅端形成一个宽阔的"∩"字形，每角内侧具有一小瘤（图 79~图 81）。

图 79　伴随异胫长小蠹背面

图 80　伴随异胫长小蠹
头部和前胸背板背面

图 81　伴随异胫长小蠹
鞘翅斜面

2. 平行长小蠹 *Euplatypus parallelus*（Fabricius）

分类地位：长小蠹科（Platypodidae），长小蠹亚科（Platypodinae），*Euplatypus* 属。

分布：美洲、亚洲、非洲。

寄主：重蚁木、榕树、紫槟榔青、面包树、*Thouinidium decandrum*。

形态特征：成虫体长 4.2~4.4mm，宽 0.7~0.8mm，圆筒形，赤褐色，翅端约 1/3 黑褐色。雄虫头额扁平，额面长大于宽，刻点密，圆而浅，额中心明显凹陷；触角锤状部扁平近圆形，鞭节 4 节，柄节粗壮，侧面被长毛。前胸背板长方形，足窝前角不明显，后角明显，最大宽度在足窝后角即中后部，中线不达中部。鞘翅前 2/3 正常，侧缘自基缘垂直延伸，至后 1/3 急剧收缩，成一对并列的锥体，端钝而边缘具 3 刺，翅端缘宽凹入，翅面各沟间隆起，在斜面各沟间隆起成脊，第一沟间末端隆脊较明显且突起成齿。斜面被有稀疏黄色短毛。前足胫节外面具 5 列斜向脊条，近基部被有小齿突。雌虫与雄虫的主要区别为：额面刻点疏，具茸毛，中线达额面中心凹陷；鞘翅末端折曲下垂，斜面极短端缘呈弧形凹入，斜面颜色较深，具短毛（图 82~图 86）。

倾斜角度：0度
1.00mm

图 82　平行长小蠹背面

图 83　平行长小蠹头部和　　　图 84　平行长小蠹鞘翅尾部
　　　前胸背板背面

图 85　平行长小蠹头部和　　　图 86　平行长小蠹鞘翅尾部侧面
　　　前胸背板背面侧面

3. 小杯长小蠹 *Dinoplatypus cupulatulus*（Schedl）

分类地位：长小蠹科（Platypodidae），长小蠹亚科（Platypodinae），截尾长小蠹属（*Dinoplatypus*）。

分布：巴布亚新几内亚、缅甸、印度、越南、印度尼西亚、菲律宾。

寄主：不详。

形态特征：成虫个体小，长约 3.0mm，宽 0.5mm。赤褐色，翅末端斜面黑褐色。雄虫头额中央横向隆起，额前中部刻点稀疏，大而浅，后部至头背刻点密，略小而深，具短毛，前胸背板足窝位于中后部，前后角明显。鞘翅两侧自基缘平行延伸，渐略增大，至中部后又渐渐收窄，近斜面处突然增大，然后急剧收尾，斜面翅缝下缘呈一直线，斜面内缘呈镰形，两边对称。斜面凹陷，整体如盘面，近圆形，具缘边（图 87~图 88）。

图87　小杯长小蠹背面

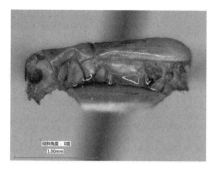

图88　小杯长小蠹侧面

4. 希氏长小蠹 *Platypus hintzi* Schaufus

分类地位：长小蠹科（Platypodidae），长小蠹亚科（Platypodinae），长小蠹属（*Platypus*）。

分布：赤道几内亚、几内亚、埃塞俄比亚、厄立特里亚、苏丹、莫桑比克、安哥拉等。

寄主：不详。

形态特征：雄虫：体长 3.8~4.5mm，宽 1mm，体褐色，额部扁平，额面网状，头顶圆形，中部具光亮的纵隆脊，两侧具稠密的椭圆形网纹，着生稀疏的毛。前胸背板长方形，有光泽，具或多或少分布均匀的刻点。鞘翅刻点成行，刻点沟凹陷较深，刻点稠密，沟间刻点细小甚微，鞘翅近端部着生毛，刻点渐成皱纹状。第 1 沟间部平滑光亮，强烈隆起，在鞘翅基部呈轻微分叉，之后平行延伸至端部；第 3 沟间部基部宽阔光亮，鞘翅末端延伸为强烈尖突，外侧的尖突较长，向外弯曲呈尖角，下方呈钝圆形。前足胫节多毛，外缘具隆脊。雌虫：体长 4.8mm，宽 1mm，淡黄色，额部和鞘翅端部颜色稍深。额部从两复眼之间到口上片具横向的细沟，细沟在中部横凹陷处变细，额上部网状，额部顶端具一显著的中隆脊，两侧具稠密纵向细沟。前胸背板长方形，近基部 1/3 处具中纵凹沟，凹沟两侧各具 1 大孔，两孔接近中纵凹沟的前端，同时，近基部具几个具毛的刻点，前胸背板表面具不规则的刻点。鞘翅刻点成行，刻点沟凹陷深，沟间部扁平光亮，第 3 沟间部基部宽阔，具横向轻微隆脊（图89~图91）。

图89　希氏长小蠹背面

图90　希氏长小蠹头部和
前胸背板背面

图91　希氏长小蠹鞘翅尾部

五、白蚁重要种类介绍

1. 大家白蚁 *Coptoermes curvignathus* Holmgren

分类地位：等翅目（Isoptera），鼻白蚁科（Rhinotermitidae），乳白蚁属（*Coptotermes*）。

分布：马来西亚、新加坡、印度尼西亚、柬埔寨、越南、缅甸。

寄主：合欢属：黄豆树、腰果属、南洋杉；波罗蜜属：木棉；橄榄属：吉贝、椰子、咖啡、黄檀；龙脑香属：薄壳油棕；桉属：三叶橡胶、卵叶豆、野桐、杧果、木蝴蝶；松属：加勒比松、岛松、苏门答腊松；柳属；红柳桉属；安息香属：桃花心木、柚木。

形态特征：兵蚁体形较大。头壳较大，卵形至椭圆形，最宽大于长。前胸背板中区约具短刚毛20余根。上颚紫褐色，颚端强烈弯曲，左上颚基部内侧具1个大齿和3个小齿突，右上颚基部内侧1个小齿突。兵蚁：体形较大端部透明。触角 15～16 节，第 2 节长于第 3 节的 2 倍或略长（图 92～图 93）。

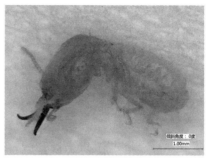

图 92　大家白蚁背面　　　　图 93　大家白蚁侧面

2. 麻头砂白蚁 *Cryptotermes brevis*（Walker）

分类地位：等翅目（Isoptera），木白蚁科（Kalotermitidae），砂白蚁属（*Cryptotermes*）。

分布：西班牙、美国、澳大利亚、斐济、印度、马来西亚、科特迪瓦、埃及、马达加斯加、南非、玻利维亚、巴西、智利、萨尔瓦多、委内瑞拉、圭亚那等。

寄主：*Pyemotes boylei*、*Pinus albicalis*、短叶松、长叶松、辐射松、长白松、北美悬铃、甜樱桃、花旗松、*Pycnanthus combo*、白栎、*Quercus digitata*。

形态特征：兵蚁，头及体毛稀疏，体全长 4.6～7.8mm。头壳后部黄色至黑褐色，前部色更深；头顶和额稍呈黑色；触角、上唇、体、足乳白色至淡褐色；前胸背板前缘较黑；复眼淡于周围区；上颚淡黑色。头厚而短钝，极其粗皱；头长略长于最大宽度（头长至颚基 1.46～1.83mm；头最宽 1.25～1.54mm）；侧缘在额脊后内弯，向后渐趋圆，后缘圆弧形；额脊显著而多皱，延伸至或稍超出上颚基部；头顶在额脊中部强烈凹陷；额前部平截，其内陷及皱褶不如头顶，额两侧隆起成皱脊；额瘤短而平，位于额侧脊的基部；颊瘤短；丫形缝可见，清晰或微弱。囟及单眼缺。复眼一对，位于头侧，近圆形；直径约 0.17mm。触角 11～15 节。节 1 和 2 毛稀，其余节毛适度；节 1 最长，圆柱形；节 2 长于节 1 的一半；节 3 最短，4～8 节渐趋长及多毛。节 9 至倒数第 2 节近相等，毛状；最后一节卵圆形，短于并窄于前节。唇基厚，黑色，多皱，前缘圆或平直；上唇宽三角形或舌形，唇端尖或圆；宽于长。上颚厚，短钝，外缘后部隆起，端部略内弯而尖。左颚具2个缘齿，右颚在端部的2/3区内具2~3个缘齿。后颏长于宽，后部1/3处最宽，侧缘中部略内凹，前缘近直形，后侧角圆，后缘中凹。前胸近肾形，窄于至稍宽于头壳不等；宽极大于长（长0.62~1.07mm；宽1.27~1.50mm），前缘具宽深中凹陷，前侧角隆起，两侧圆；后缘具凸感，有或无中央微凹。足距列3∶3∶3，跗节4节，腹部尾须2节，长0.10~0.13mm，第9腹部刺突缺（短，退化，具或缺）（图94）。

**图94　麻头砂白蚁兵蚁、工蚁和
有翅成虫**

（来源：https：//pasiontermitas.com/project/cryptotermes-brevis）

3. 小楹白蚁 *Incisitermes minor*（Hagen）

分类地位：等翅目（Isoptera），木白蚁科（Kalotermitidae），楹白蚁属（*Incisitermes*）。

分布：美国、墨西哥、加拿大、中国、日本等。

寄主：为害多种木材，如松属、栎属、尖果苏木、红枝桤木、刺柏、核桃属、桦木属、美国扁柏、北美红杉等；也可为害桥梁木结构、电缆、图书、棉麻。

形态特征：兵蚁头红棕色，端部及上颚基部深褐色或黑褐色，触角1~3节红棕色，其余各节色淡，胸、足及腹部为浅黄色。头长方形，两侧近平行，背面稍平，头近颚基处外侧有时有三角形突出，有时则平，变化较大，额部稍下陷，并向前倾斜；眼点透明、狭长，位于触角窝后方，有时不清楚；触角10~14节，第3节等于后3节之和，呈棒状。上唇短舌形，较宽短，前端微凸，有数枚长毛；后颏较短宽，前半部宽大，后半部狭窄。前胸宽为长的2倍，前缘中央深凹陷，前侧角近方形，后侧角宽圆，后缘近平直，有时中央略凹（图95、图96）。

图95　小楹白蚁兵蚁背面　　　　图96　小楹白蚁有翅成虫

（来源：https：//www.forestryimages.org/browse/detail.cfm？imgnum=5467191）

4. 欧洲散白蚁 *Reticulitermes lucifugus*（Rossi）

分类地位：等翅目（Isoptera），鼻白蚁科（Rhinotermitidae），散白蚁属（*Reticulitermes*）。

分布：欧、亚、非三大洲交界处。

寄主：多种农林作物如松属、云杉、榕树、李属、桉树、可可、葡萄等。

形态特征：兵蚁体型中小。头壳黄褐色，长方形，头型较短，两侧平行，上被稀疏毛。上颚紫褐色，上唇黄褐色，矛状，具端毛、亚端毛各1对。左上颚长0.94~0.99mm，触角15~16节，后颏宽区位于前段1/4处，腰区收缩指数0.48，最狭区宽0.21~0.23mm，位于中后段，两侧近平行。前胸背板宽约为长的1.58~1.70倍，前后缘中央为宽V形浅凹入，中区毛近20根（图97）。

图97　欧洲散白蚁

（来源：https：//www.asturnatura.com/fotografia/fauna-invertebrados/reticulitermes-lucifugus-1/31312.html）

六、吉丁虫重要种类介绍

1. 栎窄吉丁 *Agrilus angustulus* Illiger

分类地位：吉丁虫科（Buprestidae），窄吉丁属（*Agrilus*）。

分布：欧洲、非洲。

寄主：橡树、鹅耳栎，转主寄主为槭属、七叶树属、桤木、桦木属、栗属、山毛榉属、榛属、长角豆属、核桃属、铁木、榆属。

形态特征：体长 4~6.5mm。前胸腹板沟部平截，鞘翅狭长，没有白点，雄虫第 2 腹板靠近后缘处管状突起，橄榄绿色、深蓝色到褐色（图98）。

图98　栎窄吉丁背面

（来源：https：//www.zin.ru/animalia/coleoptera/eng/agrangkm.htm）

2. 胸斑吉丁虫 *Belionota prasina* Thunberg

分类地位：吉丁虫科（Buprestidae），*Belionota* 属。

分布：中国、印度、越南、缅甸、泰国、马来西亚等。

寄主：凤凰木，以及木棉科植物。

形态特征：体长 23mm，宽约 9mm。前胸、小盾片以及腹面古铜色，鞘翅蓝绿色，无色斑，腹面中央凹槽为金绿色，两侧暗色。额心布满粗刻点，点心具毛，周缘较长；复眼黑褐色，几相接，被头顶短纵脊分开，触角自第四节起下方具栉状毛，并逐渐变细，似短鞭，第三节约为第二节的2.5倍，触角孔分布在锯齿节的两面。前胸横阔，前缘具边和一排白色短毛，凹弧形，后缘波状；后角有火红色斑，至鞘翅前突处为止，红斑之前有一斜横形凹沟，其长超过色斑，沟中具细纵纹；前胸仅中线光滑，其余布满刻点，前后角处尤为粗大。小盾片较大，向后延伸成剑状，布满小刻点。每翅具四条叶脉状脊，翅缝亦具脊，脊之间布满细刻点。鞘翅翅缘完整无齿，末端向后逐渐狭缩，缘角弧形，缝角尖。腹板各节后侧角尖突出成齿状，背面观可见，看似鞘翅侧缘后部具齿。腹部中央具一凹槽，自第一腹板起向后逐渐增大；凹槽两侧光秃，至腹末呈棱状，末端向后尖突成锥状，背面观亦可见。腿节无齿（图99、图100）。

图99　胸斑吉丁虫背面　　　　图100　胸斑吉丁虫头部和
　　　　　　　　　　　　　　　　　　　前胸背板背面

3. 超星吉丁虫 *Chrysobothris superba* **Deyrolle**

分类地位：吉丁虫科（Buprestidae），星吉丁属（*Chrysobohris*）。

分布：泰国、印度尼西亚、马来西亚。

寄主：寄主广泛，主要为松科植物。

形态特征：体长为19mm，宽8.5mm。体形宽大。复眼黑色，前胸背板后角火红色，鞘翅墨绿色，侧缘蓝色，头顶及体下绿色，具金属光泽，金属色随光线不同而有深浅不一。小盾片蓝色，之后的一段翅缝显金黄色，翅上凹陷斑点及前胸大部呈现浅绿色，翅肩部有一绿色纵条纹。复眼后部非常接近，仅隔两列刻点，刻点间有一光滑中线。额中皱纹网状，其余部分刻点大小一致；前胸前部略窄，前缘之后还有两条可辨的横线，侧缘中部狭缩，前部刻点较密，中后部较疏，在中后与后角交界处有若干横纹。中胸背板部分外露有细密横纹，小盾片呈曳尾状菱形，有中纵沟。鞘翅侧缘在肩部以后就具刺，缝角尖；翅上斑点具凹陷，其中刻点比斑点外的粗大，呈现金属光泽，其中第一对斑点在鞘翅前突处之后，最深陷；第二对横形，第三对卵圆形。腹末中央圆凹，雄虫第五腹板中央下凹，雌虫具一纵脊。第1~4节腹板后角尖突，为鞘翅所遮。前足腿节末端有一大而尖的齿，之前有两个棒状齿（图101）。

图101　超星吉丁虫背面

4. 家具窄吉丁 *Agrilus ornatus* Deyrolle

分类地位：吉丁虫科（Buprestidae），窄吉丁属（*Agrilus*）。

分布：老挝、缅甸、菲律宾、泰国、印度尼西亚、澳大利亚、巴布亚新几内亚、所罗门群岛等。

寄主：大果紫檀木等名贵红木。

形态特征：体长7~10mm，深青铜色。前胸腹板前缘波状，边缘侧缘边。鞘翅具横向波状条纹的短柔毛，鞘翅末尾尖（图102~图103）。

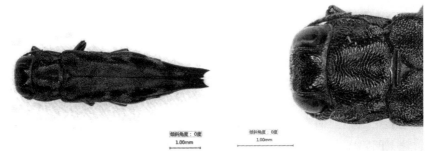

图102　家具窄吉丁背面　　**图103　家具窄吉丁头部和**
　　　　　　　　　　　　　　　　　　　　　　前胸背板背面

七、象甲重要种类介绍

1. 红棕象甲 *Rhynchophorus ferrugineus*（Olivier）

分类地位：象甲科（Curculionidae），隐颏象亚科（Rhynchophorinae），隐颏象属（*Rhynchophorus*）。

分布：印度、印度尼西亚、菲律宾、沙特阿拉伯、泰国、西班牙等。

寄主：包括所有棕榈科植物。其中最为喜好的寄主有：海枣树、椰子树、油棕。

形态特征：雌虫体长 24~32 mm，雄虫体长 22~30 mm。体红褐色，头半球形，深褐色。雌虫喙细长弯曲，背面光滑无毛；雄虫喙背面近端部覆有 1 丛短的褐色毛。触角膝状，着生于喙近基部。前胸后缘宽于前缘，呈浑圆梯形，背面有黑色斑 6 个，分前后行排列各 3 个。鞘翅红褐色，外缘黑色，每一鞘翅上有 6 条纵沟。腹部末端外露（图 104~图 106）。

图 104　红棕象甲背面

图 105　红棕象甲头部和前胸背板侧面　　图 106　红棕象甲鞘翅侧面

2. 棕榈象甲 *Rhynchophorus palmarum*（L.）

分类地位：象甲科（Curculionidae），隐颏象亚科（Rhynchophorinae），

隐颏象属（*Rhynchophorus*）。

分布：北美洲、南美洲。

寄主：主要寄主有椰子、油棕、尤特普毛竹、西米椰子、加拿利海枣、海枣（*Phoenix dactylifera*）、甘蔗；次要寄主有菠萝、牛心番荔枝、面包树、番木瓜、柑橘、杧果、籼稻、香蕉、鳄梨、番石榴、可可。

形态特征：大型黑色甲虫，有明显的雌雄异型现象。雄虫：体长29.0~44.0 mm，宽11.5~18.0 mm，长卵形，背面较平。喙粗壮，短于前胸背板，从背面看，基部宽，端部逐渐变细，在喙背面端部的一半，有粗大直立的黄褐色长毛，触角沟间狭窄，刻点深。触角窝位于喙基部侧面，触角沟宽而深，触角柄节延长，长于索节和棒节之和等于喙长的1/2，索节6节，索节第1节长度等于第2、3节之和，触角棒大，宽三角形。头部球根状，几乎是圆的，后部隐藏在前胸背板内。前胸背板黑色，长大于宽，平坦，无光泽，端部窄缩。中胸前侧片三角形，刻点粗，有细褐色毛。中胸后侧片平坦，有细褐色毛，后胸前侧片大，近似矩形，后胸后侧片小，近似三角形。足黑色，有细刻点。两前基节相距为节宽的1/4，后基节相距远。股节平，末端宽，前股节短于后股节，约等于中股节，胫节略向外弯曲，末端逐渐变细，各胫节有长而弯曲的爪形突和一个小的亚爪形突，亚爪形突长约为爪形突的1/5。前胫节和后胫节等长，但长于中胫节。跗节1为跗节2长的2倍，跗节3膨大，腹面后半部覆盖着浓密褐色海绵状绒毛。爪简单，细长。股节、胫节、跗节3腹面的毛褐色，雄虫足上的毛显著，股节近基部有2~3根长暗色毛。小盾片黑色，大而光滑，长三角形，端部延长，长约等于鞘翅的1/4，前缘凹陷，鞘翅宽于前胸背板，其长为宽的2.5倍。每鞘翅有6条行纹较深，其余行纹较浅，行纹不伸达基部，行间宽为行纹的5~8倍，行间略凸起，后部有浅散的刻点。腹部全黑色，腹面凸起，腹节1短，中部与腹节2并连。臀板黑色，三角形，有中央隆起，基部、边缘和端部具浓密刻点，中间刻点稀疏。雄虫臀板略宽于雌虫。雌虫：体长26~42 mm，宽11~17 mm，外形与雄虫相似，喙端部一半的背面不具长毛，体长卵圆形。第一股节无毛，臀板窄，端部较尖（图107~图109）。

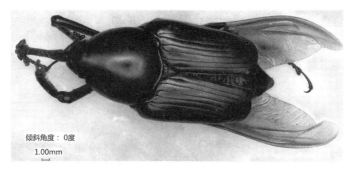

图 107　棕榈象甲背面

图 108　棕榈象甲侧面

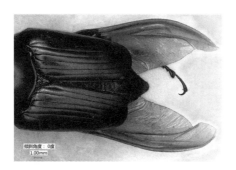

图 109　棕榈象甲鞘翅背面

3. 显纹肿腿象 *Phaenomerus notatus* Pascoe

分类地位：象甲科（Curculionidae），朽木象亚科（Cossoninae），肿腿象属（*Phaenomerus*）。

寄主：不详。

分布：非洲、亚洲。

形态特征：本种为长椭圆形，黑褐色，足为红色，仅后足腿节黑色，长 3.7mm。喙及触角红色。前胸有中脊，两侧有无数光滑的斜线条，其间布满刻点；翅具刻点沟，行间突起；触角着生于喙基 1/4 处，棒节长卵形，与鞭节近等长。前胸和翅均具横生短毛，并形成毛斑，尤以前胸基部中央为明显（图 110、图 111）。

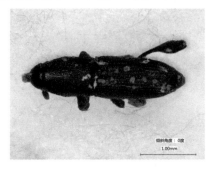 

图 110　显纹肿腿象背面　　　　图 111　显纹肿腿象侧面

4. 欧洲栗象 *Curculio elephas*（Gyllenhal）

分类地位：象甲科（Curculionidae），象甲亚科（Curculioninae），象甲属（*Curculio*）。

分布：欧洲、亚洲、非洲。

寄主：多种栗树、橡树。

形态特征：成虫体长 6~9 mm，披覆棕色鳞片，多黄色斑纹；喙细长，强烈弯曲，雌虫喙与体等长，为雄虫喙长的两倍。幼虫长 15 mm，无足，粗壮，弯曲，乳白色，头部棕色（图 112~图 114）。

 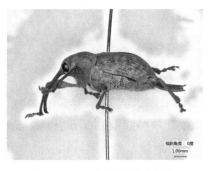

图 112　欧洲栗象背面　　　　图 113　欧洲栗象侧面

图 114　欧洲栗象腹面

5. 松瘤象 *Sipalinus gigas*（Fab.）

分类地位：象甲科（Curculionidae），Dryophthoridae 亚科，*Sipalinus* 属。

分布：日本、韩国、印度尼西亚。

寄主：马尾松、杉、柏、板栗、榆。

形态特征：成虫体长 15～25 mm。体褐色，具黑褐色斑纹。头部散布稀疏刻点。喙较长，向下弯曲，基部 1/3 较粗，灰褐色，粗糙无光泽；触角沟位于喙的腹面，基部位于喙基部 1/3 处。前胸背板长大于宽，具粗大突起，中央有一光滑纵纹。鞘翅基部比前胸宽，鞘翅行间具稀疏，交互着生的小瘤突。足胫节末端有一锐钩（图 115～图 118）。

图 115　松瘤象背面

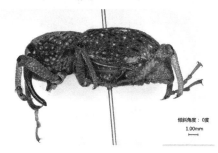

图 116　松瘤象侧面

图 117　松瘤象腹面　　　　图 118　松瘤象鞘翅背面

6. 白缘象甲 *Naupactus leucoloma* Boheman

分类地位：象甲科（Curculionidae），Entiminae 亚科，*Naupactus* 属。

分布：美国、新西兰、澳大利亚。

寄主：该虫食性广泛，能取食数百种植物。

形态特征：雌虫 8~12 mm，体深灰色，鞘翅密被淡黄色短毛，形成纵带，外缘有一白带，头及前胸有两条白带，分布在眼上下。雄虫稍短，8.5 mm，触角和足较雌虫长（图 119、图 120）。

图 119　白缘象甲背面　　　　图 120　白缘象甲侧面

7. 欧洲松树皮象 Hylobius abietis（L.）

分类地位：象甲科（Curculionidae），树皮象亚科（Hylobiinae），树皮象属（*Hylobius*）。

分布：不详。

寄主：青松、樟子松、落叶松、红松。

形态特征：成虫 9~16 mm，鞘翅初为紫褐色，后变红棕色至暗棕色。鞘翅表面具长毛，有黄色鳞片组成的狭长斑，呈不规则线性排列。前胸背板具刚毛，皱纹，有黄色鳞片组成的块斑。头具两块黄色小斑。触角膝状，着生在近喙末端。足胫节末端具强齿（图 121~图 123）。

图 121　欧洲松树皮象背面

图 122　欧洲松树皮象侧面　　　　图 123　欧洲松树皮象腹面

8. 松带木蠹象 *Pissodes castaneus*

分类地位：象甲科（Curculionidae），树皮象属（*Pissodes*）。

分布：欧洲、美洲。

寄主：银杉、高加索冷杉、欧洲落叶松、挪威云杉、北美短叶松、扭叶松、地中海松、黑松、海岸松、意大利伞松、辐射松、北美乔松、樟子松、火炬松、乔松、红豆杉。

形态特征：体长 5.0~11.0 mm；膝状触角着生在喙中间；腿节无刺；大的标本类似于小个体的欧洲松树皮象，但欧洲松树皮象的触角着生在喙前端，腿节侧面具刺；红棕色至深棕色；鞘翅具两个横向鳞片斑块，前两个斑块淡黄色，中间间断，后两个斑块白色或灰白色，侧面黄色，不间断（图 124~图 126）。

图 124 松带木蠹象背面　　　　**图 125 松带木蠹象侧面**

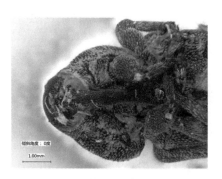

图 126 松带木蠹象头部腹面

八、树蜂重要种类介绍

1. 云杉树蜂 *Sirex noctilio* （Fab.）

分类地位：树蜂科（Siricidae），树蜂亚科（Siricinae），树蜂属（*Sirex*）。

分布：欧洲、非洲、亚洲、大洋洲。

寄主：云杉树蜂主要危害松属种类，特别是辐射松；也危害云杉属、冷杉属、落叶松属以及美国花旗松等种类。

形态特征：体长 9~36 mm。体粗圆柱形，雌雄两性的中后部都尖。成虫具 2 对黄色的膜质翅。雌虫：除足为红褐色外，身体的其他部分为蓝绿色，从腹部下面伸向后方刺状突出物不用时起到保护产卵器的作用。雄虫：腹部中间的部分为橘黄色，后足粗，几乎全部为黑色（图 127~图 129）。

图 127　云杉树蜂成虫

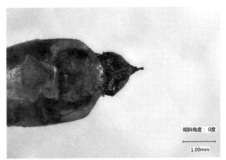

图 128　云杉树蜂头部　　　　图 129　云杉树蜂腹部末端

2. 蓝黑树蜂 *Sirex juvencus*（L.）

分类地位：树蜂科（Siricidae），树蜂亚科（Siricinae），树蜂属（*Sirex*）。

分布：欧洲、北美洲、大洋洲、亚洲。

寄主：云杉；国外记载有松和冷杉。

形态特征：雌虫体长 14~30 mm，蓝黑色，具金属光泽。触角基部几节红褐色，其余部分黑色，但有些个体触角全为黑色，足除基节和转节外全为黄褐色至红褐色。翅端部微具浅褐色，翅脉褐色。头部、前胸背板和中胸背板刻点密集；中胸前侧片刻点间距离大于刻点本身直径；产卵管腹面中部刻点间距离是刻点本身直径的 3 倍。前胸背板前缘中部下陷，形成一约 45°的斜坡。雄虫体长 12~28 mm。腹部背板端半部红褐色，有些个体腹部末端为蓝黑色；后足胫节和基跗节黑色。其他特征如雌虫（图 130~图 132）。

图 130　蓝黑树蜂成虫

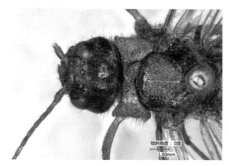

图 131　蓝黑树蜂成虫头部

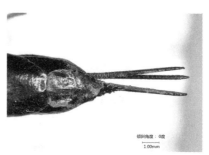

图 132　蓝黑树蜂成虫腹部末端

九、其他部分重要有害生物的检疫鉴定

1. 红火蚁 *Solenopsis invicta* Buren

分类地位：膜翅目（Hymenoptera），蚁科（Formicidae），火蚁属（*Solenopsis*）。

分布：亚洲、北美洲、大洋洲。

形态特征：红火蚁隶属切叶蚁亚科（Myrmicinae），该亚科的蚂蚁结节2节。红火蚁的品级有雌、雄繁殖蚁和无生殖能力的工蚁，工蚁又分为大型工蚁（兵蚁）和小型工蚁（工蚁）。体型大小呈连续性多态型。红火蚁成虫体长约3~6 mm，头部宽小于腹部宽。有翅雌成虫棕红色，有翅雄成虫黑褐色。小型工蚁（工蚁）：体长2.5~4.0 mm。头、胸、触角及各足均为棕红色，腹部常呈棕褐色，腹节间色略淡，腹部第2、3节腹背面中央常具有近圆形的淡色斑纹。头部略呈方形，复眼细小，由数十个黑色小眼组成，位于头部两侧上方。触角共10节，柄节最长，但不达头顶，鞭节端部

2 节膨大成棒状，常称锤节。额下方连接的唇基明显，两侧各有齿 1 个，唇基内缘中央具三角形小齿，小齿基部着生刚毛 1 根。上唇退化。上颚发达，内缘有数个小齿。额部具三角形或 Y 形暗褐色斑。前胸背板前端隆起，前、中胸背板的节间缝不明显；中、后胸背板的节间缝明显，胸腹连接处有两个结节，第 1 结节呈扁锥状，第 2 结节呈圆锥状。腹部卵圆形，可见 4 节，腹部末端有螯刺伸出。大型工蚁（兵蚁）：体长 6~7 mm。形态与小型工蚁相似，体橘红色，腹部背板色略深，上颚发达，黑褐色，体表略有光泽，体毛较短小，螯刺常不外露。红火蚁兵蚁头部比例较小，后头部较平，无凹陷；而热带火蚁兵蚁头部比例较大，后头部凹陷明显（图 133~图 136）。

图 133　红火蚁背面

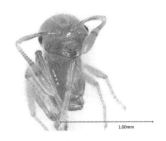

图 134　红火蚁正面

图 135　红火蚁侧面

图 136　红火蚁头部

2. 美国白蛾 *Hyphantria cunea*（Drury）

分类地位：鳞翅目（Lepidoptera），灯蛾科（Arctiidae），白灯蛾属（*Hyphantria*）。

分布：原分布于美洲，现扩展至欧洲、亚洲。

寄主：寄主广泛，食性很杂，可为害果树、林木、灌木、农作物等200多种植物，分属于约37个科。最嗜食的植物有桑、白蜡、复叶槭、法桐、杨、柳、苹果、泡桐、臭椿、杏、山楂、榆等，其次为胡桃、樱桃、桃、李、柿、海棠等。

形态特征：美国白蛾的红头型与黑头型在形态上的主要区别在于红头型幼虫的头和背部毛瘤呈橘红色，而黑头型幼虫的头和背部毛瘤为黑色。黑头型特征如下：成虫的雄虫翅展33~45 mm，雌虫23~35 mm。头部密被白色长毛；雄虫触角双栉齿状，雌虫锯齿状；复眼大而突出，黑色，有单眼；下唇须小；喙短而弱。翅的底色为纯白色，雄虫前翅由无斑到有多数的暗褐色斑，雌虫翅无斑或斑点较少。在1年发生2代的地区，春季由越冬蛹羽化出的成虫翅斑较多，夏季羽化的成虫翅斑较退化。前翅 R_1 脉由中室单独发出，R_2-R_5 共柄；M_1 由中室前角发出，由中室后角上方发出；Cu_1 由中室后角发出。后翅 $Sc+R_1$ 由中室前缘中部发出；Rs 和 M_1 由中室前角发出；有一短的共柄，由中室后角上方发出；Cu_1 由中室后角发出。前足基节及腿节端部橘黄色，胫节及跗节大部黑色；胫节有两个端刺，一个长而弯曲，另一个短而直。后足胫节仅有一对端距，缺中距。雄性外生殖器的钩形突向腹方弯曲呈钩状，基部颇宽；抱握瓣对称，具一发达的中央突；阳茎稍弯，顶端着生微刺突；阳茎基环呈梯形板状；基腹弧近"U"形（图137、图138）。

图137　美国白蛾成虫

（来源：https：//www.forestryimages.org/browse/detail.cfm？imgnum＝1635174）

图 138　美国白蛾幼虫

（来源：http：//duggiehoo.deviantart.com/art/Hyphantria-cunea-427915808）

3. 松突圆蚧 *Hemiberlesia pitysophila* Takagi

分类地位：同翅目（Homoptera）、盾蚧科（Diaspididae）、突圆蚧属（*Hemiberlesia*）。

分布：中国、日本。

寄主：主要为马尾松、湿地松、火炬松、加勒比松原变种、加勒比松巴哈马变种、加勒比松洪都拉斯变种、卵果松、展松、短叶松、卡锡松、晚松、光松、裂果沙松、南亚松和黑松。

形态特征：雌成虫介壳多为蚌形或近椭圆形或稍有不规则变化，大小约为 1.0mm×1.2mm。雌成虫：倒梨形，淡黄，长约0.8mm，宽约0.7mm，体侧第2~4节稍凸出。臀板宽而呈半圆形。硬化虫体除臀板外均为膜质。触角疣状，上有毛1根。口器发达，胸气门2对，中臀叶粗大，端部平，外侧一大凹缺，内侧一较小凹缺，基部的硬化部分深入臀板。两中臀叶间距离约为叶宽的1/3，第二臀叶斜向内，小而硬化，第三臀叶全无。臀栉不发达但明显，均细长如刺，在中臀叶间2个，中臀叶和第二臀叶间2个，第二臀叶前6个。背腺管细长，中臀叶间1个，中臀叶和第二臀叶间3个，第二臀叶前2纵列；在第6和第7腹节间1列，4~8个，在第5和第6腹节1列，5~7个。雄成虫：淡黄，体长约0.8 mm，宽约0.22 mm。复眼黑褐色。触角10节，基部2节淡黄，其余各节浅黑褐色。胸部背面有一黑褐横纹。足浅灰色。前翅长，翅脉2条，翅展约1.2mm。后翅退化成平衡棒，束端有毛1根，腹末有长交尾器（图139、图140）。

图 139　松突圆蚧为害状

（来源：http：//cn.chinagate.cn/environment/2015-06/08/content_ 35768632_ 18.htm）

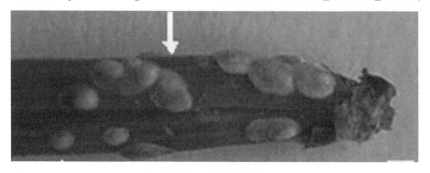

图 140　松突圆蚧

（来源：https：//journals.plos.org/plosone/article/figure？ id = 10.1371/journal. pone. 0023649.g001）

4. 松材线虫 *Bursaphelenchus xylophilus*（Steiner & Buhrer）

分类地位：滑刃目（Aphelenchida）、滑刃科（Aphelenchoididae）、伞滑刃属（*Aphelenchoides*）。

分布：中国、日本、韩国、葡萄牙、美国、墨西哥等。

寄主：通过调查和人工接种研究，松材线虫可寄生 107 种针叶树，其中松属植物 80 种（变种、杂交种），雪松属、冷杉属、云杉属、落叶松属和黄杉属等非松属针叶植物 27 种。自然条件下感病的松属植物 45 种（中国 9 种），非松属植物 13 种；人工接种感病的松属植物 18 种，非松属植物 14 种。

形态特征：雄虫：热力杀死后虫体呈"J"形；头部缢缩；口针细长，13μm 左右，基部稍增厚但不形成基部球；中食道球卵圆形，占体宽 2/3 以上，食道腺长叶状覆盖在肠背面；排泄孔位于食道和肠交接处；半月体在排泄孔后 2/3 体宽处。尾部侧面观呈鸡爪状向腹部弯曲，交合刺大，弓状，成对，喙突显著，交合刺远端有盘状突，端生交合伞卵圆形（背、腹面观）。雌虫：热力杀死后成弓形，前部特征和雄虫相似。阴门开口于虫体中后部 70% 左右处，开口处有向后延伸的阴门前唇——阴门盖。尾部亚圆锥状，尾端指状，偶尔有尾尖突，尾尖突位于虫体尾部正中间，长约 1~2μm（不超过 2μm）（图 141~图 145）。

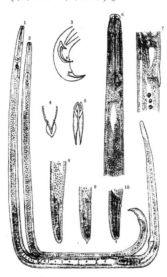

图 141　松材线虫特征图

（来源：仿 Mamiya 等 1972 和 Nickle 等，1981）

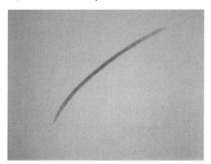

图 142　松材线虫幼虫形态图

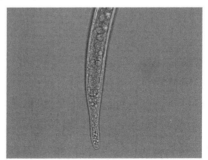

图 143　松材线虫尾部

 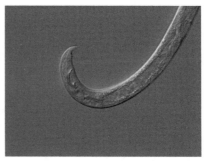

图 144　松材线虫头部　　　　图 145　松材线虫雄虫尾部

5. 椰心叶甲 *Brontispa longissima*（Gestro）

分类地位：鞘翅目（Coleoptera），铁甲科（Hispidae），*Brontispa* 属。

分布：亚洲、大洋洲。

寄主：椰子、槟榔、假槟榔、山葵、省藤、鱼尾葵、散尾葵、西谷椰子、大王椰子、棕榈、华盛顿椰子、卡喷特木、油椰、蒲葵、短穗鱼尾葵、软叶刺葵、象牙椰子、酒瓶椰子、公主棕、红槟榔、青棕、海桃椰子、老人葵、海枣、斐济桐、短蒲葵、红棕榈、刺葵、岩海枣、孔雀椰子、日本葵、克利巴椰子等棕榈科植物，其中椰子为最主要的寄主。

形态特征：体扁平狭长，雄虫比雌虫略小。体长 8~10mm，宽约2mm。触角粗线状，11 节，黄褐色，顶端 4 节色深，有绒毛，柄节长 2 倍于宽。触角间突超过柄节的1/2，由基部向端部渐尖，不平截。沿角间突向后有浅褐色纵沟。头部红黑色，头顶背面平伸出近方形板块，两侧略平行，宽稍大于长。前胸背板黄褐色，略呈方形，长宽相当。具有不规则的粗刻点。前缘向前稍突出，两侧缘中部略内凹，后缘平直。前侧角圆，向外扩展，后侧角具一小齿。中央有一大的黑斑。鞘翅两侧基部平行，后渐宽，中后部最宽，往端部收窄，末端稍平截。中前部有 8 列刻点，中后部 10 列，刻点整齐。鞘翅有时全为红黄色，有时后面部分（比例变化较大）甚至整个全为蓝黑色，鞘翅的颜色因分布地不同而有所不同。与本属近缘种的主要区别为：触角粗线状，没有任何一节呈锯齿状，头中间部宽过于长，雌雄二性角间突长超过柄节的1/2。前胸长宽相当，刻点多超过100，侧角圆且略向外伸，角内侧无小齿或细小突起，鞘翅刻点大多数窄于横向间距，刻点间区（除两侧和末梢外）平坦（图146~图149）。

图 146　椰心叶甲背面　　　　　图 147　椰心叶甲腹面

图 148　椰心叶甲鞘翅　　　　图 149　椰心叶甲头部及前胸背板

6. 舞毒蛾 *Lymantria dispar*（**L.**）

分类地位：鳞翅目（Lepidoptera），毒蛾科（Lymantriidae），毒蛾属（*Lymantria*）。

分布：亚洲、欧洲、北美洲等。

寄主：舞毒蛾的幼虫可取食近 500 种树木或其他植物的叶片，其成虫的口器退化，不需要取食，寄主植物主要包括：落叶松属、苹果、柿、梨、李、桃、杏、樱桃、板栗、橡、白杨、柳、桑、榆等，最喜食栎、橡树叶，对其他树木也常造成严重的危害。

形态特征：舞毒蛾成虫雌雄异型。雄蛾体长 16～21mm，翅展 37～54mm。头部、复眼黑色，下唇须向前伸，第 2 节长，第 3 节短。后足胫节有 2 对距。前翅灰褐色或褐色，有深色锯齿状横线，中室中央有 1 个黑褐色点，横脉上有一弯曲形黑褐色纹。前后翅反面呈黄褐色。雌蛾体长 22～30 mm，翅展 58～80 mm。前翅黄白色，中室横脉明显具有 1 个“<”形黑色褐纹。其他斑纹与雄蛾近似。前后翅外缘每两脉间有 1 个黑褐色斑点。

雌蛾腹部肥大,末端着生有黄褐色毛丛。幼虫:舞毒蛾1龄幼虫头宽约0.5 mm,体黑褐色,刚毛长。刚毛中间具有呈泡状扩大的毛,称为"风帆",是减轻体重、易被风吹扩散的构造;2龄幼虫头宽约1 mm,黑色,体黑褐色,胸、腹部显现出2块黄色斑纹;3龄幼虫头宽约1.8 mm,黑灰色,胸、腹部花纹增多;4龄幼虫头宽约3 mm,褐色,头面出现明显2条黑斑纹;5龄幼虫头宽4.4 mm,黄褐色,虫体花纹与4龄近似;6龄和7龄幼虫头宽约5.3~6 mm,头部淡褐色,散生黑点,"八"字形黑色斑纹宽大,背线灰黄色,亚背线、气门上线及气门下线部位各体节均有毛瘤,共排成6纵列,背面2列毛瘤色泽鲜艳,前5对蓝色,后7对为红色。蛹体长19~34mm,雌蛹大,雄蛹小。体红褐色或黑褐色,被有锈黄色毛丛(图150~图151)。

图 150　舞毒蛾成虫

(来源:https://www.butterfliesand-motHS.org/species/Lymantria-dispar)

图 151　舞毒蛾幼虫

(来源:https://tyt.lt/picture/29742-img_ 2900)

7. 散大蜗牛 *Helix aspersa* Muller

分类地位:柄眼目(Stylommatophor)、大蜗牛科(Elicidae)、大蜗牛属(*Helix*)。

分布:中国、日本。

寄主:散大蜗牛几乎以各种绿色植物为食,取食蔬菜、花卉、果树、观赏植物和杂草,有时也取食动物尸体和废纸。在美国佛罗里达州东南戴维地区(1969)鉴定的寄主包括:加利福尼亚黄杨木(*Burus micophyla*)、文珠兰属植物(*Crinm* sp.)、意大利柏树(*Cupres smperirers*)、银华树(*Grila* sp.)、木槿(*Hibiscus* sp.)、刺柏(*Juniperus* spp.)、玫瑰(*Rosa* sp.）和其他未经确认的植物。Gunn（1924）在南非鉴定了 49 种寄主植物。蔬菜包括：甘蓝、胡萝卜、花椰菜、芹菜、蚕豆、甜菜、球芽甘蓝、莴苣、饲料甜菜、洋葱、豌豆、萝卜、西红柿、芜菁。禾谷类植物包括：大麦、燕麦、小麦。花卉包括：香雪球、金鱼草、紫菀、凤仙花、康乃馨、屈曲花、菊花、石竹属植物、大丽花属植物、翠雀花、蜀葵、翠雀、百合花、雏菊、木樨草、旱金莲、三色紫罗兰、钓钟柳、矮牵牛花、草夹竹桃属植物、紫罗兰、甜豌豆、马鞭草、鱼尾菊。果树包括：苹果、杏树、橘柑、桃树、李树。灌木包括：芙蓉、木兰和玫瑰。

形态特征：贝壳大型，呈卵圆形或球形，壳质稍薄，不透明，有光泽；贝壳表面呈淡黄褐色，有稠密和细致的刻纹，并有多条（一般是 5 条）深褐色螺旋状的色带，阻断于与其相交叉的斑点或条纹处。贝壳有 4.5~5 个螺层。壳高 29~33 mm，壳宽 32~38 mm，壳面有明显的螺纹和生长线，螺旋部矮小，体螺层特膨大，在前方向下倾斜，壳口位于其背面。壳口完整，卵圆形或新月形，口缘锋利。蜗牛体宽 2.5 cm，呈黄褐色到绿褐色，头部和腹足爬行时伸展长度可达 5~6 cm。从触角基部到贝壳之间有一条浅色的线条（图 152、图 153）。

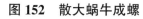

图 152　散大蜗牛成螺　　　图 153　散大蜗牛成螺

8. 非洲大蜗牛 *Achatina fulica* Bowditch

分类地位：柄眼目（Stylommatophor）、玛瑙螺科（Achatinidae）、玛瑙螺属（*Achatina*）。

分布：亚洲、北美洲、南美洲、非洲等。

寄主：木瓜、木薯、仙人掌、面包果、橡胶、可可、茶、柑橘、椰子、菠萝、香蕉、竹芋、番薯、花生、菜豆、落地生根、铁角藏、谷类植物等 500 多种植物。

形态特征：贝壳大型，壳质稍厚，有光泽，呈长卵圆形。壳高130mm，壳宽54mm。有6.5~8个螺层，各螺层增长缓慢，螺旋部呈圆锥形，体螺层膨大，其高度约为壳高的3/4。壳顶尖，缝合线深，壳面为黄或深黄底色，带焦褐色雾状花纹，胚壳一般呈玉白色，其他各螺层有断续的棕色条纹，生长线粗而明显。壳内为淡紫色或蓝白色。体螺层上的螺纹不明显，各螺层的螺纹与生长线交错。壳口呈卵圆形，口缘简单、完整，外唇薄而锋利，易碎，内唇贴覆于体螺层上，形成"S"形的蓝白色胼胝部。轴缘外折，无脐孔。螺体足部肌肉发达，背面呈暗棕黑色，跖面呈灰黄色，黏液无色。螺体色泽变化很大，一般为黑褐色，但也有白色且能稳定遗传的变异品种，螺体色泽不能作为鉴定的依据（图154）。

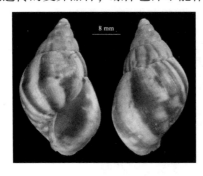

图154　非洲大蜗牛

（来源：周卫川的蜗牛鉴定技术资料）

9. 地中海白蜗牛 *Cernuella virgata*（Da Costa）

分类地位：柄眼目（Stylommatopgora）、湿螺科（Hygromiidae）、白蜗牛属（*Cernuella*）。

分布：欧洲、北美洲、大洋洲、非洲。

寄主：主要危害麦类、玉米、豆类、柑橘类等农作物和多种牧草。

形态特征：贝壳特征：贝壳白色或微黄色，有时略带红色，通常在上部有两条褐色条带，下部有3~4条狭窄条带。有明显的圆锥形螺旋部。一般有5~6 1/2个螺层，各螺层膨胀略呈凸形，最后一个螺层（体螺层）圆形，其周缘圆滑。体螺层上有无数不规则排列的，从细到中等粗细的生长线，有些个体体螺层下部有螺纹。壳口圆形，少数是椭圆形（非常大的标本），有中等厚度的内肋。唇白色或略带红色，边缘不反转。脐孔形状多变，但通常是开放的，不被轴缘遮盖。直径是壳宽的 1/10~1/6，有时不位于中心。壳高 6~19 mm，壳宽 8~25 mm。不同产地的贝壳标本，其大小和颜色变化很大，常有不规则的褐色或淡黄褐色色带。有些标本只在缝合线处有单一的色带，壳面完全白色且无色带的贝壳标本极其少见。壳宽大小也常有变化。幼螺在体螺层下部没有螺纹。软体特征：软体浅灰色，略带红色或淡黄色，背部黑色，有大的结节，外套膜红棕色，触角浅灰色，透明，长约 8 mm（图 155~图 156）。

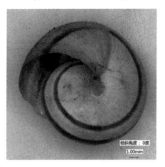

图 155　地中海白蜗牛　　　图 156　地中海白蜗
成螺贝壳腹面观　　　　　牛成螺贝壳顶面观

10. 白蜡鞘孢菌 *Hymenoscyphus fraxineus*（T. Kowalski）Baral, Queloz & Hosoya

分类地位：*Chalara fraxinea* 是白蜡枯梢病菌的异名，该病菌隶属子囊菌门（Ascomycota），盘菌亚门（Pezizomycotina），锤舌菌纲（Leotiomycetes），锤舌菌亚纲（Leotiomycetidae），柔膜菌目（Helotiales），蜡钉菌科（Helotiaceae），膜盘菌属（*Hymenoscyphus* Gray）。

分布：欧洲。

寄主植物：自然条件下可感染该病害的植物主要是木樨科（Oleaceae）白蜡属（*Fraxinus*）的 9 个种（品种）。分别是欧洲白蜡（*Fraxinus excelsior*）、垂枝欧洲白蜡（*Fraxinus excelsior Pendula*）、窄叶白蜡（*Fraxinus angustifolia*、）多瑙窄叶白蜡（*Fraxinus angustifolia* subsp. *Danubialis*、）花白蜡（*Fraxinus ornus*）、黑白蜡（*Fraxinus nigra*）、洋白蜡（*Fraxinus pennsylvanica*）、美国白蜡（*Fraxinus americana*）、水曲柳（*Fraxinus mandschurica*）。

传播渠道：在自然界，白蜡枯梢病菌能产生子囊孢子，病菌主要通过分生孢和子囊孢子在空气中的扩散作近距离传播。人为传播，主要随寄主植物的种子、苗木以及插条、接穗等繁殖材料作远距离传播。

危害症状：白蜡枯梢病一般侵染枝梢和茎部，发病初期症状表现为叶片萎蔫坏死，枝条或茎秆部出现小的坏死斑，树皮溃烂、坏死，病斑逐步扩大，导致茎秆萎蔫、枝梢枯萎，树冠顶部死亡乃至树木整株死亡。各个树龄白蜡树的枝条、茎均可染病，2~10年生的白蜡树染病后很快枯死，老龄树染病几年后也会死亡（图157~图160）。

图157　白蜡枯梢病 枝条上为害状

（来源：https：//www. forestryimages. org/index. cfm）

图158　白蜡枯梢病茎秆上为害状

（来源：https：//www. forestryimages. org/index. cfm）

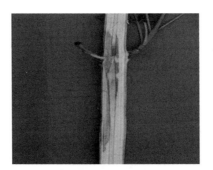

图159　病原菌在白蜡树枝干引起的溃疡

（来源：https：//www. forestryimages. org/index. cfm）

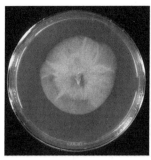

图 160　病原菌的菌落及菌丝形态特征

（来源：https://www.forestryimages.org/index.cfm）

病原菌形态：麦芽提取物琼脂（MEA）上的菌落呈棉状、白色、橙棕色或黄褐色，背面呈棕色，与孢子有关的区域呈灰色；低温培养可诱导产孢；生长缓慢，在 20℃下每天约 1 mm，尽管培养物在含白蜡树叶的 MEA 上生长更快，形态更稳定；菌丝宽 1.0~3.0μm，近透明到橄榄棕色。瓶梗托散生，有隔，分枝或不分枝，橄榄棕色。瓶孢子柄近圆柱形至倒棒状，长 16~24μm，橄榄褐色；腹面圆柱形至椭球形，11~15×4~5μm；囊领圆筒状，5~7×2.0~2.5μm。分生孢子短圆柱形，透明至次透明，无隔膜，壁光滑，2.0~4.0×2.0~2.5μm，末端截形或圆形，有时边缘有小褶皱，存在于液滴中，初生孢子略长。

子囊果分散、浅薄、白色至奶油状，随着后期和干燥后变成黄褐色，从掉落的柄部或死的枝杈的变黑区域产生；扁平，直径 1.5~3.0 mm，柄 0.4~2.0×0.2~0.5 mm，基部扩大或狭窄，基部经常黑色。侧丝圆柱状，厚 2.0~2.5μm，在先端增大到 3μm，隔，透明，微黄色。子囊筒状棍棒状，具柄，80~107×6~12μm，8 个孢子。子囊孢子不规则双尖形，梭状椭圆形，上宽圆形，下窄，直或稍弯曲，13~17（-21）×3.5~5.0μm，子囊内透明无菌落，在 MEA 上有 1（-2）隔，呈褐色。

11. 栎树猝死病菌 *Phytophthora ramorum* Werres，De Cock & Man in't Veld

分类地位：卵菌纲（Domycetes），腐霉目（Pythiales），腐霉科（Pythiaceae），疫霉属（*Phytophthora*）。

分布：欧洲、北美洲。

寄主：栎树猝死病菌寄主范围十分广泛。根据美国的研究，迄今为止自然界发现有栎树猝死病菌为害，并通过柯赫氏法则证明的寄主植物有 45 种；还有 62 种相关寄主植物是在自然界发病，分离培养和（或）PCR 分子检测法检测到 P. ramorum，但未通过柯赫氏法则证明的植物；另外还有许多植物已通过人工接种试验发病。寄主植物的名单还在不断地扩大。主要寄主为壳斗科的栎树、石栎、黑栎，海岸栎、黄鳞栎等，杜鹃花科的杜鹃花属、加州越橘、美国草莓、马醉木等，山茶科的山茶属，槭树科的槭树，忍冬科的加州忍冬等，七叶树科的加州七叶树，樟科的加州桂，松科的花旗松，杉科的北美红杉，以及报春花科、蔷薇科、桦木科等植物。

为害症状：不同寄主的发病症状各异。其中在栎树上表现如下，树干：从树干渗出暗红至黑色的黏性流胶（渗出性溃疡或焦油状点）是 P. ramorum 出现的特征，通常发生在较低部位的树干上。流胶部位的下面可出现凹陷或平坦的溃疡。当外部的树皮由于渗出性溃疡而脱落时，可显现出坏死的褐色内层树皮组织呈斑驳状（有时与韧皮部组织氧化变红相混淆），坏死区域的边缘有黑环围绕。在幼嫩或细小的树上，病健交界边缘明显。叶：树干上的坏死病斑环绕成圈时，可导致树木猝死，叶片也会迅速变色，并遍布全树，树叶死后仍悬挂在枝条上（图 161~图 163）。

图 161　栎树猝死病树皮表面为害状

（来源：https：//www.forestryimages.org/index.cfm）

图 162　栎树猝死病茎秆上为害状

（来源：https：//www.forestryimages.org/index.cfm）

图 163　栎树猝死病叶片上为害状

（来源 https：//www.forestryimages.org/index.cfm）

病原菌形态：*P.ramorum* 的生长速度相对较慢，在 PARP-V8 和 CPA 上为 2~3mm/d。PARP-V8 上的菌落稀薄，菌丝在培养基间生长，珊瑚状，气生菌丝极少；CPA 上菌落呈同心环，稍稀疏，气生菌丝不多。V8 培养基上生长较好，菌落致密，平铺。*P.ramorum* 生长 3d 后开始产生大量的厚垣孢子，分生孢子囊在有光照时可大量生成。菌丝多节，高度分枝，弯曲，成树枝状结构，产生分生孢子囊、厚垣孢子和卵孢子。分生孢子囊大多为椭圆形、纺锤体形或长卵形，有半乳突，易脱落，无柄或具有短柄，长×宽为（25~97）μm×（14~34）μm，平均 24μm×52μm，长宽比平均为 1.8~2.4，分生孢子囊较长的特征是它与其他近似种区分的重要特性。厚垣孢子由菌丝端产生，球形，壁薄，在培养基上先为透明，然后发展至浅褐色、褐色，形态很大，平均 46.4~60.1μm，最大可达 88μm，厚垣孢子大、产生丰盛也是它的主要特征之一。病菌为异宗配合，卵孢子大小平均为 27.2~31.4μm。

检疫鉴定：植物上的症状相当普遍，很容易与其他疫霉菌种或其他真菌疾病引起的症状相混淆。需要使用培养或分子诊断来确认病原体的存在。

（1）症状检查

检验苗木时，主要查验枝梢和叶部。杜鹃花等花卉的症状为叶片上有黑褐色病斑，茎部有凹陷溃疡斑，枝梢和叶常出现枯萎。检验栎树等原木木材时，重点查验溃疡斑。溃疡凹陷或平坦，常有暗红至黑色的黏性流胶渗出，树皮内部组织褪色，坏死区域的边缘有黑环围绕。取有疑似症状的植物的叶、枝、树皮、根等做分离培养。

土壤和栽培介质也是传播病菌的主要途径，因此要收集被携带进境的土壤和栽培介质，做诱集。

（2）分离培养及诱集

分离培养：切取植物组织的病健交界处 5~10 mm，采用 0.5%次氯酸钠消毒 2~3min，在选择性培养基 PARP-V8 和胡萝卜丝培养基 CPA 上，20~22℃黑暗培养。如有白色真菌菌落出现，可转入 V8 培养基上 20℃ 12h 光照/12h 黑暗培养。

诱集：塑料盒中放入土壤或介质，加入 2 倍体积的无菌双蒸水，将数张健康的杜鹃叶片（国内市场上杜鹃品种即可）流水冲洗干净，滤纸吸干水分，叶面朝上漂放在水上，盖上盒盖，15℃ 12h 光照/12h 黑暗培养。3d 后开始检查，取有失绿或水浸状斑的叶片，切取病健交界处，在胡萝卜丝培养基 20~22℃黑暗培养。

（3）分子生物学方法

2004 年 Hayden 等建立了 *P. ramorum* 的常规 PCR 方法，采用的引物为 Phyto1：5'-CATG-GCGAGCGCTTGA-3' 和 Phyto4：5'GAAGCCGCCAACACA AG-3'，产物为 687 bp。此外，还建立实时荧光 PCR 检测法，引物为 Pram-5：5'-TTAGCTTCGGCTGAACAATG-3'，Pram-6：5'-CAGCTACGGTTCACCAGTCA-3'，TaqMan 探针序列：Pram-7：5'-ATGCTTTTTCTGCTGTGGCGGTAA-3'。2004 年 Kong 等建立利用 rDNA 的 ITS1 区域的单链构型多态性分析（SSCP）来快速鉴定 *P. ramorum* 的分子检测方法，该方法可以间接地区分出在遗传、形态和生态学上比较相近的

种。2005 年 Tooley 等利用 *P. ramorum* 的线粒体 DNA 序列，建立了栎树猝死病菌的实时荧光 PCR 检测方法，检测灵敏度为 1fg 基因组 DNA。

2005 年 Hughes 等也建立栎树猝死病菌的荧光 PCR 检测方法，引物序列 Pram114-FC：5'-TCATGGCGAGCGCTGGA-3'，Pram1527-190-R：5'-AGTATATTCAGTATTTAGGAATGGGTTTAAAAAGT-3'，TaqMan 探针序列：Pram 1527-134-T：5'-TTCGGGTCTGAG CTAGTAG-3'。2007 年 Bilodeau 等针对栎树猝死病菌和同属其他种的 ITS 区域，β-tubulin 和 elicitin gene 区域设计的通用引物和 *P. ramorum* 的特异引物，利用分子信标、*Taq*Man 和 SYBR Green 来对栎树猝死病菌进行实时荧光 PCR 检测。

12. 多年异担子菌 *Heterobasidion annosum* （Fr.）Bref.

分类地位：多年异担子菌（*Heterobasidion annosum*）也称松干基白腐病菌，属于担子菌纲（Basidiomycetes），异担子菌亚纲（Heterobasidiae），异担子菌属（*Heterobasidion*）。

寄主：北美翠柏、欧洲落叶松、欧洲云杉、西加云杉、海岸松、石松、欧洲赤松、花旗松。

分布：欧洲、北美洲、大洋洲。

为害症状：腐朽的早期阶段是在木材上形成黄棕色或红棕色的污迹，当病害进一步加深时，木材变轻，且变成白色的纤维质或海绵状，其上还有许多黑色的斑点，生长方向与木材的纹理相平行。该病害常会引起维管系褐变。最终木材被完全降解，留下一个中空的大洞。腐朽部分可以再向干部延伸 10~15 m，在腐朽的根部表面经常可见小块的、奶油色的菌丝状脓包层。

病原菌形态：子实体，又称为担子果，由白色的小纽扣状菌丝垫形成。多年生的担子果在被侵染的植株基部或树桩上产生，伞形，不规则，表面淡红黑色，边缘为白色，下表面乳白色且由很多小孔组成。当担子果断裂开时，可看见很多叠层的菌管。

担子果可以产生有性孢子（担孢子），大小为（4~6）μm×（3~4.5）μm。担孢子单胞，无色，卵圆形。通常包含 2 个细胞核，细胞壁很薄，表面微糙。无性阶段为 *Spiniger meineckellus*，自然条件下可以发生，产生分生孢子，光滑，（3.8~6.6）μm×（2.8~5.0）μm，具 1~4 个细胞核，着生于分生孢子梗上。

　　检疫鉴定：2002 年，G. Bahnweg 等基于 *Heterobasdion annosum* 的 rDNA-ITS 区设计了一对能检测 *Heterobasidion* 属杂交不育类群的特异性引物 HET-7/HET-8，可以成功地从受污的根部检测出病菌，灵敏度为 lpg 病菌 DNA（图 164、图 165）。

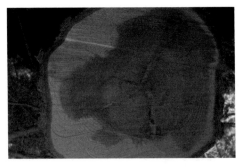

图 164　多年异担子菌引起的褐变

（来源：https：//www. forestryimages. org/index. cfm）

图 165　多年异担子菌的担子果

（来源：https：//www. forestryimages. org/index. cfm）

参考文献

———◇———

［1］张方文，于文吉．木质包装材料的发展现状和前景展望［J］．包装工程，2007（2）：27-30；33.

［2］安榆林，钱路，徐梅，等．外来林木有害生物疫情截获分析与建议［J］．植物检疫，2010，24（3）：45-49.

［3］张玉萍．我国木制品标准体系的研究［D］．北京：中国林业科学研究院，2012.

［4］戚龙君，宋绍祎，严振汾，等．热处理杀灭木质包装中松材线虫的技术研究［J］．植物检疫，2005，19（6）：7-11.

［5］杨世军，杨学春，尤浩田．木托盘的发展前景及存在的问题研究［J］．森林工程，2013，29（2）：135-138；160.

［6］李兰英．浙江省松材线虫病环境影响经济评价与治理研究［D］．北京：北京林业大学，2006.

［7］贺水山，徐瑛，陈先锋，等．木质包装松材线虫溴甲烷熏蒸处理［J］．植物保护学报，2005（3）：314-318.

［8］王益愚．中国进口货物木质包装传带有害生物风险分析报告［D］．北京：北京林业大学，2007.

［9］张方文，于文吉，哈米提，等．入境木质包装材料检疫除害处理现状与分析［J］．包装工程，2007（10）：20-23.

［10］杨晓文．进境原木及木质包装携带危险性森林病害的风险分析［D］．南京：南京林业大学，2007.

［11］王跃进，黄庆林，王新，等．木质包装集装箱溴甲烷检疫熏蒸技术研究［J］．植物检疫，2003，17（5）：257-259.

［12］何丹军，严继宁．微波加热技术在除害处理中的应用［J］．中国检验检疫，2006（8）：28.

［13］王跃进，詹国平，王新，等．木质包装材料对溴甲烷和硫酰氟吸附的初步研究［J］．植物检疫，2004，18（1）：1-4.

[14] 吕俊峰，杜奕华，陈秀娟，等．进境木质包装检疫应关注的昆虫种类 [J]．检验检疫学刊，2010，20（1）：29-31.

[15] 方海峰，薛伟，田静．我国基于木质材料包装存在的问题及对策 [J]．森林工程，2006（3）：66-68.

[16] 伍艳梅，黄荣凤，吕建雄，等．木质包装检疫除害处理技术的研究进展 [J]．木材工业，2009，23（1）：34-36；40.

[17] 陈志粦．木质包装有害生物检疫经验谈 [J]．植物检疫，2006，20（1）：49-50.

[18] 印毅，孙伟，樊新华．二维码技术在进境木质包装检疫监管中的应用 [J]．西南林学院学报，2010，30（S1）：11-13.

[19] 高殷平，陈其生，方丹阳，等．浅谈木质包装的热处理除害技术 [J]．植物检疫，1999，13（4）：30-32.

[20] 周明华，顾忠盈，吴新华，等．江苏口岸外来有害生物检疫及监测情况分析 [J]．江苏农业科学，2009（2）：276-278.

[21] 潘道津．国际贸易中木质包装的防疫要求 [J]．包装工程，2002（4）：166-169.

[22] 李芳荣，李一农，刘爱华，等．美国针叶木材种的识别与木质包装检疫情况 [J]．植物检疫，2004，18（1）：21-23.

[23] 葛建军，夏红民，卢厚林，等．试论对美日输华货物木包装采取紧急检疫措施的科学性 [J]．中国检验检疫，1999（12）：8-10.

[24] 李一农，彭磊，袁海，等．一种基于 RFID 的出境木质包装数字防伪系统 [J]．植物检疫，2007，21（5）：276-278.

[25] 李一农，李芳荣，龙海，等．2009 年版《国际贸易中木质包装材料管理准则》解读 [J]．植物检疫，2009，23（6）：70-72.

[26] 朱光耀．木质包装热处理国际标准技术参数的研究 [D]．南京：南京农业大学，2005.

[27] 周明华，张晓燕，梁忆冰．论中国进出境动植物检验检疫的"进出并重"特色 [J]．植物检疫，2013，27（2）：31-34.

[28] 赖世龙，侯浩，姜伟．当前欧盟输华货物木包装检疫监管中的问题和对策 [J]．植物检疫，2003，17（6）：370-372.

[29] 种焱，赵汗青，康乐，等．防伪技术在出境木质包装上的应用

前景［J］.植物检疫，2006，20（5）：313-315.

［30］祝春强，姚向荣，郭江水.提高出境木质包装检疫质量方法探索［J］.植物检疫，2009，23（6）：56-57.

［31］刁彩华，罗朝科，殷连平.切实加强进出境木质包装检疫监管［J］.植物检疫，2002，16（5）：302-304.

［32］孙昭友.浅谈各国木质包装检疫制度的现状与发展趋势［J］.中国包装工业，2002（6）：51-53.

［33］梁照文，童明龙，孙晶晶，等.关于如何控制出境货物木质包装IPPC标识违规问题的几点建议［J］.植物检疫，2014，28（2）：68-69.

［34］江信健，潘晶友，王友强，等.进出境木质包装检疫监管的探讨［J］.中国检验检疫，2013（3）：23-24.

［35］林晨，吴傅荣.出境货物木质包装检疫监管要点汇总［J］.中国海关，2021（8）：35.

［36］詹祖仁.筑牢六道防线，阻击松材线虫［J］.福建林业，2021（2）：17-18.

［37］王芳，田明华，尹润生，等.全球木质林产品贸易网络演化与供需大国关系［J］.资源科学，2021，43（5）：17.

［38］吴鹏飞，胡延杰.全球木质林产品生产和贸易分析［J］.国际木业，2020，50（6）：5.

［39］联合国粮食及农业组织.Forestry Production and Trade［DB/OL］. https：//www.fao.org/faostat/zh/#data/FO

［40］联合国粮食及农业组织.Global Forest Resources Assessment 2020 Key Findings［R/OL］.https：//www.fao.org/3/CA8753EN/CA8753EN.pdf 2021

［41］朱光前.2021年我国木材及木制品进出口情况概述［J］.中国人造板，2022，29（4）：36-42.